# 会声会影X4

## 新手宝典：DV剪辑轻松入门

王永辉　编著

## 内容提要

本书根据会声会影X4影片剪辑流程精心设计了循序渐进的教学体系。在介绍会声会影X4软件使用的过程中，穿插了大量的典型应用实例。全书共分11章，详细介绍了会声会影X4新功能与新特性、DV带刻录成DVD光盘等基础知识，以实践为基础，详细讲解捕获视频素材、灵活运用影片剪辑功能、为影片添加炫目的视频特效、添加转场效果、覆叠与透空运用、添加标题和字幕、影片中的配音与配乐以及分享和输出影片等内容，通过阅读本书，读者掌握影片制作过程中的每一个技术要领，能够灵活自如地编辑和制作影片。

本书还提供了配套教学DVD光盘，内容包括全书各章节的案例素材，以及全程录制的多媒体视频教学，方便读者更加直观、轻松地学习、实践，顺利晋级到视频剪辑高手的行列。

**图书在版编目（CIP）数据**

会声会影X4新手宝典：DV剪辑轻松入门 / 王永辉编著．北京：中国电力出版社，2011.12
ISBN 978-7-5123-2505-0

Ⅰ.①会…　Ⅱ.①王…　Ⅲ.①多媒体软件：图形软件，会声会影X4　Ⅳ.①TP391.41

中国版本图书馆CIP数据核字（2011）第269199号

中国电力出版社出版、发行
（北京市东城区北京站西街19号　100005　http://www.cepp.sgcc.com.cn）
北京博图彩色印刷有限公司印刷
各地新华书店经售
*
2012年2月第一版　　2012年2月北京第一次印刷
787毫米×1092毫米　16开本　21.5印张　562千字
印数0001—4000册　　定价**58.00**元（含1DVD）

# Preface 前言

## 本书的编写目的

当下，越来越多的用户开始使用摄像机、数码单反相机、手机拍摄视频，充分体验到了自拍、自导、自演影片的乐趣。随之而来的问题就是怎样把拍摄完成的视频导入到计算机中，并且剪辑出更加专业的效果。

对于大多数未经过系统的视频拍摄与剪辑培训的爱好者而言，视频剪辑是一个艰深难懂的领域。虽然会声会影是一款功能强大、易于使用的软件，掌握它的基本应用较为简单。但是，要想真正入门则需要学习一些方法和技巧，很多读者非常渴望能有一位会声会影高手像家庭教师一样随时提供操作咨询和现场点拨。本书的编写目的就是成为这样一位随叫随到、耐心细致的视频剪辑家庭教师。

## 本书特色

### 独具匠心的内容结构

本书完全从视频剪辑初学者的实际需求出发，独具匠心地安排了全书的内容结构。会声会影 X4 新功能与新特性解答了初次使用会声会影 X4 的用户最关心的一些问题，深入了解这个全新的视频剪辑软件；接着，全面介绍了把 DV 带直接刻录成 DVD 光盘、捕获视频素材、灵活运用影片剪辑功能、为影片添加炫目的视频特效、转场效果、覆叠与透空运用、添加标题和字幕、配音与配乐以及分享和输出影片等核心内容，帮助您扫清技术障碍，彻底抛开“菜鸟”的称谓！

### 精心挑选的实战案例

为了帮助读者更加直观地理解书中的内容，本书根据作者多年视频拍摄以及影片编辑的实际经验，精心挑选了各种有针对性的实战案例，操作步骤具体直观，可操作性强，读者可以一边学习一边在电脑上操作。通过阅读这些案例，不仅掌握很多剪辑知识和技巧，举一反三，掌握实现同样效果的更多方法！

### 轻松简洁的图文表述

为了使学习过程更加轻松，全书文少图多，深入浅出地手把手讲解视频剪辑爱好者必须掌握的各种知识。书中还设计了许多技巧提示，恰到好处地对读者进行点拨。只需按书中的体系用心体会，即可逐步掌握，融会贯通，在较短的时间内全面掌握视频剪辑的基础知识及实用技巧，并将这些技巧灵活地运用到实践中。

### 体贴入微的超值赠送

除了书中的丰富内容，本书还提供了配套的教学 DVD 光盘。内容包括全书各章节提到的案例素材，以及全程录制的多媒体视频教学。每个案例都有详细的语音视频讲解，就像有一位专业的老师在旁边一样，不仅可以通过图书研究每一个操作细节，而且可以通过多媒体教学领悟到更多的技巧。

编　者

Contents

# 目录

## 09 为影片添加标题和字幕 235



## 10 影片中的配音与配乐 279

# 会声会影 X4 新功能与新特性

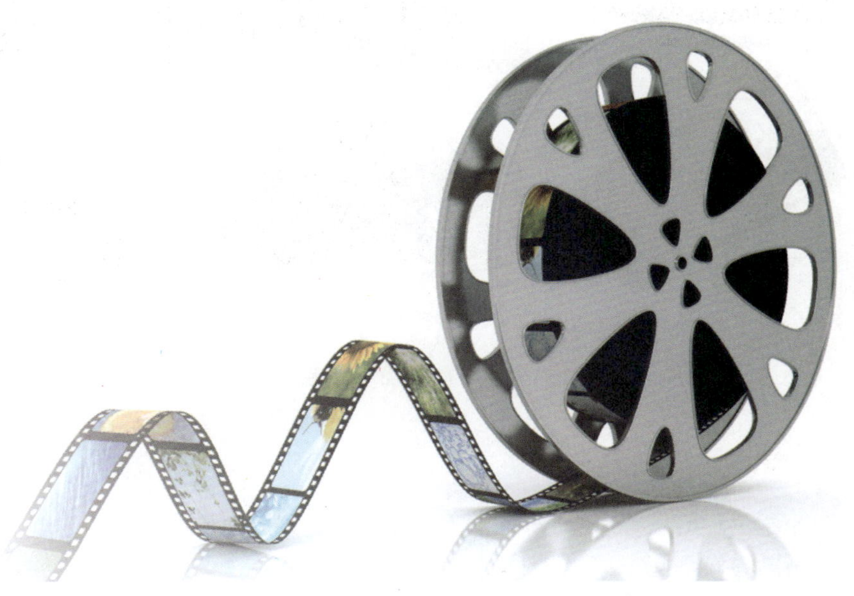

为高清影片编辑而设计的会声会影 X4，大幅加速了整个影片制作过程，可以更快的速度进行创作、编辑、渲染和分享，是快速制作精美影片的首选工具。

会声会影 X4 在旧版本基础上，新增与加强功能包括以下几个方面。

## 更加完善的高清影片制作流程

全面支持各种来源的高清影片输入设备，包括磁带式高清摄像机、AVCHD、MOD、M2TS、MTS 等多种文件格式的硬盘高清摄像机、闪存式高清摄像机、高清电视、蓝光光盘、智能手机、具有高清摄像功能的数码单反相机等，如图 0-1 所示。会声会影 X4 能够直接捕获、编辑和输出高清画质的影片，给用户带来愉悦的高清影片编辑制作体验。

图 0-1　会声会影 X4 全面支持高清视频捕获

## 更加灵活的工作空间

可以使用拖曳的方式调整界面的大小布局，更加方便控制界面，甚至可以在两台显示器之间进行操作，腾出更多的工作空间，如图 0-2 所示。

## 方便快捷的即时项目

具有方便快捷的【即时项目】功能，可以导入并应用专业的影片模板，方便编辑制作出完美的影片。而且，还可以把编辑完成的整个项目文件导出为影片模板，然后进行重复使用或与他人共享，如图 0-3 所示。

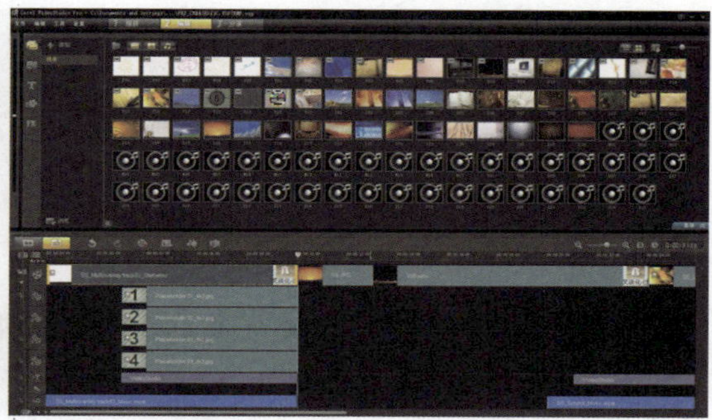

图 0–2 调整界面的大小布局

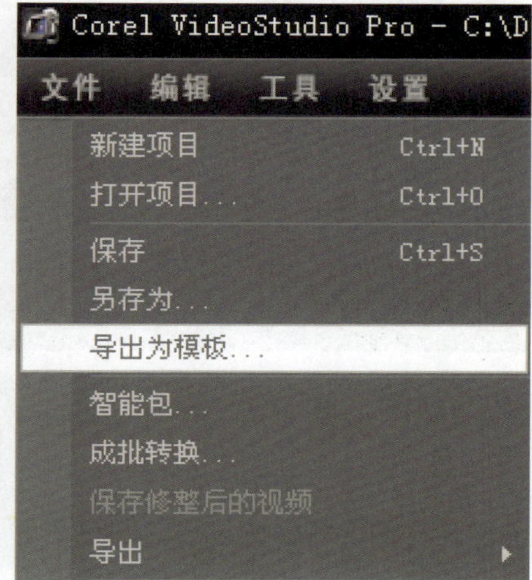


图 0–3 即时项目和导出为模板功能

## 定格动画摄影功能

定格动画摄影功能是通过拍摄对象的每一个动作，然后连续放映，产生动态的画面效果。使用【定格动画】功能可以利用玩具、泥塑等对象，制作出自己的动画影片，如图 0-4 所示。

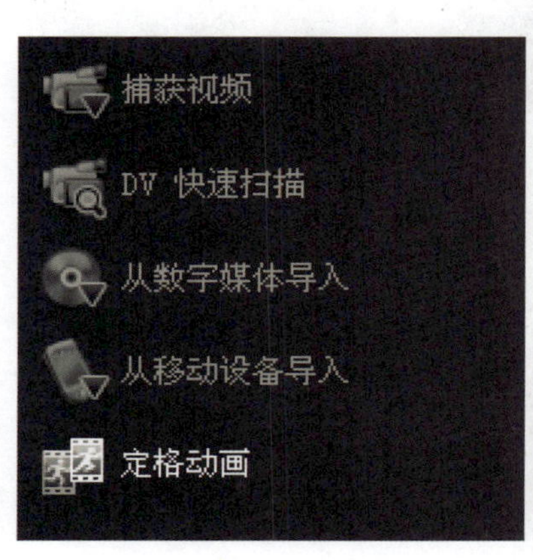

图 0–4 【定格动画】功能

## 缩时摄像展现流逝时光

缩时摄像功能，可以将整个日落视频在几秒钟内播放完毕，或在几分钟内播放您一天的社区生活。可以从一个视频文件中删除一些帧或者使用以间隔拍摄的方式拍摄一系列照片，然后制作成影片播放。还可以设置播放的速度，选择需要使用和丢弃的帧，操作非常方便，如图 0-5 所示。

图 0-5　缩时摄像功能

## 增强的素材库和时间轴

简化的导航面板，可以快速地组织和查找视频、音频、照片、滤镜及转场等各种素材。新版本的时间轴，还可以在任意轨道上添加标题，在素材开头和结尾的覆叠轨上添加转场，甚至将预先的设置和滤镜应用到多个素材中，如图 0-6 所示。

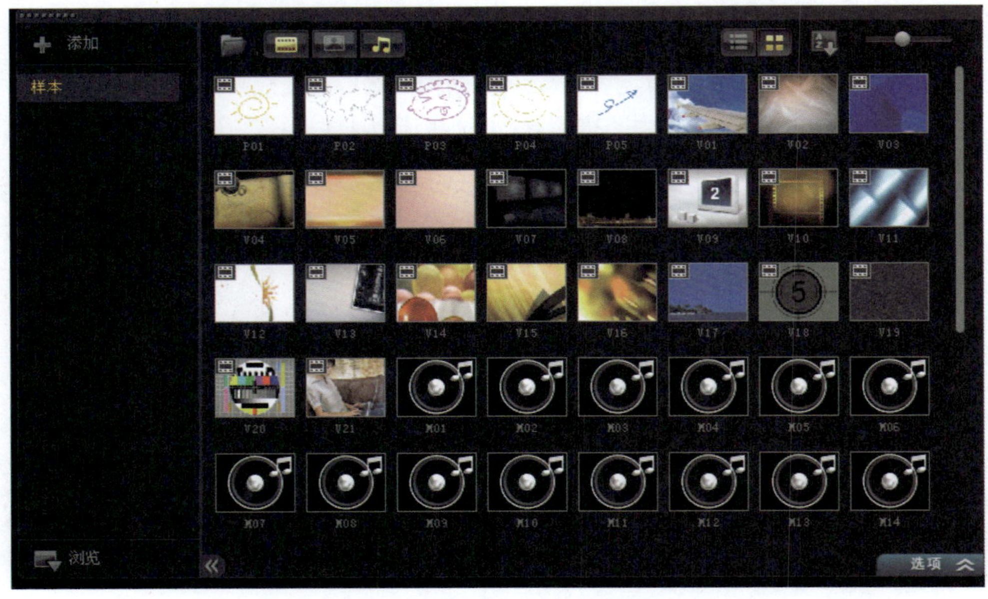


图 0-6　更直观方便地组织素材

## 新鲜体验 3D 影片

可以把影片以 3D 格式保存，并直接上传到 YouTube 3D 分享。使用盒装版本附赠的 3D 眼镜，可以更好地欣赏 3D 影片，如图 0-7 所示。

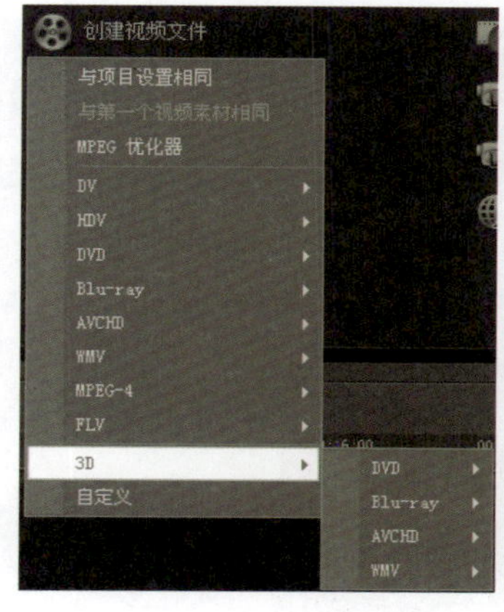

图 0-7　制作和输出 3D 影片

## 更高的影片编辑效率

视频编辑需要强大的系统资源支持，对高清影片编辑更是如此。会声会影 X4 针对第二代新 Intel Core 处理器进行了优化。配合增强的智能代理功能，极大地提升了影片编辑和渲染速度，让用户更加快速、顺畅地编辑和输出高清视频，充分享受自由剪辑的乐趣，如图 0-8 所示。

图 0-8　针对第二代 Intel Core 处理器进行了优化

## 利用智能包随身携带

在编辑影片时，有时需要从多个处于不同位置的文件夹中添加素材，一旦这些文件夹移动了位置（比如拿到别的计算机上再做编辑时），就可能出现找不到素材，需要重新链接的状况。会声会影 X4 集成了 WinZip 技术的智能包，可将一个项目中的所有视频、照片和音频整合到压缩包中。这样，即使转移到别的计算机编辑项目，只要打开这个智能包中的项目文件，素材就会自动对应，如图 0-9 所示。

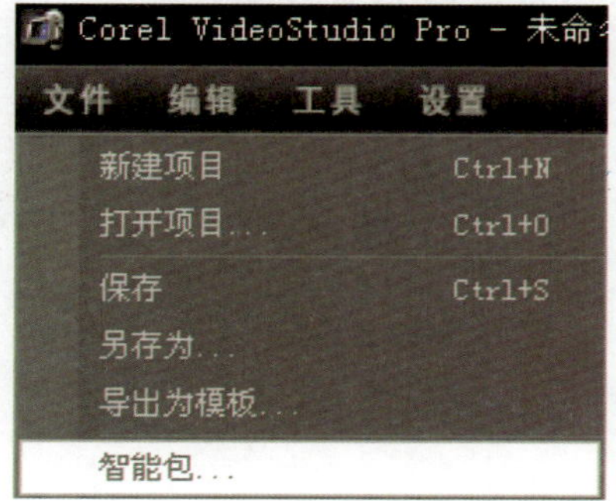


图 0-9　输出智能包

## 更加完善的影片输出功能

集成了更新的刻录和输出工具，影片的输出功能更加完善，如图 0-10 所示。

- 制作完成的影片可以保存为更多文件格式（包括 DV、HDV、DVD、DVD 幻灯片、FLV、AVCHD、WMV、MPEG-4、3D 影片等）；
- 可以直接刻录 DVD、AVCHD 和蓝光光盘；
- 可直接传输到 iPod、iPhone 以及 PSP 等外部设备；
- 以标清或高清格式直接上传到 Vimeo、Facebook、YouTube 和 Flickr 等众多的热门视频分享网站。

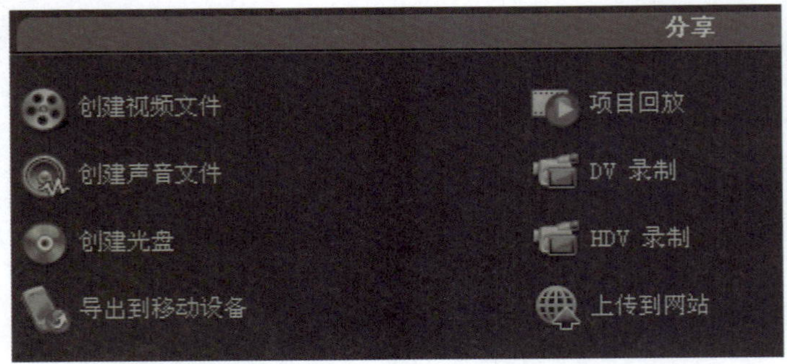


图 0-10　更加完善的影片输出功能

## 方便实用的 Corel 指南

提供了 Corel Guide（Corel 指南）功能，可以了解会声会影 X4 的使用技巧、观看培训视频教程、下载模板、音频、动画标题等新增的影片内容，也可以检查和更新产品，如图 0-11 所示。

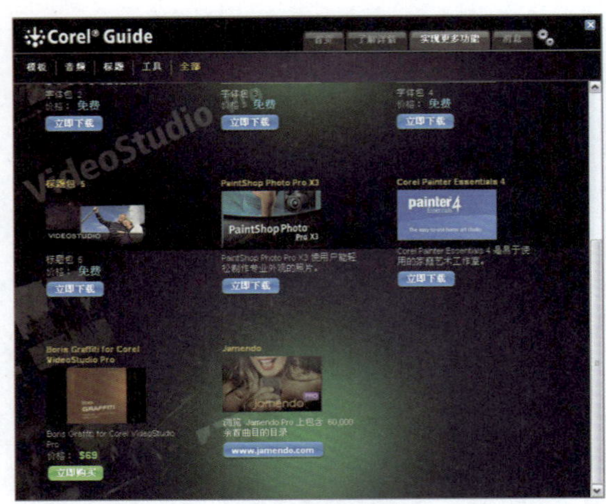


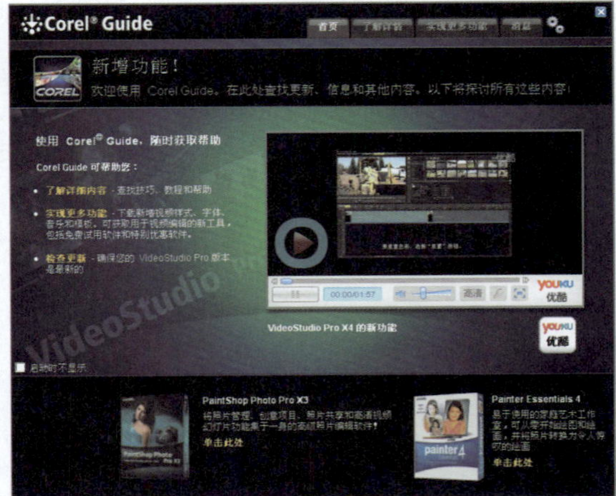


图 0-11　全新的 Corel 指南

# 1

# 会声会影 X4 使用前的准备

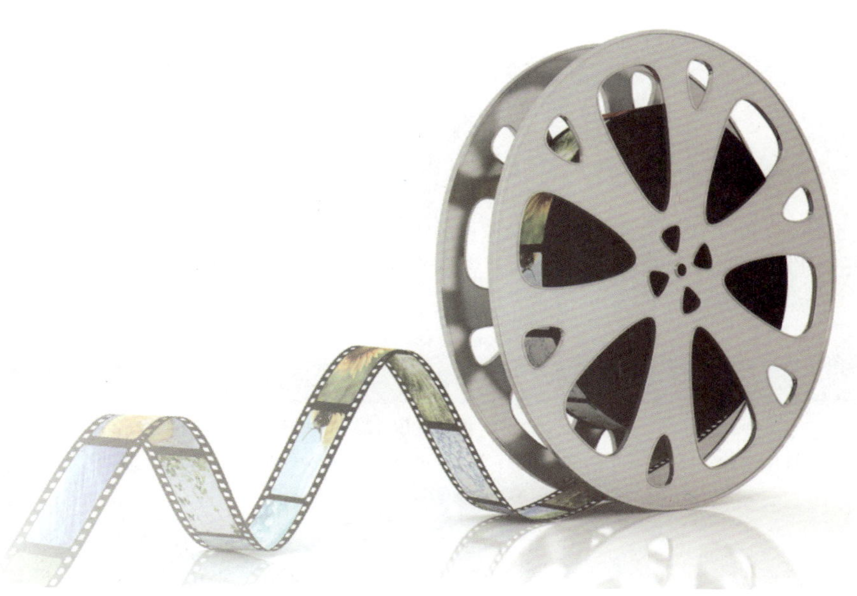

## 1.1 会声会影 X4 的系统需求

视频编辑需要较多的系统资源，在配置计算机系统时，要考虑的主要因素是硬盘的大小和速度、内存和 CPU。这些因素决定了保存视频的容量、处理和渲染文件的速度。如果用于编辑高清影片，建议购买较大容量的硬盘、更多内存和更快的 CPU。表 1-1 中列出了使用会声会影 X4 编辑影片的系统需求。

表 1–1　运行会声会影 X4 的系统需求

| 硬 件 名 称 | 基本配置与建议配置 |
|---|---|
| CPU | 建议使用 Intel Core Duo 1.83 GHz、AMD 双核 2.0 GHz 或更高 |
| 操作系统 | Microsoft Windows 7、Windows Vista 或 Windows XP，安装有最新的 Service Pack（32 位或 64 位版本） |
| 内存 | 1 GB 内存（建议使用 2 GB 以上） |
| 硬盘 | 3GB 可用硬盘空间用于安装程序，用于视频捕捉和编辑的影片空间尽可能大<br>注意：捕获 1 小时 DV 视频需要 13GB 的硬盘空间；用于制作 DVD 的 MPEG-2 影片 1 小时需要 4.7G 硬盘空间 |
| 驱动器 | CD-ROM、DVD-ROM 驱动器 |
| 光盘刻录机 | DVD-R/RW、DVD+R/RW、DVD-RAM、CD-R/RW 和 Blu-ray（蓝光）刻录机 |
| 显示卡 | 128MB 以上显存（建议使用 256 MB 或更高） |
| 声卡 | Windows 兼容的声卡（建议采用多声道声卡，以便支持环绕音效） |
| 显示器 | 至少支持 1024×768 像素的显示分辨率，24 位真彩显示 |
| 其他 | Windows 兼容的点击设备以及 Internet 连接，以实现联机功能 |

## 1.2 会声会影 X4 支持的输入 / 输出格式

根据影片的用途不同，常常需要以不同的格式保存和输出影片。会声会影 X4 支持几乎所有流行的视频、声音和图像文件格式，主要包括表 1-2、表 1-3 所列的一些类型。

表 1–2　会声会影 X4 支持的输入文件格式

| 类 别 | 支持的格式 |
|---|---|
| 视频文件 | AVI、MPEG-1、MPEG-2、AVCHD、MPEG-4、H.264、BDMV、DV、HDV、DivX、QuickTime、RealVideo、Windows Media Format、MOD（JVC MOD 文件格式）、M2TS、M2T、TOD、3GPP、3GPP2 |
| 图像文件 | BMP、CLP、CUR、EPS、FAX、FPX、GIF、ICO、IFF、IMG、J2K、JP2、JPC、JPG、PCD、PCT、PCX、PIC、PNG、PSD、PSPImage、PXR、RAS、RAW、SCT、SHG、TGA、TIF、UFO、UFP、WMF |
| 音频文件 | Dolby Digital Stereo、Dolby Digital 5.1、MP3、MPA、WAV、QuickTime、Windows Media Audio |
| 光盘类型 | DVD、视频 CD（VCD）、超级 VCD（SVCD） |

表 1-3 会声会影 X4 支持的输出文件格式

| 类 别 | 支持的格式 |
|---|---|
| 视频文件 | AVI、MPEG-2、AVCHD、MPEG-4、H.264、BDMV、HDV、QuickTime、RealVideo、Windows Media Format、3GPP、3GPP2、FLV |
| 图像文件 | BMP、JPG |
| 音频文件 | Dolby Digital Stereo、Dolby Digital 5.1、MPA、WAV、QuickTime、Windows Media Audio、Ogg Vorbis |
| 光盘输出 | DVD (DVD-Video/DVD-R/AVCHD)、蓝光光盘 (BDMV) |
| 光盘类型 | CD-R/RW、DVD-R/RW、DVD+R/RW、DVD-R 双层、DVD+R 双层、BD-R/RE |

## 1.3 安装会声会影 X4

安装会声会影 X4 的操作步骤如下。

### 操作步骤

**01** 将会声会影 X4 的安装盘放入光盘驱动器，将自动启动安装程序，显示安装界面，如图 1-1 所示。如果光盘没有自动运行，可在 Windows 资源管理器中双击光驱所在盘符下的 AutoRun.exe 图标手工运行安装程序。

**02** 单击安装界面上的【安装会声会影】，打开许可协议窗口，仔细阅读许可协议的内容，并选中【我接受许可证协议中的条款】选项，如图 1-2 所示。

图 1-1 会声会影 X4 的安装界面

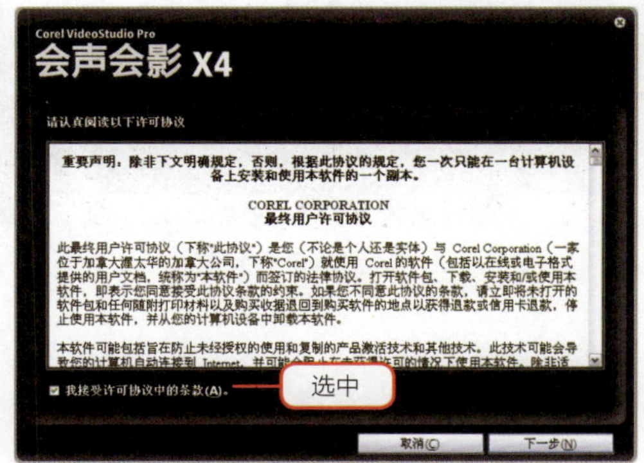

图 1-2 选中【我接受许可证协议中的条款】选项

**03** 单击【下一步】按钮，在对话框中输入用户姓名以及软件包装盒中提供的序列号，如图 1-3 所示。

> **提示 卸载旧版本软件**
>
> 如果系统中安装过旧版本的会声会影，请务必将其卸载，并在安装会声会影 X4 之前，备份先前版本曾经使用过的项目和媒体文件。

**04** 单击【下一步】按钮，在城市 / 区域的列表中选择【中国】，如图 1-4 所示。

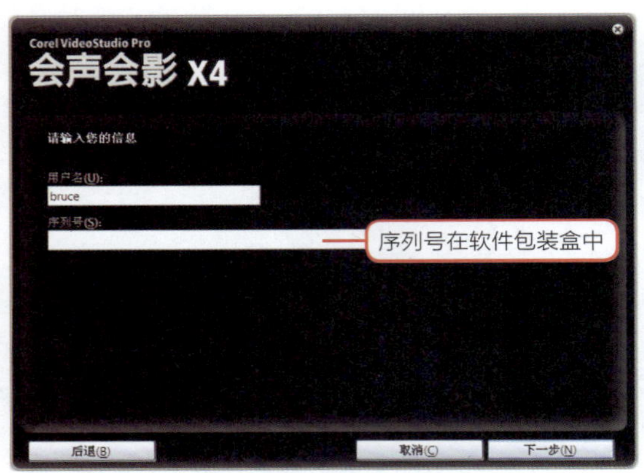


图 1-3　输入注册信息

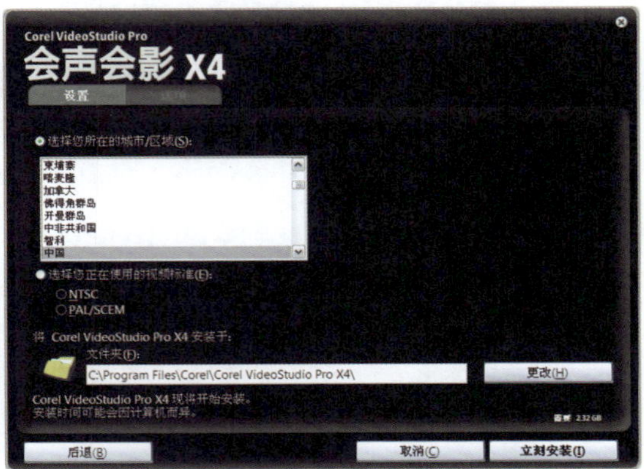


图 1-4　选择所在的国家 / 地区

**05** 对话框下方指定软件的安装路径，如果 C 盘的空间足够大，采用默认路径即可。如果需要将软件安装到其他磁盘分区，单击右侧的【更改】按钮，在弹出的图 1-5 所示的对话框中指定新的安装路径。设置完成后，单击【确定】按钮。

**06** 设置完成后，单击【立刻安装】按钮将会声会影所需要的数据复制到硬盘上，如图 1-6 所示。

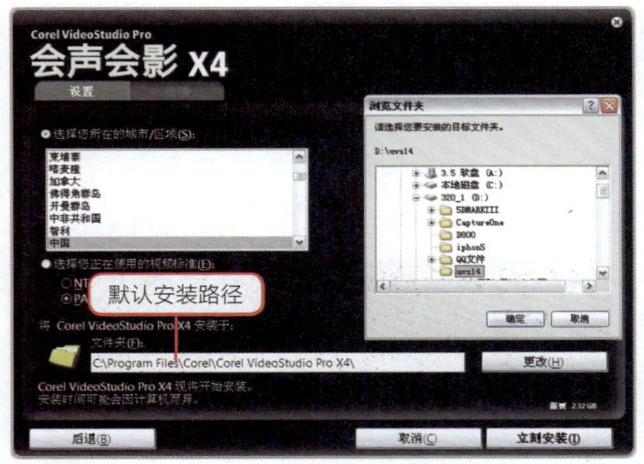


图 1-5　指定新的安装路径

图 1-6　将安装数据复制到硬盘上

**07** 会声会影所需要的全部数据复制完成后，单击【完成】按钮结束会声会影的安装，如图 1-7 所示。

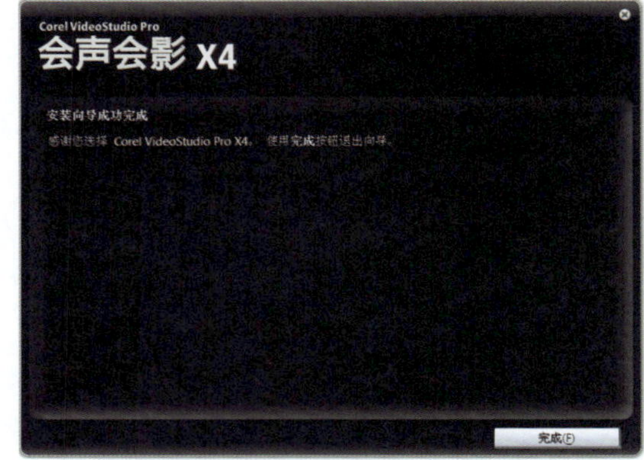


图 1-7　完成会声会影的安装

## 1.4 安装工具软件

为了更好地支持多种视频格式，软件安装过程中自动安装了一些辅助驱动程序，它们非常重要，保证对一些特定视频格式的支持。

如果需要安装其他工具软件，只需要在安装界面中单击【安装工具软件】，并在弹出的菜单中选择要安装的工具软件的名称即可开始安装过程，如图 1-8 所示。

**提示　查看辅助程序的版本信息**

如果已经在计算机中安装了这些辅助程序的更高版本，可跳过此步骤。

- Apple QuickTime：Apple 公司的视频播放软件，用于创建和回放 MOV、QT 等文件格式的影片。
- Adobe Flash Player：安装 Adobe 公司提供的 Flash Player，使系统能够更好地支持 Flash 动画。建议安装该驱动程序。

在影片制作过程中，常常需要使用众多的音频素材、图像素材和视频素材。单击安装界面上的【赠送内容】按钮，从弹出菜单中选择相应的素材名称，如图 1-9 所示，即可查看光盘上提供的素材内容，这些素材都可以应用到会声会影的影片编辑中，如图 1-10 所示。

图 1-8　选择要安装的辅助程序

图 1-9　选择要查看的素材类别

图 1-10　光盘上赠送的素材

## 1.5 启动会声会影 X4

可以使用以下的两种方法之一启动软件。

**方法 1：** 双击 Windows 桌面上的会声会影图标。

**方法 2：** 从【开始】菜单中选择 Corel VideoStudio Pro X4 程序组中的 Corel VideoStudio Pro X4，如图 1-11 所示。

图 1-11　从【开始】菜单启动会声会影 X4

## 1.6 卸载会声会影 X4

在使用过程中难免会因为某些原因导致程序无法正常工作。在这种情况下，最好的办法就是卸载程序再重新安装。

### 操作步骤

**01** 关闭会声会影 X4，选择【开始】/【所有程序】/【控制面板】，打开 Windows 控制面板，如图 1-12 所示。

**02** 双击【添加或删除程序】图标，打开【添加或删除程序】对话框，如图 1-13 所示。

**03** 在列表中选择【Corel VideoStudio Pro X4】，然后单击右侧的【更改/删除】按钮，如图 1-14 所示。

**04** 在弹出的对话框中选中【清除 Corel VideoStudio Pro X4 中的所有个人设置】选项，单击【删除】按钮，如图 1-15 所示。

图 1-12 选择【控制面板】命令

图 1-13 打开【添加或删除程序】对话框

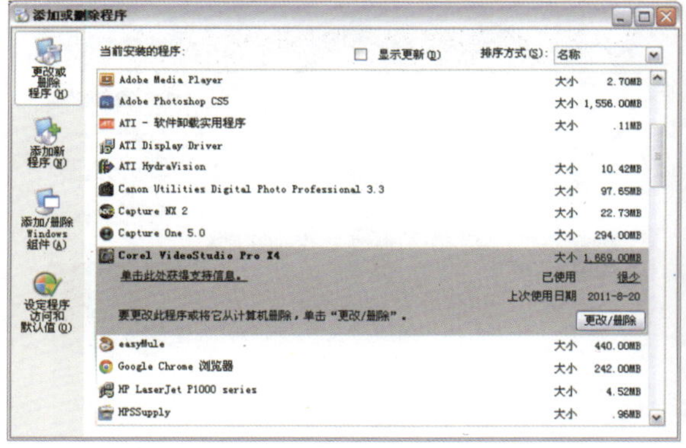


图 1-14 单击右侧的【更改 / 删除】按钮

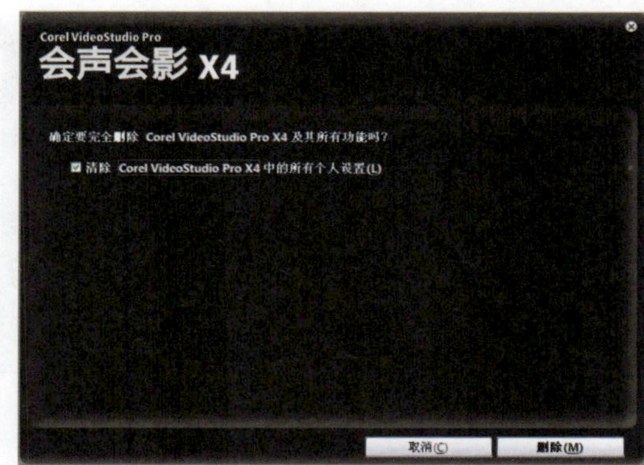


图 1-15 单击【删除】按钮

**05** 程序自动卸载会声会影 X4 及其相关组件，并显示卸载进度，如图 1-16 所示。

**06** 单击【完成】按钮，卸载完毕，如图 1-17 所示。

图 1-16 自动卸载会声会影并显示卸载进度

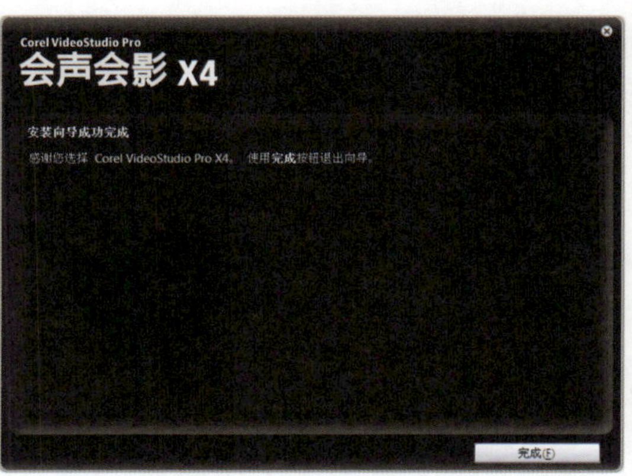


图 1-17 完成卸载会声会影

## 1.7 通过 Corel 网站获取支持

会声会影 X4 是 Corel 出品的视频编辑软件，作为全球知名的图形图像和数字媒体软件公司，Corel 为用户提供了完善的技术支持和服务。如果希望获取支持，可以登录公司网站 www.corel.com。

### 1.7.1 下载试用版本

Corel 公司的官方网站提供了会声会影 X4 软件试用版服务，试用版软件可以免费使用 30 天，下载方法如下。

#### 操作步骤

**01** 启动 IE 并登录到 Corel 公司的官方网站 www.corel.com，单击页面上方的【试用版下载】，如图 1–18 所示。

**02** 在试用版下载产品页面中单击【会声会影 X4】，如图 1–19 所示。

图 1–18　登录到官方 Corel 官方网站

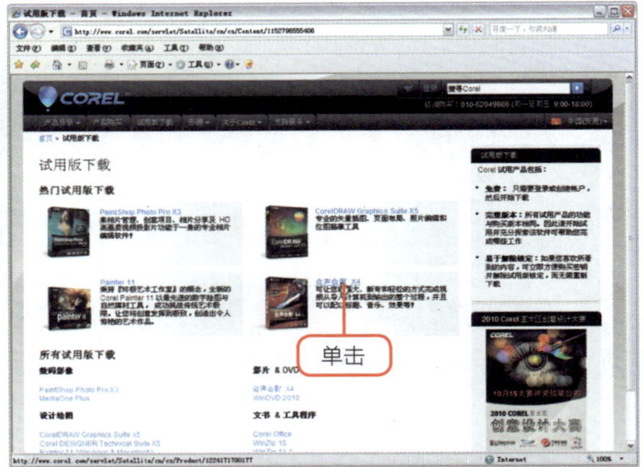


图 1–19　单击【会声会影 X4】

**03** 单击【立即下载】按钮，按照提示信息完成下载，如图 1–20 所示。需要注意的是，下载会声会影 X4 试用版，需要先单击弹出窗口中的【下载安装程序】，安装 Akamai NetSession Interface。它是一种可缩短下载时间并提高下载质量的下载管理器。安装过程最多只需数分钟，安装完毕后可继续下载。

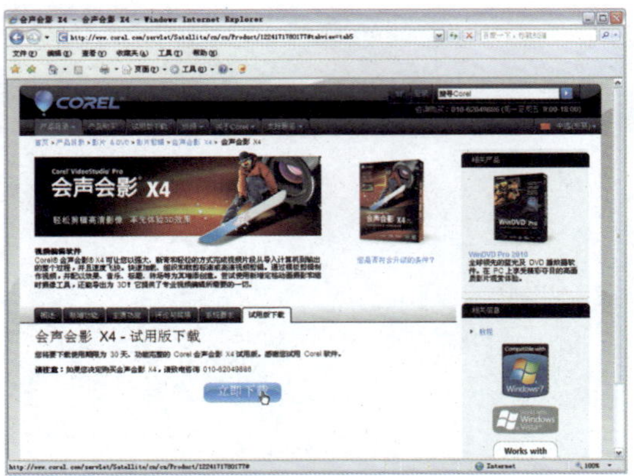


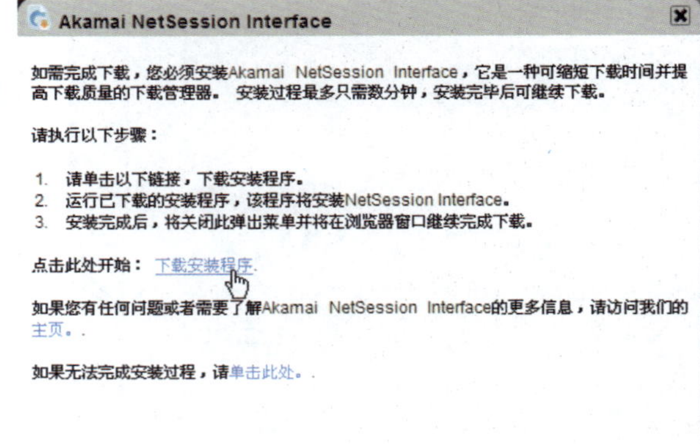


图 1–20　下载会声会影 X4 试用版

## 1.7.2 软件售后支持服务

Corel 为客户提供全面的帮助服务，登录网站 http://www.corel.com 并单击【支持服务】，即可查看在线支持、电子邮件支持等服务信息，如图 1-21 所示。

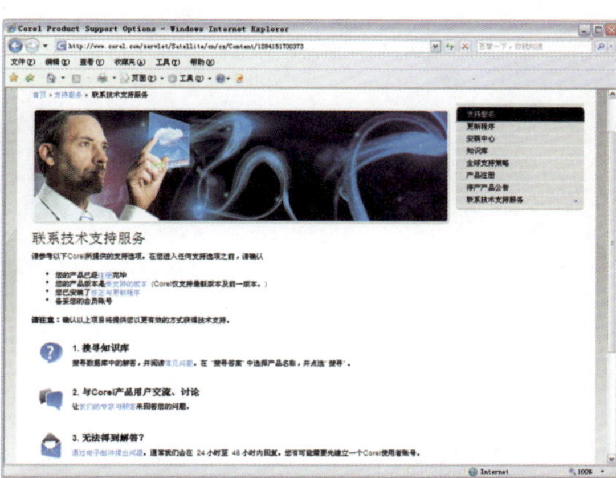


图 1-21　查看售后支持服务信息

如果需要通过电话来解决问题，请拨 010-62046166 与 Corel 的技术服务人员联络。电话服务适合个人用户及企业公司用户，并提供给完整版、升级版、教育版、硬件搭售版的用户。在播打电话之前，请确认您已经注册了产品。公司不接受尚未注册产品的用户，请您见谅。非技术相关问题如购买信息、产品注册、启动等相关问题，也请洽询技术支持工程师。

# 2

# 把 DV 带直接刻录成 DVD 光盘

## 2.1 摄像机与计算机正确连接

使用 DV 转 DVD 向导，通过简单的步骤就可以从 DV 摄像机捕获视频并直接刻录成 DVD 光盘。在刻录之前，还可以为影片添加动态菜单。想要把磁带摄像机拍摄的影片传输到计算机中，必须进行一些必要的准备工作。包括选购和安装 IEEE1394 卡（以下简称 1394 卡）、通过 1394 卡把摄像机与计算机正确连接。

### 2.1.1 1394 卡选购指南

1394 卡就是为计算机提供新型 1394 接口的设备，它可以把 DV、高清摄像机以及其他使用 1394 接口的外部设备中的数据传输到计算机中，如图 2-1 所示。

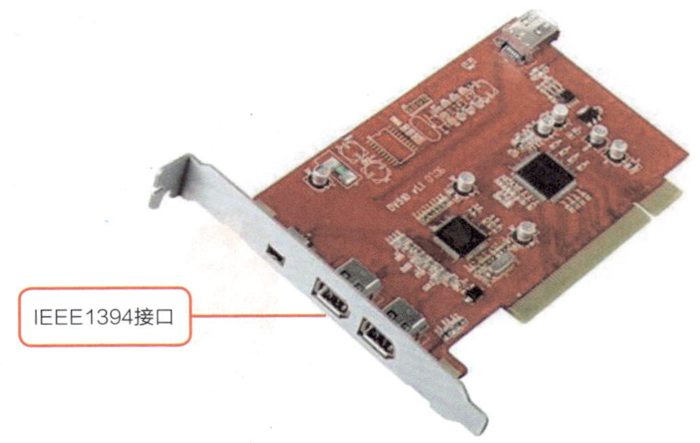


图 2-1 1394 卡为计算机提供了 1394 接口

**提示 是否需要购买 1394 卡**

在购买 1394 卡之前，观察计算机主板，如果主板上已经提供了 1394 接口，就不需要再购买。新型号的笔记本电脑大多数都提供了是 4 芯 1394 端口，如图 2-2 所示。如果用这样的笔记本电脑捕获 DV 影片，也不需要再购买 1394 卡。

图 2-2 笔记本内置的 IEEE1394 接口

如果仅仅用于 DV 视频捕获，购买 100 元左右的卡就能够满足需求。在购买时，尽量选择大厂商、做工精美的产品，以保证产品质量和良好的售后服务。

**提示　选择带有多个接口的 1394 卡**

虽然同样是 100 元左右的 IEEE1394 卡，有些卡只提供了 1 个 1394 接口，有些卡则提供了 3 个甚至 4 个 1394 接口。在购买时，建议尽量选购带有多个 IEEE1394 接口的卡，为其他设备，如 Sony PS 2、1394 接口的移动硬盘、硬盘外接盒、1394 接口的打印机、1394 接口的扫描仪等预留。

对于一些工作室、小型制作公司而言，可以选择具有完整输入接口的多合一采集卡，包括 1394 接口、AV 复合视频接口、S 端子视频接口、有线电视接口等，既能连接 DV 摄像机，又能连接模拟摄像机、电视机等设备，如图 2-3 所示。

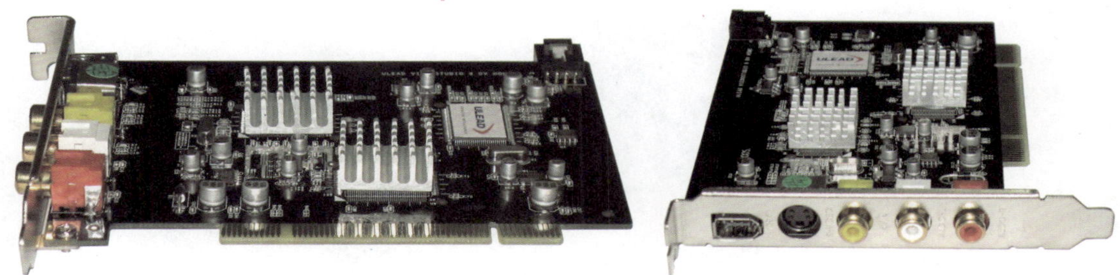

图 2–3　具有多合一功能的采集卡

### 2.1.2　正确安装 1394 卡

1394 卡是安装在计算机内部的一个硬件，需要占用主板上的一个空闲的 PCI 插槽。下面，介绍详细的安装步骤。

**操作步骤**

01 关闭计算机电源，将双手放在计算机的机箱上释放静电，避免静电击坏计算机主板上的硬件。

02 用螺丝刀取下计算机机箱盖上的螺丝，然后取下机箱盖。

03 在计算机主板上找到一个空闲的 PCI 插槽，如图 2–4 所示。

04 将 1394 卡插入 PCI 插槽。在插入时要注意方向正确，用力均匀，避免强制插入导致主板损坏，如图 2–5 所示。插入完成后，拧紧 1394 卡的固定螺丝。

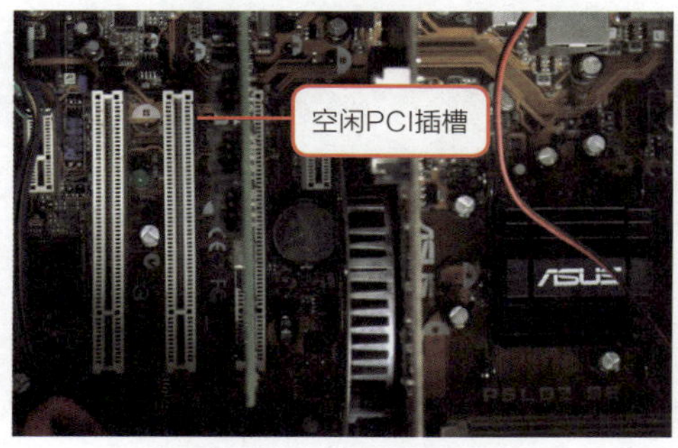


图 2–4　在主板上找到一个空闲的 PCI 插槽

图 2–5　将 1394 卡插入空闲插槽

05 合上机箱盖并拧紧螺丝，完成 1394 卡的安装。

### 2.1.3 将 DV 与计算机连接

如需要将 DV 拍摄的影片传输到计算机中，需要通过 1394 线将摄像机与计算机连接。

**操作步骤**

01 取出 1394 连接线。从数码摄像机采集影片时，通常台式机使用 4 芯对 6 芯的 1394 连接线，而笔记本电脑使用 4 芯对 4 芯的 1394 连接线，如图 2-6 所示。

图 2-6 1394 连接线

02 打开 DV 摄像机机身上的端盖，找到摄像机上的 1394 插孔，如图 2-7 所示。
03 将 1394 连接线 4 芯的一端插入摄像机上的 1394 插孔，如图 2-8 所示。

图 2-7 摄像机上的 1394 插孔

图 2-8 插入摄像机上的 1394 插孔

04 将 1394 连接线 6 芯的一端插入安装在计算机主板上的 1394 卡上的插孔，如图 2-9 所示。
05 连接完成后，将摄像机切换到 VCR 挡，也就是播放模式，如图 2-10 所示。
06 Windows 系统显示找到新硬件，并弹出【数字视频设备】对话框，如图 2-11 所示。在这里选中【不执行操作】，然后单击 确定 按钮。

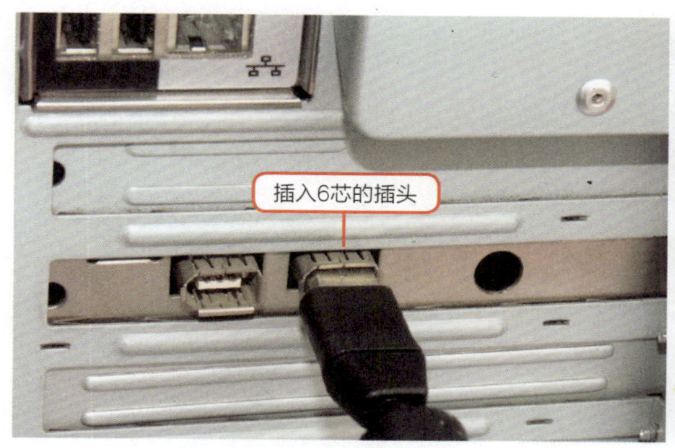


图 2-9　插入 1394 卡上的 1394 插孔

图 2-10　将摄像机切换到播放模式

图 2-11　【数字视频设备】对话框

## 2.2 启动 DV 转 DVD 向导

在旧版本中，【DV 转 DVD 向导】是一个独立的程序模块。会声会影 X4 将它集成到了工具菜单中。启动会声会影 X4，选择【工具】/【DV 转 DVD 向导】命令，即可启动【DV 转 DVD 向导】，如图 2-12 所示。

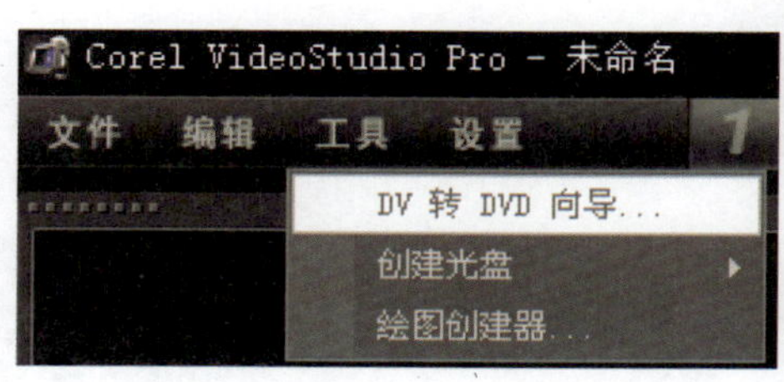


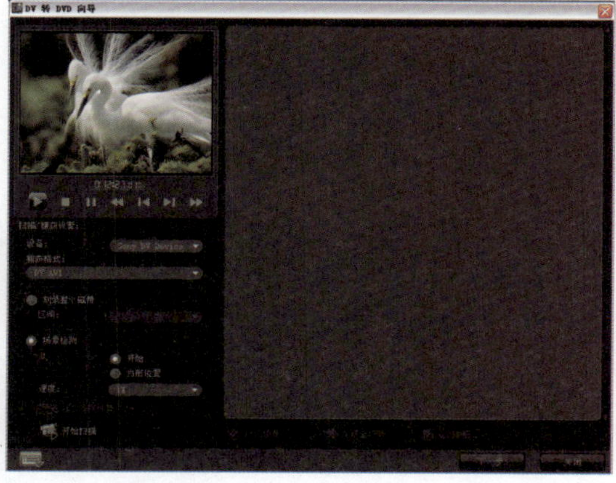

图 2-12　启动 DV 转 DVD 向导

## 2.3 DV 带直接刻录 DVD 光盘

【刻录整个磁带】是 DV 转 DVD 向导一个非常重要的功能，只要把 DV 与计算机连接，在 DV 转 DVD 向导界面中选择【刻录整个磁带】选项，程序就会自动捕获 DV 录像带中的视频并把它刻录制作成 DVD 光盘。

### 操作步骤

**01** 通过 IEEE1394 线将 DV 与计算机连接。

**02** 将 DV 切换到播放模式，也就是 VCR 模式。

> **提示　使用外接电源**
>
> 由于捕获和刻录整个 DV 带的时间较长，在操作之前，请使用外接充电器为摄像机提供充足的电力。

**03** 在【DV 转 DVD 向导】的【设备】列表中选择要录制的设备。然后单击【捕获格式】右侧的三角按钮，从下拉列表中选择要捕获的视频格式，如图 2-13 所示。

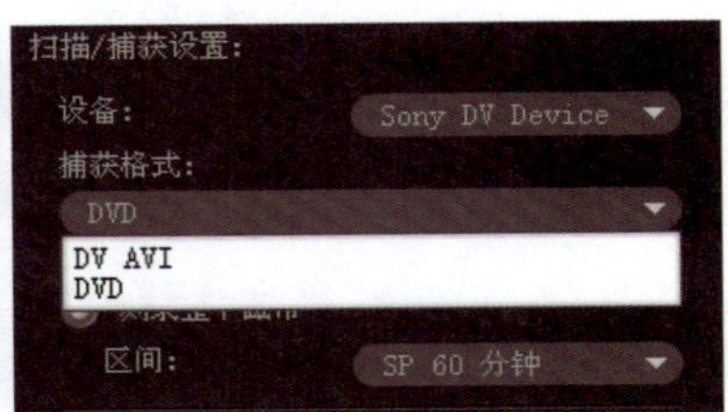


图 2-13　选择录制设备和要捕获的视频格式

> **提示　选择适合的格式**
>
> 如果有比较充裕的时间和硬盘空间，选择 DV AVI 格式可以获得最佳的视频质量，这对于影片中运动的画面质量提升效果尤为明显。如果工作效率优先或者硬盘空间有限，可以在捕获视频时根据输出目的直接选择 DVD 格式。

**04** 选中选项面板上的【刻录整个磁带】选项，然后在【区间】中选择 SP 60 分钟或者 LP 90 分钟，如图 2-14 所示。

> **提示　SP 60 分钟和 LP 90 分钟**
>
> SP（Standard Play）是指标准播放，在这种记录模式下，磁带以标准速度运行，所记录的影像可以达到标准的水平清晰度。
>
> LP（Long Play）是指长时间播放，数码摄像机在 LP 记录模式下，磁带的运行速度是 SP 模式下的 2/3，所以摄像带的记录时间可以延长 0.5 倍。例如，60 分钟的 Mini DV 格式的摄像带在 LP 记录模式下可以连续记录 90 分钟时间长度的动态影像，并且能够保持标准的水平清晰度。
>
> DV 摄像机通常都提供了 SP 和 LP 两种录制模式，当录像带的剩余时间不能满足拍摄需要，而又无法及时更换新的录像带时，用 LP 记录模式可以延长录像带的拍摄时间。
>
> 数码摄像机在 LP 记录模式拍摄下拍摄时，也存在一些问题：
>
> - 场面的过渡可能不平滑；
> - 无法在录像带上进行后期配音；
> - 如果在同一盘录像带上以 LP 和 SP 两种方式拍摄，播放影像可能会失真，场景之间的时间码可能无法正确写入；
> - 所拍摄的 DV 带的兼容性能比较差，用一台摄像机拍摄的 LP 记录方式影像有可能在另外一台数码摄像机上无法进行正常播放。

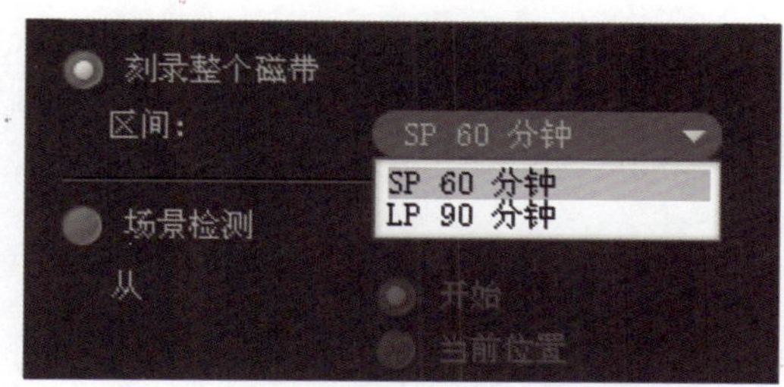


图 2-14　设置磁带属性

05 单击【下一步】按钮，在操作界面上为影片指定卷标名称和刻录格式。

**提示　选择刻录机**

如果计算机中安装了多个刻录机或默认的光驱不是刻录机，那么请在【高级】对话框中指定要使用的刻录机。

06 从预设模板中选择主题模板，然后选择影片的输出视频质量，如图 2-15 所示。

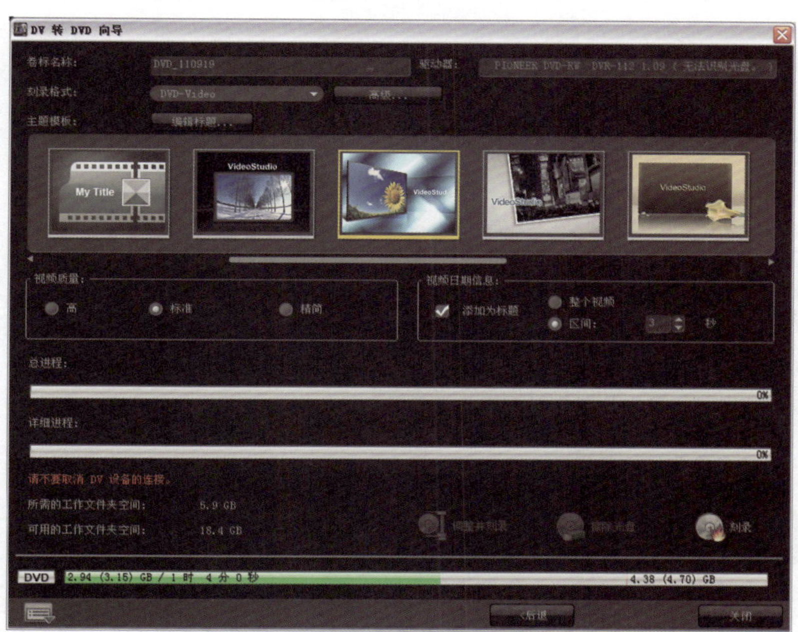


图 2-15　指定模板和刻录属性

**提示　查看影片占用的空间**

在下方的 DVD 信息条上可以查看空白光盘的空间以及影片所需要占用的空间。如果在绿色信息条上看到此影片太大，超出了 DVD 光盘的容量，可单击【调整并刻录】按钮进行调整。

07 单击【刻录】按钮，将 DV 带中的影片传输到计算机中并刻录到光盘。

**提示　刻录之前插入空白光盘**

在刻录之前，需要将 DVD 光盘放入刻录机，否则，将弹出图 2-16 所示的信息提示窗口。

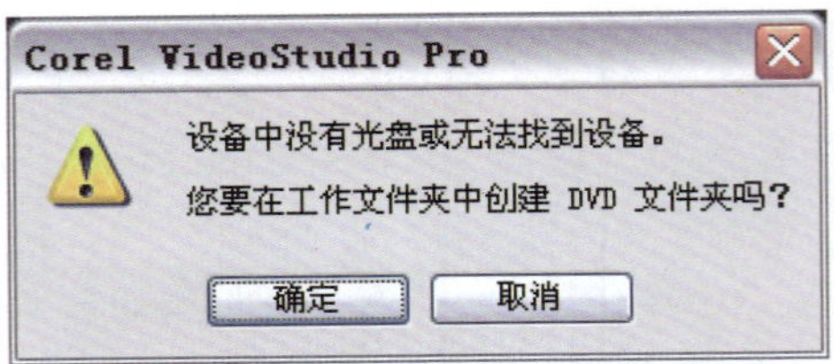


图 2-16　提示在刻录之前放入空白光盘

## 2.4 DVD 影片刻录高级设置

单击【刻录格式】右侧的高级按钮，在弹出的图 2-17 所示的对话框中进一步设置高级属性。

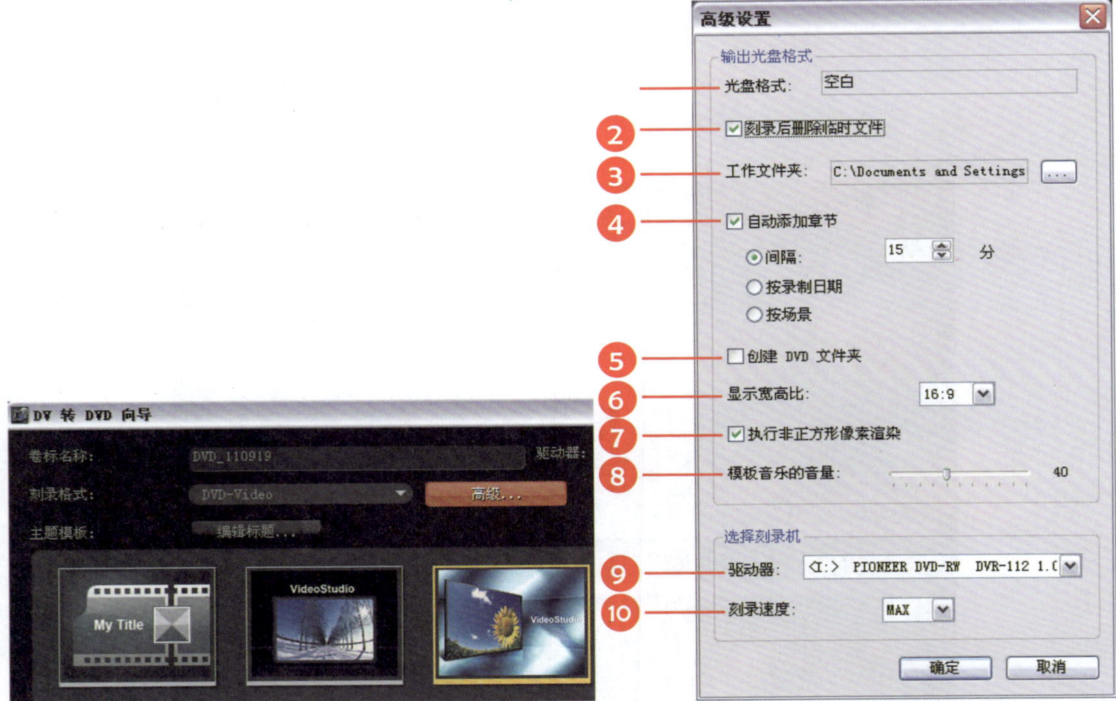


图 2-17　设置高级属性

| | |
|---|---|
| 光盘格式 | 显示当前插入的光盘的格式。 |
| 刻录后删除临时文件 | 选中该选项，可以在刻录后，删除工作文件夹中的临时文件。 |
| 工作文件夹 | 指定用于保存临时文件的文件夹。 |
| 自动添加章节 | 选中该选项，可以按照指定的时间自动添加章节。 |
| 创建 DVD 文件夹 | 选中该选项，可以在刻录后，仍然在硬盘上保留 DVD 文件夹。仅在项目是 DVD 格式时，此选项才可用。您还可以用 DVD 播放器在电脑上查看此完成的 DVD 影片。 |
| 显示宽高比 | 单击右侧的三角按钮，从下拉列表中可以选择影片的宽高比。选择与拍摄的影片一致的宽高比，可以正确地预览画面，避免影片出现失真。 |

| | |
|---|---|
| 执行非正方形像素渲染 | 选中该选项，可以在预览视频时执行非正方形像素渲染。非正方形像素的支持有助于避免出现 DV 和 MPEG-2 内容的失真并保留实际的分辨率。通常，正方形像素适合于电脑显示器的宽高比，而非正方形像素最适合于在电视屏幕的上查看。请按照您的影片播放的目标设备进行设置。 |
| 模板音乐的音量 | 拖动滑动条，可以设置 DVD 菜单的背景音乐的音量大小。 |
| 驱动器 | 选择要使用的光盘刻录机。 |
| 刻录速度 | 选择刻录光盘的速度。 |

## 2.5 挑选场景并刻录光盘

场景是根据拍摄日期和时间来区分的视频片段。使用 DV 带拍摄时，每次拍摄和停止拍摄操作都会被作为一个场景。使用场景检测功能，可以在制作完成的 DVD 界面上显示场景略图，以便于快速查找和播放指定的视频片断。在刻录 DVD 光盘之前，也可以选择需要刻录到光盘中的内容。

### 操作步骤

**01** 通过 IEEE1394 线将 DV 与计算机连接。

**02** 将 DV 切换到播放模式（VCR 模式）。

**03** 启动【DV 转 DVD 向导】，在【设备】列表中选择要录制的设备。然后单击【捕获格式】右侧的三角按钮，从下拉列表中选择要捕获的视频格式。

**04** 使用预览窗口下方的播放控制按钮，找到需要录制的开始位置后，在【场景检测】下方指定场景检测方式，如图 2-18 所示。

**05** 单击【速度】右侧的三角按钮，从下拉列表中选择扫描速度，可以选择 1X、2X 或者最大速度选项，如图 2-19 所示。

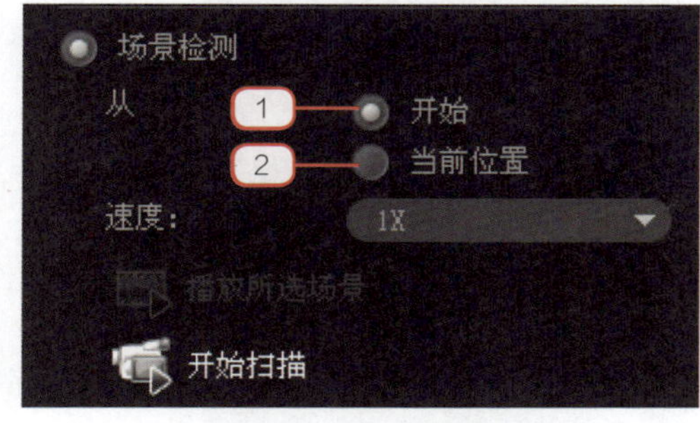


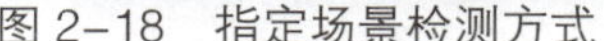
图 2-18　指定场景检测方式

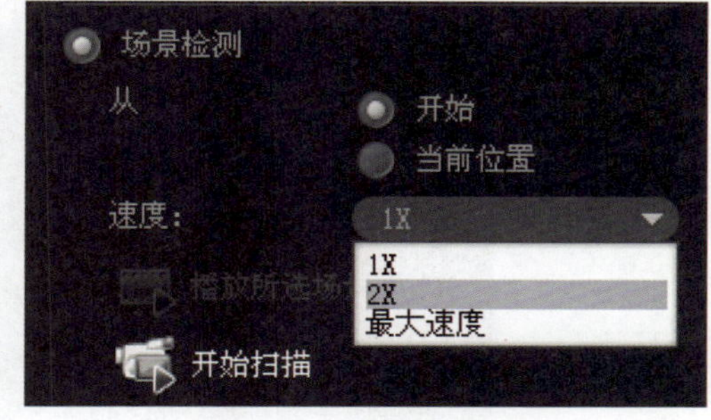

图 2-19　指定扫描速度

| | |
|---|---|
| 开始 | 选中该选项，将从 DV 带的起始位置开始扫描场景。如果 DV 带的位置不在起始处，会声会影将自动把 DV 带倒退到起始位置。 |
| 当前位置 | 使用预览窗口下方的播放控制按钮找到需要捕获的开始位置，然后从 DV 带的当前位置开始扫描。 |

**06** 单击开始扫描按钮开始扫描 DV 带中的场景。扫描完成后，右侧的故事板中将显示 DV 带上所拍摄的视频的场景略图，如图 2-20 所示。

图 2-20　显示 DV 带上所拍摄的视频的场景略图

**07** 选中故事板上的一个场景略图，单击播放所选场景按钮查看场景内容，如图 2-21 所示。这时，程序会自动为 DV 摄像机进带或者倒带，并从指定的场景位置开始播放。单击停止回放按钮，停止录像带播放。

图 2-21　播放所选场景

**提示　没有查找到场景**

如果没有顺利地查找到场景，是因为拍摄 DV 影片之前没有正确校正 DV 带上的时间码。在拍摄视频前，需要将 DV 带倒到起始位置，然后切换到拍摄模式，在盖住镜头盖的状态下不间断地录制空白视频，直到整盘 DV 带录制完毕。这样，在拍摄影片时才能够获得正确的时间码。

**08** 查看并播放场景内容后，如果有一些片断不需要刻录到最终的 DVD 光盘上，按住 Ctrl 键，单击场景略图选中，然后单击「不标记场景」按钮，使它们在采集和刻录时被跳过，如图 2-22 所示。

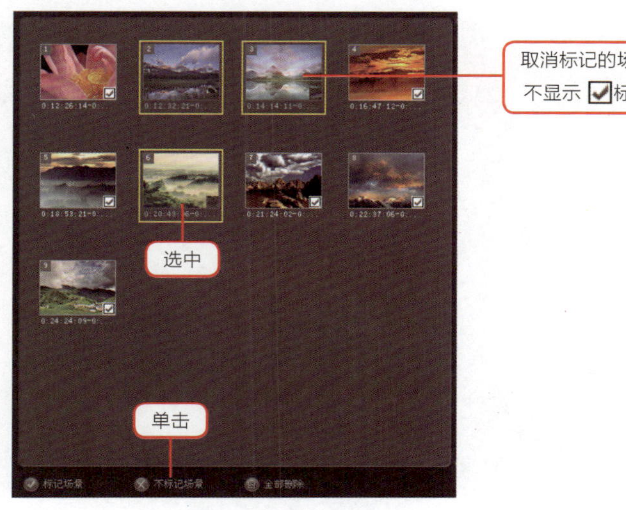


图 2-22　设置不需要输出的场景

**提示　重新标记场景**

被取消的场景不会刻录到 DVD 光盘上。如果想要再次标记被取消的场景，单击「标记场景」按钮即可。

**09** 扫描并设置完成后，单击「下一步」按钮进入刻录输出步骤，如图 2-23 所示。按照前面章节所介绍的方法设置各项参数，然后单击「刻录」按钮，将 DV 带中的影片传输到计算机中并刻录到光盘。

图 2-23　把影片刻录到光盘上

# 会声会影 X4 必备基础

## 3.1 熟悉会声会影 X4 的操作界面

启动会声会影，进入会声会影 X4 的操作界面。使用会声会影的图形化界面，可以清晰而快速地完成影片的编辑工作，如图 3-1 所示。下面将对会声会影操作界面上各个部分的名称和功能做一个简单介绍，使您对影片的辑流程和控制方法有一个基本认识。

图 3-1 会声会影 X4 的主界面

| 菜单栏 | 提供了常用的文件、编辑、工具以及设置命令集。 |
|---|---|
| 步骤面板 | 包含捕获、编辑、分享 3 个步骤，单击步骤面板上相应的按钮，可以在不同的步骤之间切换。 |
| 素材库 | 保存和整理所有的媒体素材。在编辑不同类型的素材时，显示相应的视频素材、图像素材、音频素材、视频滤镜、转场效果、标题和色彩素材等。 |
| 选项面板 | 包含控件、按钮和其他信息，可用于自定义所选素材的设置。此面板的内容将根据所在的步骤而变化。 |
| 导览面板 | 使用这些按钮，可以浏览所选的素材，并对素材进行精确的编辑和修整。 |
| 预览窗口 | 显示当前的素材、视频滤镜、效果或标题，以便于用户了解当前素材的内容。 |
| 时间轴 | 显示项目中包含的所有素材、标题和效果。可以根据需要选取相应的素材进行编辑。 |

会声会影 X4 将影片创建的步骤简化为 3 个简单的步骤。单击步骤面板上相应的按钮，可以在不同的步骤之间切换。

| | |
|---|---|
| 1 捕获 | 在【捕获】步骤中可以直接将视频源中的影片素材捕获到计算机中。录像带中的素材可以被捕获成单独的文件或自动分割成多个文件。在【捕获】步骤中还可以单独捕获静态图像。 |
| 2 编辑 | 【编辑】步骤是会声会影的核心。在这个步骤中可以整理、编辑和修整视频素材；在素材之间添加转场，使素材之间平滑过渡；创建动态的文字标题或从素材库中直接选择预设标题；为影片配音、配乐；将滤镜效果应用到素材上。 |
| 3 分享 | 在影片编辑完成后，在【分享】步骤中可以创建视频文件或者将影片输出到磁带、光盘、移动设备或者上传到网络上。 |

## 3.2 自定义界面布局

可以使用拖曳的方式调整界面的大小布局，使用户能够根据自己的需要更加方便地控制界面。在标准模式下，向上或向下拖动分界线可以显示更大的预览窗口或者显示更多的素材略图，如图 3-2 所示。

图 3-2　显示更多的素材略图

在界面上各个窗口的▪▪▪▪▪▪▪▪区域按住并拖动鼠标，可以自由调整各个窗口的摆放位置，如图 3-3 所示。

图 3–3　调整各个窗口的摆放位置

如果同时使用两台显示器，您甚至可以分屏显示，一个屏幕显示预览效果，另外一个屏幕显示编辑窗口和素材，如图 3-4 所示。

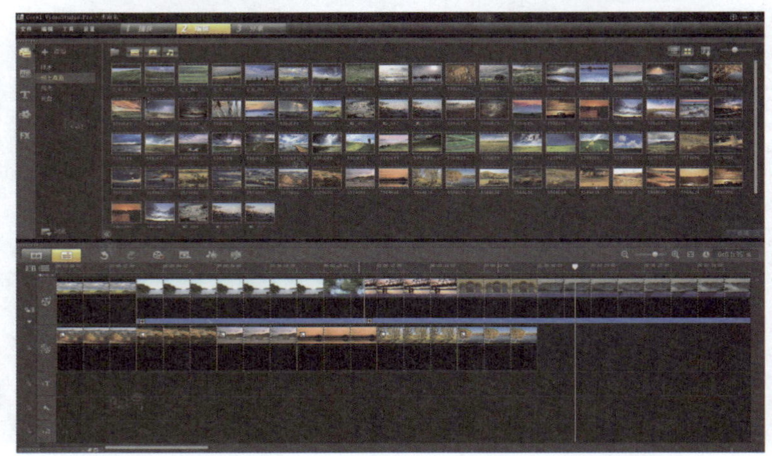

图 3–4　分屏显示操作界面

界面调整完成后，选择【设置】/【布局设置】/【保存至】命令，然后在子菜单中选择一个自定义名称，保存当前的界面布局，如图 3-5 所示。选择【设置】/【布局设置】/【切换到】命令，在已经保存的界面布局之间切换，如图 3-6 所示。按快捷键 F7 则把操作界面恢复到标准模式。

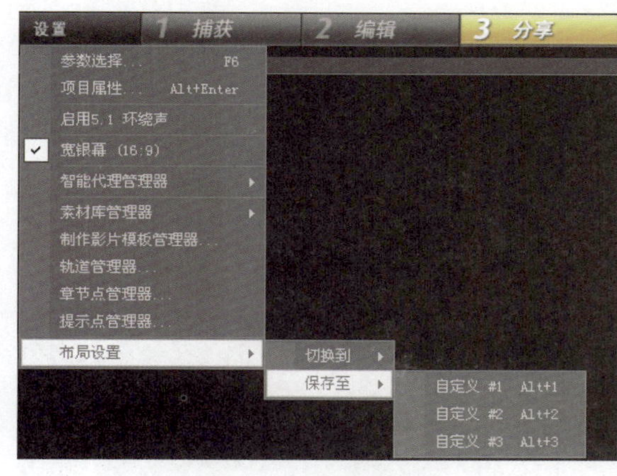


图 3–5 保存界面布局

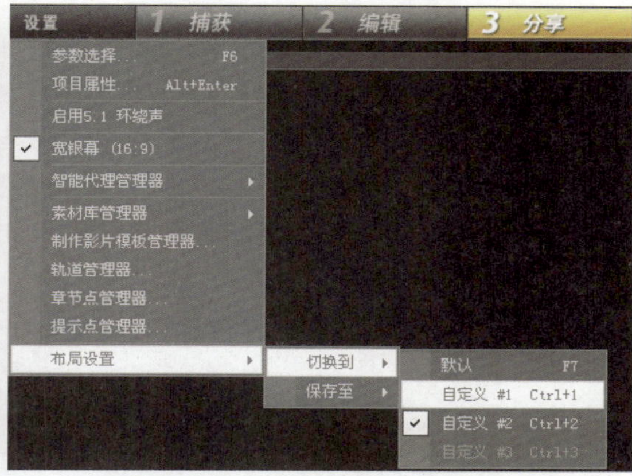


图 3–6 切换到已经保存的界面布局

## 3.3 会声会影的两种视图模式

会声会影提供了两种视图模式，分别单击时间轴上方的按钮和按钮，可以在这两种视图模式之间切换，如图 3-7 所示。

图 3–7 在视图模式之间切换

### 3.3.1 故事板视图

单击按钮切换到故事板视图。故事板视图是将素材添加到影片中最快捷的方式。故事板中的略图代表影片中的一个事件，事件可以是视频素材，也可以是转场或静态图像。略图按项目中事件发生的时间顺序依次出现，但对素材本身并不详细说明，只是在略图下方显示当前素材的区间，如图 3-8 所示。

图 3–8 故事板视图

可以在故事板上插入新的素材、以拖放的方式调整素材的排列顺序，或者在素材间插入转场效果。选中故事板中的一个素材，则可在预览窗口中进行修整。

### 3.3.2 时间轴视图

单击按钮切换到时间轴视图。时间轴模式可以准确地显示出事件发生的时间和位置，还可以粗略浏览不同媒体素材的内容。时间轴模式的素材可以是视频文件、静态图像、声音文件、音乐文件或者转场效果，也可以是彩色背景或标题。

在时间轴模式下，故事板被水平分割成视频轨、覆叠轨、标题轨、声音轨以及音乐轨 5 个不同的轨，如图 3-9 所示。单击相应的按钮，切换到它们所代表的轨，以便于选择和编辑相应的素材。

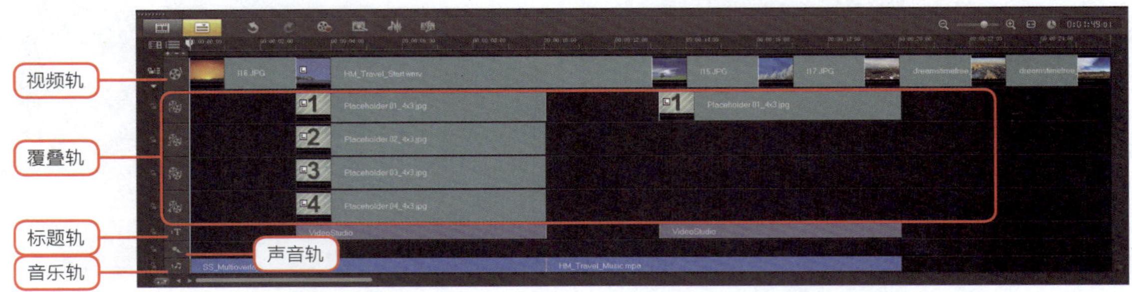


图 3–9 时间轴视图

## 3.4 熟练使用素材库

会声会影的【素材库】用于保存创建影片所需的所有内容，单击素材库左侧相应的按钮，分别在（媒体，包括照片、视频和音频素材）、（转场）、（标题）、（图形，包括色彩、对象、边框、Flash 动画等素材类别）、（滤镜）等类别之间切换。

### 3.4.1 查看不同类型的素材

会声会影 X4 改进了素材库的组织和显示方式，可更方便地查找和使用媒体素材。

**操作步骤**

**01** 单击素材库左侧的按钮显示媒体素材，如图 3–10 所示。素材库中包括照片、视频和音频素材。

**02** 单击素材库上方的（隐藏视频）、（隐藏照片）或者（隐藏音频文件）按钮，指定想要显示的素材类别。例如，在图 3–11 中，按下（隐藏视频）和（隐藏音频文件）按钮，素材库中只显示照片素材。

在图 3-12 中，按下（隐藏视频）和（隐藏照片）按钮，素材库中只显示音频素材。

图 3-10　显示媒体素材

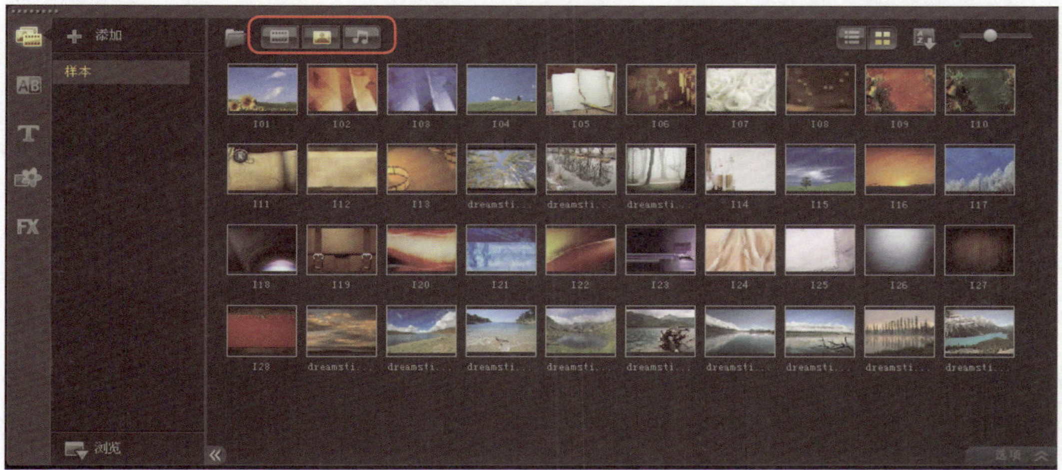


图 3-11　在素材库中显示照片素材

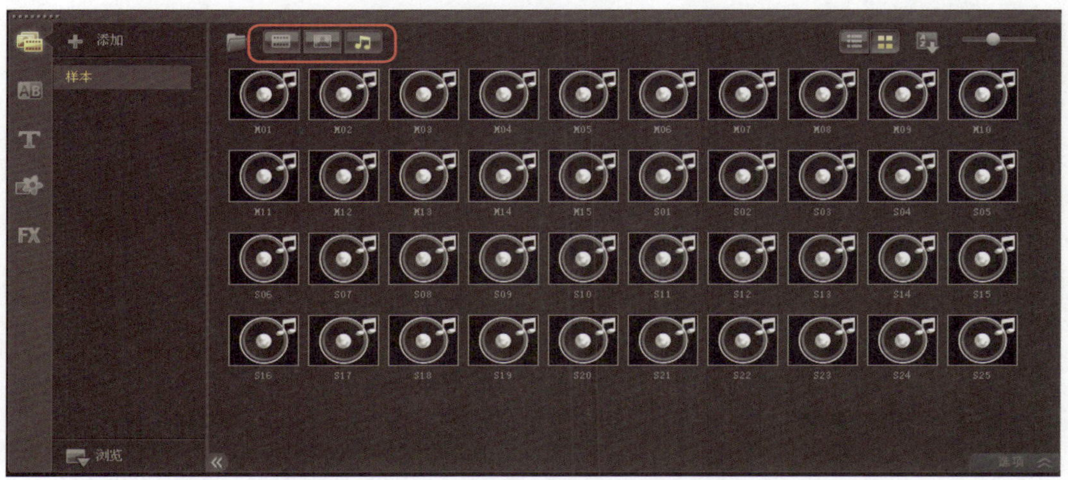


图 3-12　在素材库中显示音频素材

### 3.4.2 调整素材库的显示区域

使用会声会影 X4，可以调整素材库中略图的显示尺寸。可以根据需要同时查看多个素材或者查看某些素材的细节效果。

#### 操作步骤

**01** 单击素材库左侧相应的按钮，选择需要查看的素材库类别，如图 3-13 所示。

图 3-13 选择想要查看的素材库类别

**02** 单击素材库右下角的 选项 按钮，显示素材库下方的选项面板，如图 3-14 所示。

图 3-14 显示选项面板

**提示 将素材库恢复到标准显示状态**

在选项面板显示状态下，单击按钮，可以隐藏选项面部，将素材库恢复到标准显示状态。单击按钮则可以隐藏导航面部，以更大的空间显示素材库。

**03** 在标准模式下，拖动分界线可以显示更多的素材略图，或者显示更大的预览窗口，如图 3-15 所示。

图 3-15　向左拖动分界线可以显示更多的素材略图

### 3.4.3　调整素材的显示尺寸

使用会声会影 X4，可以调整素材库中略图的显示尺寸。可以根据需要同时查看多个素材或者查看某些素材的细节效果。

**操作步骤**

**01** 在素材库的右上角向左拖动滑块控件中的滑块，略图的尺寸变小，可同时查看更多的素材画面，如图 3-16 所示。

图 3-16　向左拖动滑块显示更多略图

**02** 向右拖动滑块控件中的滑块，略图的尺寸变大，可以更清晰地查看素材的画面细节，如图 3-17 所示。

图 3-17　向右拖动滑块查看画面细节

### 3.4.4　将媒体素材添加到素材库

在编辑影片时，常常会用到各种视频、照片和音频素材，按照以下的方法将这些素材添加到素材库中，方便在影片中调用。

#### 操作步骤

**01** 单击素材库左侧的按钮，显示【媒体】素材库，然后单击导航面板中的【添加】按钮新建一个文件夹，如图 3-18 所示。

图 3-18　选择要添加的素材类型

**02** 为新建的文件夹指定名称后，单击素材库上方的【导入媒体文件】按钮，在弹出的对话框中找到要添加的照片、视频或者音频素材所在的路径，并选中需要添加的文件，如图 3-19 所示。

**提示　同时选中多个文件**

按住 Ctrl 或 Shift 键单击文件名，可以同时选中多个需要添加的文件。

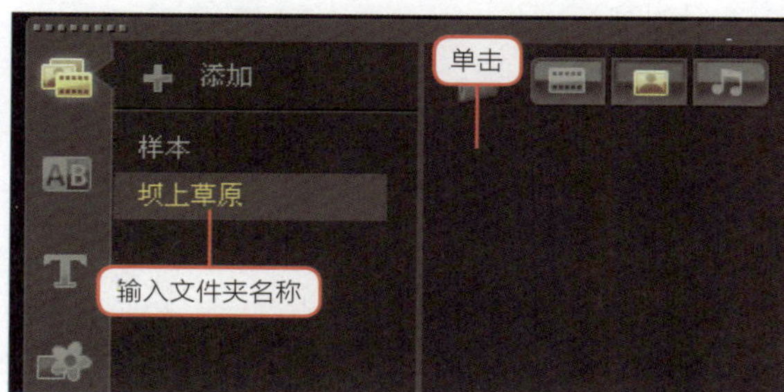


图 3-19　选中要添加到素材库中的文件

**提示　以略图方式显示素材**

添加素材时，在对话框中单击▼按钮，从弹出菜单中选择【缩略图】选项，直接在对话框中查看文件的略图效果。

**03** 单击 打开(O) 按钮，将选中的文件添加到相应的素材库中，如图 3-20 所示。

图 3-20　把文件添加到素材库中

**提示　添加素材的快捷方法**

单击导航面板下方的 浏览 按钮打开资源管理器。然后单击资源管理器右上角的按钮缩小窗口，在 Windows 资源管理器中选中要添加到素材库中的媒体文件。保持资源管理器位于会声会影界面窗口的前面，直接将它们拖曳到素材库中，也可以把文件添加到素材库中，如图 3-21 所示。

图 3-21　从资源管理器直接添加素材

### 3.4.5　添加边框 / 对象 /Flash 动画素材

会声会影 X4 也可以将边框、对象和 Flash 动画素材添加到素材库中，具体的操作步骤如下。

#### 操作步骤

**01** 单击素材库左侧的按钮，选择【图形】素材库。添加需要的素材类型，在素材库上方的下拉菜单中选择【对象】、【边框】或者【Flash 动画】，如图 3-22 所示。

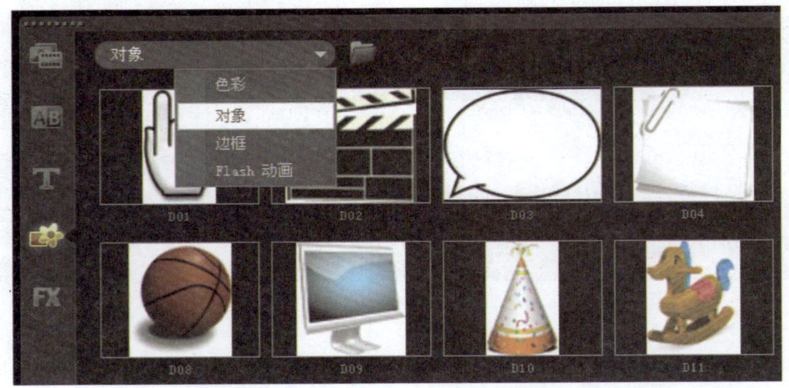


图 3-22　选择要添加的图形素材的类型

**02** 单击素材库上方的按钮，在弹出的对话框中找到要添加的图形素材所在的路径，并选中需要添加的文件，如图 3-23 所示。

图 3-23 选中需要添加的图形素材

**提示 使用 PNG 格式的文件**

边框和对象素材通常都使用 PNG 格式保存，因为这样的文件可以保留图像的透明性。当这些素材被添加到覆叠轨上时，白色的部分将透空显示。

**03** 单击【打开】按钮，将选中的素材文件添加到相应素材库中，如图 3-24 所示。

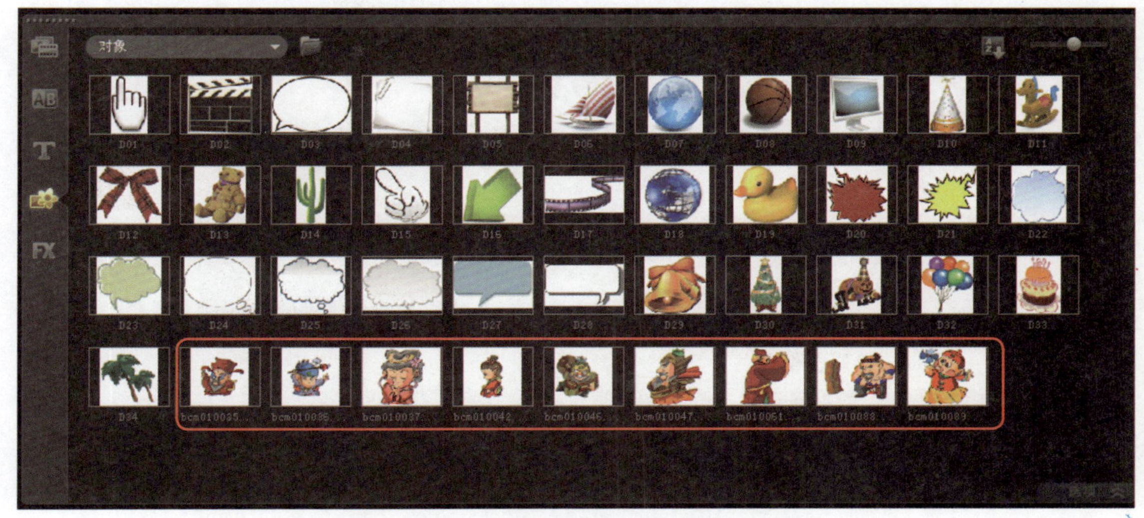


图 3-24 选中的图形素材被添加到素材库中

### 3.4.6 自定义色彩素材

色彩素材就是单色的背景，通常用于标题和转场之中。例如，可使用黑色素材来产生淡出到黑色的转场的效果，这种方式适用于处理片断或影片的结束位置。将开场字幕放在色彩素材上，然后使用交叉淡化效果，也可以在影片中创建平滑的转场效果。

在会声会影中，通常从素材库添加色彩素材。但是，素材库中的色彩素材颜色有限，常需要自定义色彩素材，步骤操作如下。

### 操作步骤

**01** 单击素材库左侧的按钮，选择【图形】素材库。在素材库上方的下拉菜单中选择【色彩】命令切换到【色彩】素材库，如图 3-25 所示。

**02** 单击素材库上方的【添加】按钮，打开图 3-26 所示的【新建色彩素材】对话框。

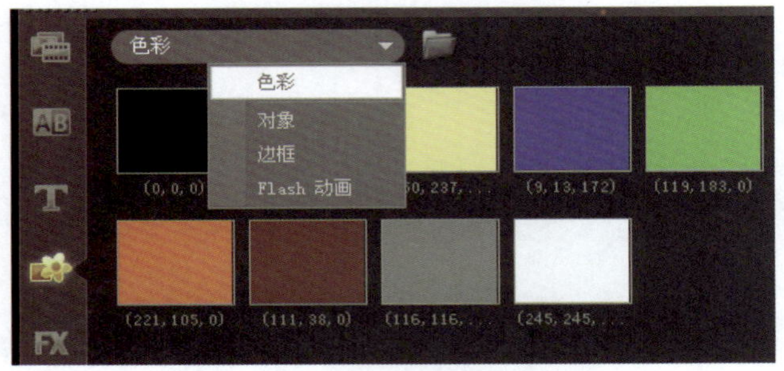


图 3-25　切换到【色彩】素材库

图 3-26　打开【新建色彩素材】对话框

**03** 单击【色彩】右侧的颜色方框，从图 3-27 所示的弹出菜单中选择【Corel 色彩选取器】或【Windows 色彩选取器】命令，并在弹出的对话框中选取需要使用的色彩。

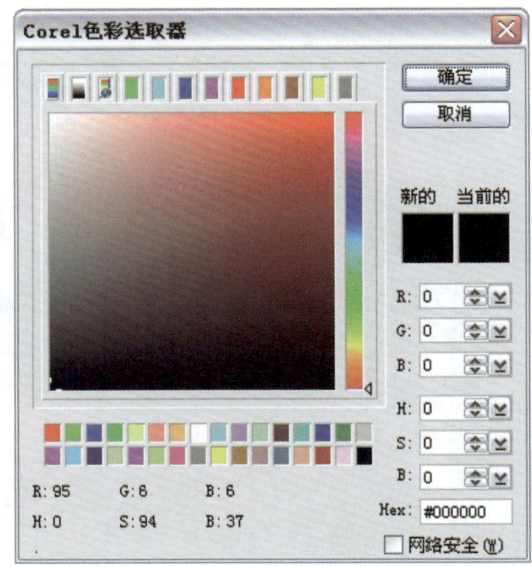


图 3-27　选择要使用的色彩

> **提示　输入 RGB 的色值**
>
> 也可以直接在、、后的文本框中输入数值，直接定义 RGB 的色值。

**04** 设置完成后，单击 确定 按钮，所定义的颜色将被添加到素材库中。

### 3.4.7 排列素材的顺序

为素材库中的素材排列顺序时，单击素材库上方的按钮，从下拉菜单中选择【按名称排序】、【按类型排序】或者【按日期排序】，如图 3-28 所示。

图 3-28 选择排序方式

**提示 略图排序的规则**

按日期对视频文件排序的方法取决于文件的格式。DV AVI 文件（如从 DV 摄像机中捕获的 AVI 文件）将按照节目拍摄的日期和时间进行排序。其他视频文件格式将按照文件保存的日期进行排序。如果要在升序和降序方式之间切换，可再次选择【按名称排序】、【按类型排序】或者【按日期排序】。

### 3.4.8 从网站获取新的素材

使用会声会影 X4，可以通过网络获得 Corel 公司提供的更新素材。下面，以标题模板为例，介绍获取新素材的操作方法。

#### 操作步骤

**01** 单击素材库左侧的按钮显示标题素材库，然后单击素材库上方的按钮，打开 Corel Guide，如图 3-29 所示。

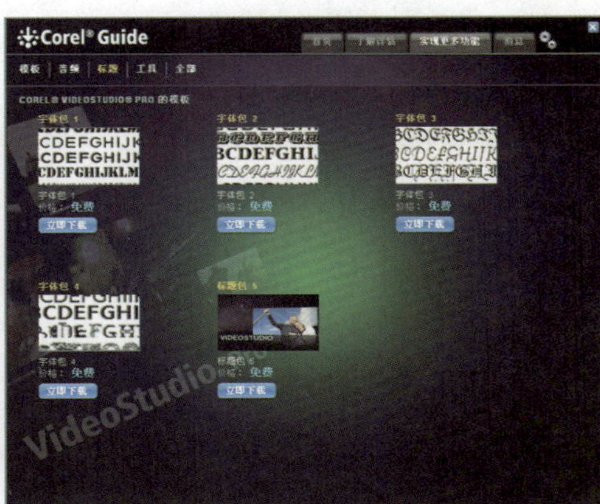


图 3-29 打开 Corel Guide

02 在 Corel Guide 中选择要下载的素材，然后单击立即下载按钮，如图 3-30 所示。

03 下载完成后，单击立即安装按钮，开始安装下载的文件，如图 3-31 所示。

图 3-30 下载选择的素材

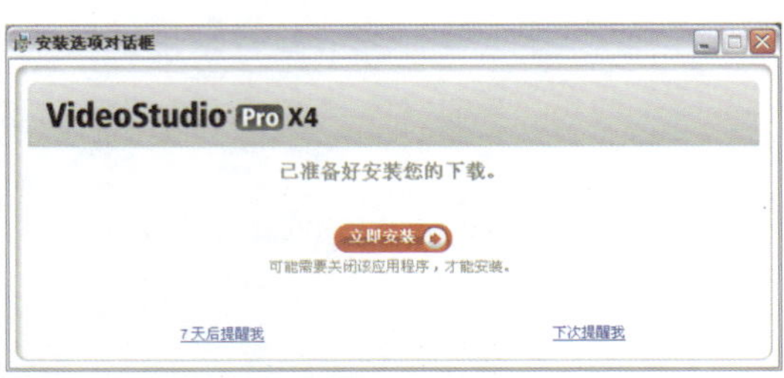


图 3-31 安装下载的文件

04 安装完成后，显示提示信息窗口，如图 3-32 所示。单击确定按钮，再次启动会声会影时，下载的素材将显示在相应的素材库中。

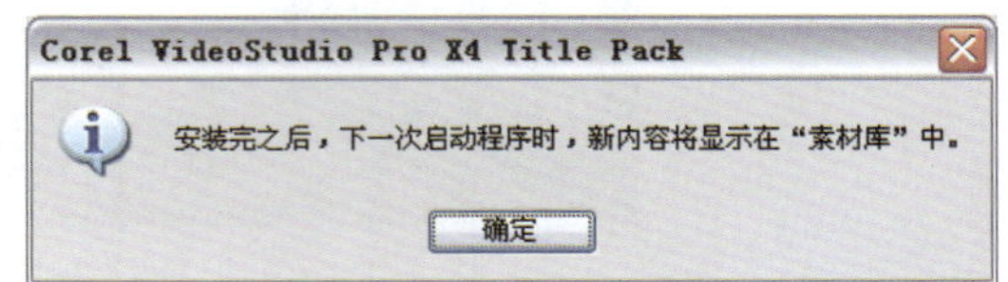


图 3-32 提示信息窗口

### 3.4.9 从素材库中删除媒体素材

从素材库中删除媒体素材，可按照以下的方法操作。

#### 操作步骤

01 在素材库中选取要删除的素材，如图 3-33 所示。

02 按 Delete 键或者右键单击素材库中选中的素材，从弹出菜单中选取【删除】命令，如图 3-34 所示。

图 3-33 选中要删除的素材

图 3-34 选择【删除】命令

03 弹出的信息提示窗口中询问是否确认删除素材库中的略图，如图 3-35 所示。

图 3-35 确认是否删除

04 单击 是(Y) 按钮，选中的略图将从素材库中被删除。

**提示 删除略图不会删除硬盘上对应的文件**

这样的操作仅仅是从素材库中删除略图，不会删除保存在硬盘上的相应的文件。

### 3.4.10 重新链接丢失的素材

在影片编辑过程中，如果在资源管理器中修改了一些素材的名称或者移动了它们在硬盘上的保存位置，素材库相应的略图上会显示黄色的标记，表示对应的素材已经发生了变化，如图 3-36 所示。

图 3-36 对应的素材已经发生了变化

**操作步骤**

01 在丢失链接的素材上单击鼠标，将弹出图 3-37 所示的信息提示窗口。

02 单击 删除(D) 按钮，可以删除丢失链接的素材略图。

03 单击 重新链接(R) 按钮，在弹出的对话框中可以重新查找相应的素材，如图 3-38 所示。

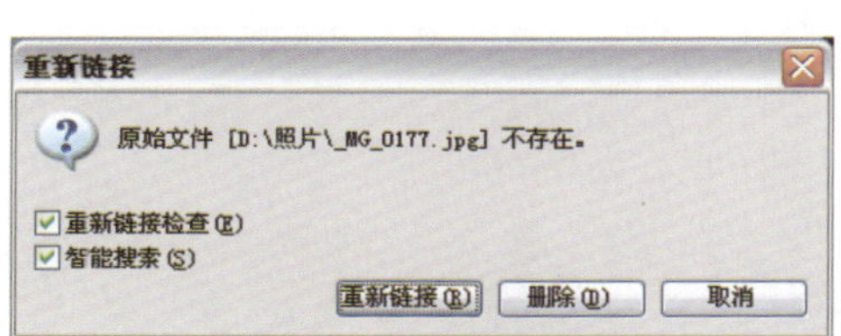


图 3-37 信息提示窗口

图 3-38 重新查找相应的素材

04 找到丢失链接的文件后，单击打开(O)按钮，素材库中的略图与文件重新建立正确链接，略图上的黄色标记消失。

### 3.4.11 在素材库中剪辑影片

使用会声会影 X4，可以直接在素材库中剪辑视频素材。这样，可以先对影片中需要使用的素材单独剪辑，然后直接调用到想要编辑制作的影片中。

光盘路径

原始素材：chap03\01 在素材库中剪辑影片\3_1.mpg

#### 操作步骤

01 按照前面章节介绍的方法，将配套光盘上的素材 3_1.mpg 添加到素材库中。

02 在素材略图上单击鼠标右键，从弹出菜单中选择【单素材修整】命令，打开【单素材修整】对话框，如图 3-39 所示。

图 3-39 打开【单素材修整】对话框

03 使用播放按钮或者拖动预览窗口下方飞梭栏上的滑块查看影片内容，然后将滑块定位在需要剪切的开始位置，如图 3-40 所示。

04 单击【设置开始标记】按钮[，设置需要剪辑的开始标记，如图 3-41 所示。

05 使用播放控制按钮或者拖动滑块，将滑块定位在视频片断的结束位置，如图 3-42 所示。

06 单击【设置结束标记】按钮]，设置需要剪辑的结束标记。这样，就可以自动剪掉开始标记之前和结束标记之后的视频内容，如图 3-43 所示。

07 单击确定按钮，剪辑完成后的素材被保存到素材库中，如图 3-44 所示。

图 3-40　定位开始位置

图 3-41　设置开始标记

图 3-42　定位结束位置

图 3-43　设置结束标记

图 3-44　剪辑完成后的素材被保存到素材库

### 3.4.12 在素材库中分割场景

使用会声会影 X4，也可以直接在素材库中进行场景分割，由程序自动查找素材中的各个片断，并将它们分割为单独的视频素材。

原始素材：chap03 \ 02 在素材库中分割场景 \ 3_2.mpg

#### 操作步骤

**01** 将配套光盘上的素材添加到素材库中。

**02** 在素材略图上单击鼠标右键，从弹出菜单中选择【按场景分割】命令，如图 3-45 所示。

图 3-45　选择【按场景分割】命令

**03** 在【场景】对话框中单击【扫描方法】右侧的三角按钮，从下拉列表中选择【帧内容】，同时选中【将场景作为多个素材打开到时间轴】选项，如图 3-46 所示。

**04** 单击【扫描】按钮，程序根据画面内容的变化扫描场景，并将扫描到的场景显示在对话框的列表中，如图 3-47 所示。

图 3-46　将【扫描方法】设置为【帧内容】

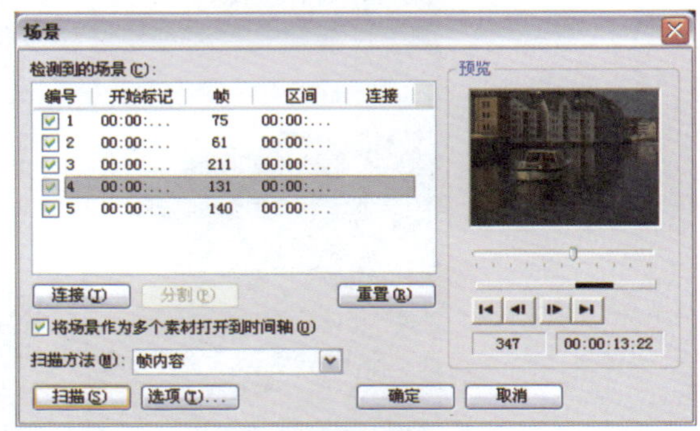


图 3-47　扫描场景

**05** 单击 确定 按钮，素材中的场景被分割为单独的视频文件保存在素材库中，如图 3-48 所示。

图 3-48　场景被分割为单独的视频文件保存在素材库中

## 3.5 播放控制按钮和功能按钮

会声会影 X4 的预览窗口下方有一些播放控制按钮和功能按钮，用于预览和编辑项目中使用的素材。用导览控件可在所选的素材或项目中移动，用修整栏和飞梭栏可编辑素材。当将鼠标移动到按钮或对象上方时，将出现提示窗口，显示该条目的名称。图 3-49 中列出了这些播放控制按钮和功能按钮的名称。

**提示　捕获视频时导览面板会发生变化**

在捕获视频时，设备控制按钮将取代导览面板。使用设备控制按钮，可以控制摄像机或其他连接的视频输入设备。

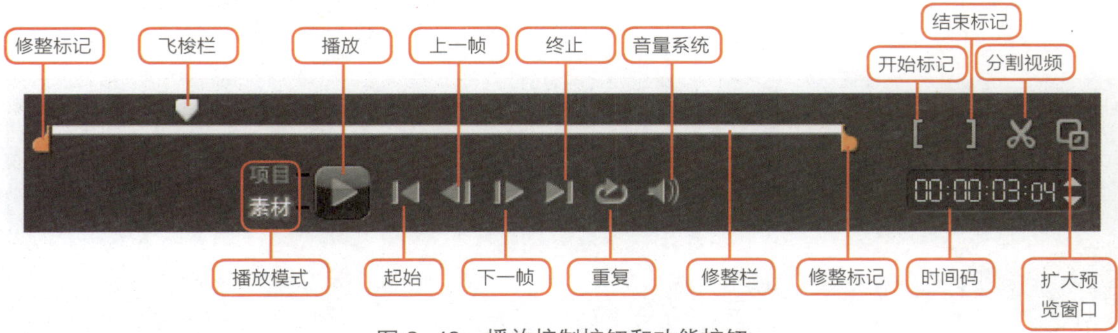


图 3-49　播放控制按钮和功能按钮

| 修整标记 | 拖动滑块可以修整素材，位于前方的标记调整起始点，位于末尾的滑块调整终止点。 |
|---|---|
| 飞梭栏 | 拖动这个滑块，可以浏览素材。当前位置的内容显示在预览窗口中。 |
| 播放模式 | 单击选中【项目】，可以预览包括覆叠轨、音频、转场、滤镜等内容的整个项目；单击选中【素材】，则仅预览所选择的素材内容。 |

| | |
|---|---|
| 播放 | 单击按钮可以播放当前的整个项目或者选中的素材。在影片播放过程中，在此单击按钮，可以暂停播放。 |
| 起始 | 返回到项目、素材或所选区域的起始点。 |
| 上一帧 | 移动到项目、素材或所选区域的上一帧。 |
| 下一帧 | 移动到项目、素材或所选区域当前点的下一帧。 |
| 终止 | 移动到项目、素材或所选区域的终止点。 |
| 重复 | 连续播放项目、素材或所选区域。 |
| 系统音量 | 单击按钮，在弹出的音量调节框中拖动滑块，可以调整素材的音量。 |
| 修整栏 | 用于修整、编辑和裁剪视频素材。 |
| 开始标记 / 结束标记 | 用于设置素材的起始和终止点。 |
| 时间码 00:00:03:04 | 通过指定确切的时间码，可以直接调到项目或所选素材的特定位置。 |
| 分割视频 | 将所选的素材剪切为两段。将飞梭栏定位到需要分割的位置，然后单击此按钮即可。 |
| 扩大预览窗口 | 单击按钮，可以在较大的窗口中预览项目或素材。 |

## 3.6 播放素材和项目

在会声会影中，素材是指素材库或者添加到时间轴上的视频、图像和音频等元素，而项目则是指添加了转场、覆叠、音乐和滤镜等综合效果的影片。在影片编辑过程中，常常需要播放素材和项目，查看效果。下面，列出了播放素材和项目的方法。

### 3.6.1 播放素材库中的素材

在素材库中，单击鼠标选中一个素材略图，然后单击预览窗口下方的按钮可以查看素材的效果，如图 3-50 所示。

图 3-50 选择并播放素材

**提示 拖动滑块快速浏览素材**

在这里按钮左侧显示为“素材”。拖动飞梭栏上的滑块，也可以快速浏览影片。

### 3.6.2 播放故事板上的素材

单击按钮切换到故事板视图，然后将素材库或者资源管理器中的素材以拖曳的方式添加到故事板中，如图 3-51 所示。在故事板上单击鼠标选中想要播放的素材，单击预览窗口下方的按钮查看所选择的素材的效果。需要注意的是，在这里【播放】按钮左侧显示为“素材”。

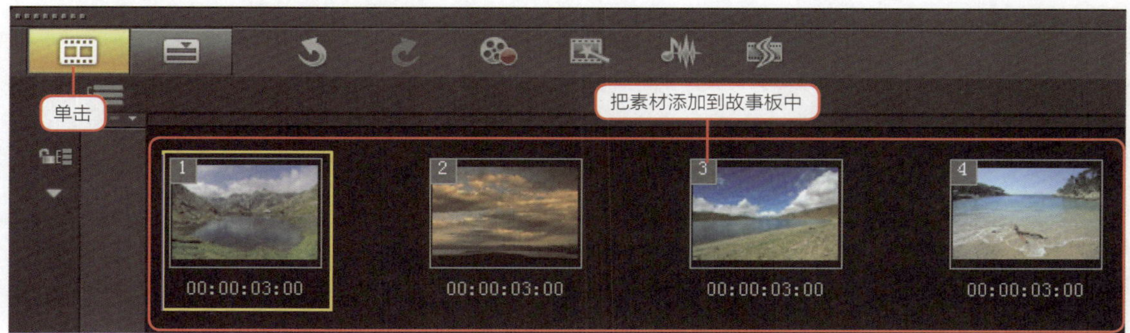


图 3-51 在故事板中添加素材

**提示 故事板模式播放的素材类型**

需要注意的是，在故事板模式下，只能选择视频素材、图像素材或者转场素材，而不能选择声音素材和覆叠素材。

### 3.6.3 播放时间轴上的素材

单击按钮切换到时间轴视图，单击鼠标选中需要播放的素材，如图 3-52 所示。单击预览窗口下方的按钮查看素材的效果。需要注意的是，在这里【播放】按钮左侧显示为“素材”。

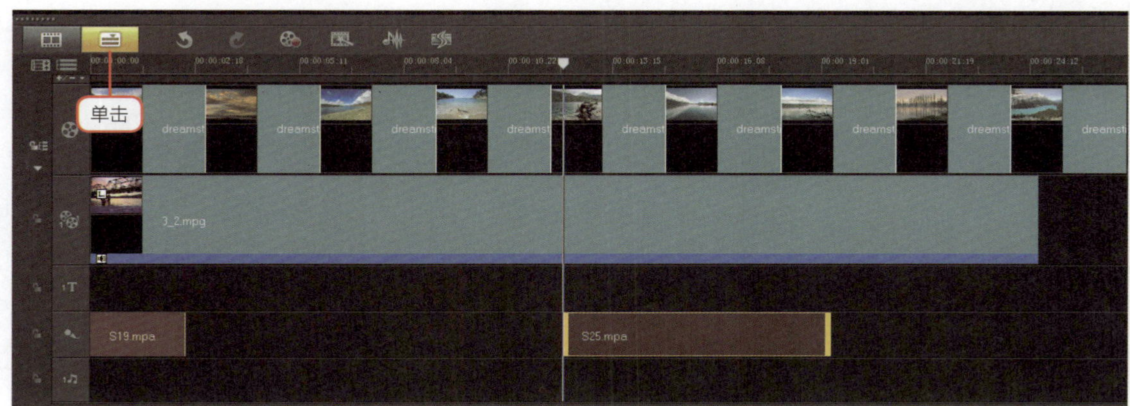


图 3-52 以时间轴模式显示素材

**提示 时间轴模式播放的素材类型**

在时间轴模式下，可以选择并播放视频素材、图像素材、转场素材、覆叠素材甚至音频素材。

### 3.6.4 播放项目文件

无论在故事板模式下还是时间轴模式下，都可以直接播放项目，查看经过编辑的影片内容。

#### 操作步骤

**01** 单击【播放】按钮左侧的“项目”，切换到项目播放模式。把预览窗口下方的滑块拖动到想要查看的项目的位置，如图 3-53 所示。

图 3-53 将滑块移动到要查看的位置

**02** 单击预览窗口下方的按钮，从当前位置开始播放项目中的影片。需要注意的是，在这里【播放】按钮左侧显示为“项目”。

> **提示 快速浏览项目**
>
> 在时间轴模式下，除了使用按钮查看项目中的影片外，也可直接预览窗口下方或者拖动时间线上方的滑块，快速浏览当前编辑的影片内容。

### 3.6.5 播放指定区间的项目

在编辑影片时，常常需要查看局部内容的效果，提高工作效率。下面介绍播放指定区间项目的方法。

#### 操作步骤

**01** 单击【播放】按钮左侧的“项目”，切换到项目播放模式。

**02** 在预览窗口下方拖动左侧的修整滑块，确定需要播放的区域的起始位置。这时，时间轴上方将显示一条橙色的线条，表示当前设置的播放区域，如图 3-54 所示。

图 3-54 设置播放的起始位置

**03** 在预览窗口下方拖动右侧的修整滑块，确定需要播放的区域的结束位置。这时，时间轴上方的橙色线条表示设置完成的播放区域，如图 3-55 所示。

图 3-55 设置播放的结束位置

**04** 单击预览窗口下方的项目/素材播放按钮，程序将播放所指定的区间中的影片。

## 3.7 时间轴上方的功能按钮

在时间轴上方也有一些功能按钮，如图 3-56 所示。这些按钮主要用于控制时间轴上的素材的显示比例、添加素材、撤销或重复操作以及进行一些相关的属性设置。下面，详细介绍这些功能按钮的名称和使用方法。

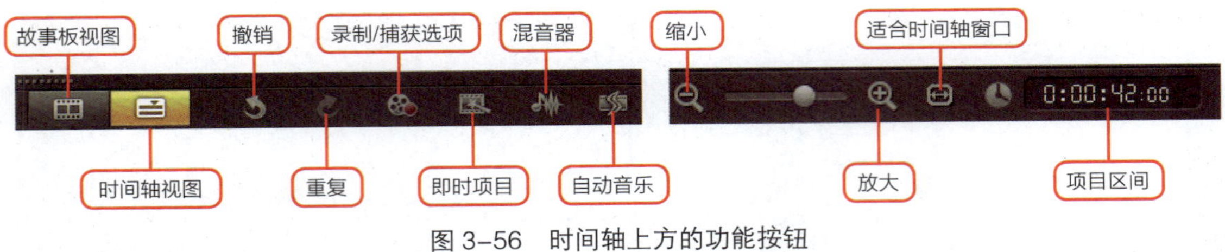


图 3-56　时间轴上方的功能按钮

|  |  |
| --- | --- |
| 故事板视图 | 单击按钮切换到故事板视图模式，可以以略图方式查看素材。 |
| 时间轴视图 | 单击按钮切换到时间轴视图模式，可以准确地显示出事件发生的时间和位置，还可以粗略浏览不同媒体素材的内容。 |
| 撤销和重复 | 单击【撤销】按钮可以撤销已经执行的操作，单击【重复】按钮则可以重复被撤销的操作。 |
| 录制 / 捕获选项 | 单击按钮将弹出一个【录制 / 捕获选项】窗口，单击相应的按钮，可以完成捕获快照、录制画外音、捕获视频、DV 快速扫描，或者从数字媒体、移动设备中捕获素材。 |
| 即时项目 | 即时项目是会声会影 X4 的新增功能，单击按钮可以即时调用【简易编辑】模块为影片应用模板，并将完成后的影片作为项目插入到当前位置。 |
| 混音器 | 单击按钮，通过混音面板可以实时地调整项目中音频轨的音量，也可以调整音频轨中特定点的音量。 |
| 缩小和放大 | 单击相应的按钮，可以使时间轴上的素材缩小或者放大显示。 |
| 适合时间轴窗口 | 单击按钮，可以使当前项目中的所有素材以适合时间轴窗口大小的比例显示。 |
| 0:00:42:00 项目区间 | 显示当前正在编辑的整部影片的时间长度。 |

## 3.7.1　改变时间轴上素材的显示方式

可以根据需要选择视频素材在时间轴上的显示方式。

### 操作步骤

**01** 选择【设置】/【参数选择】命令或者按快捷键 F6，如图 3-57 所示。

**02** 在弹出的【参数选择】对话框中选择【常规】选项卡，然后单击【素材显示模式】右侧的三角按钮，从下拉列表中选择要使用的素材显示模式，如图 3-58 所示。

#### 1. 仅略图

素材在时间轴上显示出各帧的画面效果，对影片进行精确到帧的编辑，如图 3-59 所示。

#### 2. 仅文件名

如果要素材在时间轴上由其文件名来表示，则选择仅文件名，如图 3-60 所示。

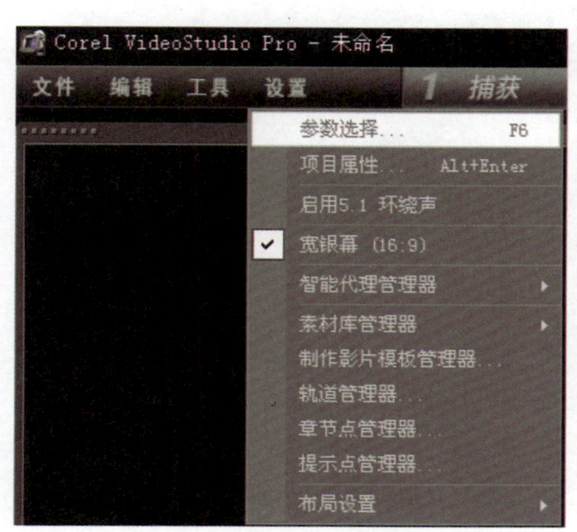


图 3-57　选择【参数选择】命令或者按快捷键 F6

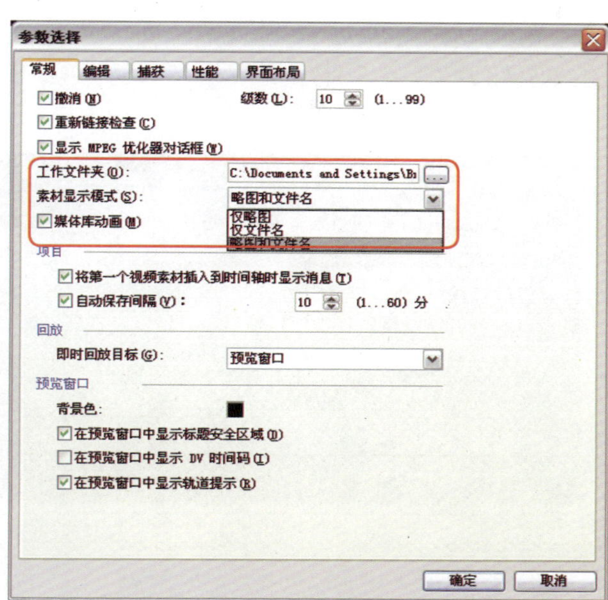


图 3-58　选择素材显示模式

图 3-59　仅略图显示模式

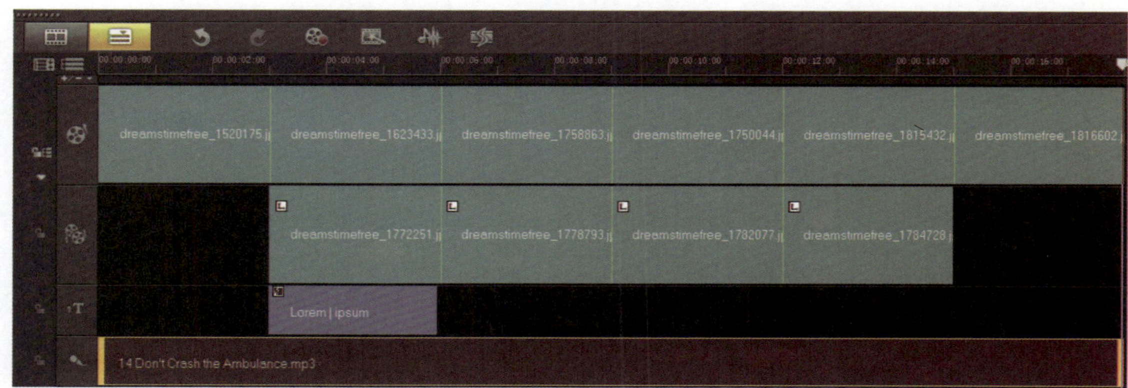


图 3-60　仅文件名显示模式

### 3. 略图和文件名

选择略图和文件名可以使素材由其对应的略图和文件名来表示，这是会声会影默认的素材显示方式，如图 3-61 所示。

图 3-61　略图和文件名显示模式

## 3.7.2　调整素材的显示比例

在编辑影片时，常常需要调整时间轴的显示比例，以便查看影片中素材的整体效果或者对某个素材进行准确地调整。会声会影时间轴上方有一个缩放控制滑块，可以更快地查看各个视频元素。缩放控制滑杆的使用方法如下。

### 1. 缩小

单击按钮，将缩小时间轴上的略图显示，可同时观察更多的素材内容，如图 3-62 所示。

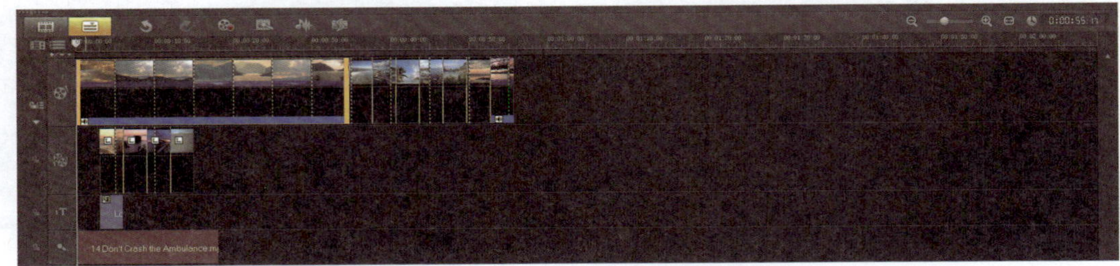

图 3-62　缩小时间轴上的略图显示

### 2. 放大

单击按钮，放大时间轴上的略图显示，可细致地查看素材的细节，如图 3-63 所示。

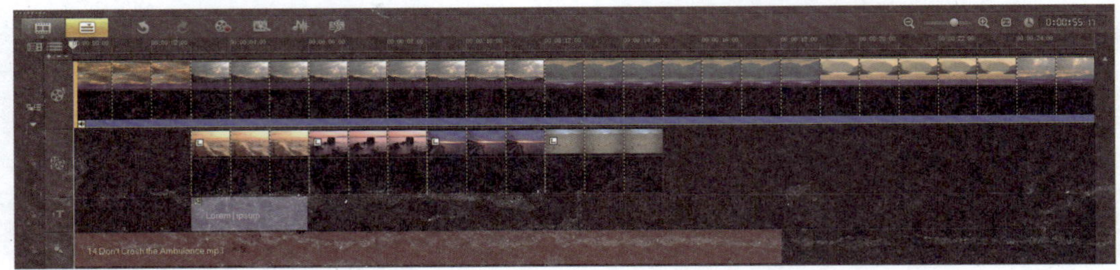

图 3-63　放大时间轴上的略图显示

**3. 缩放滑块**

拖动滑块，快速调整时间轴上的略图缩放。向左拖动滑块缩小时间轴上的略图，向右拖动滑块放大时间轴上的略图。

**4. 适合时间轴窗口**

将项目调整到时间轴窗口大小。单击该按钮，项目中的所有素材将自动调整，并适合时间轴窗口大小，如图 3-64 所示。

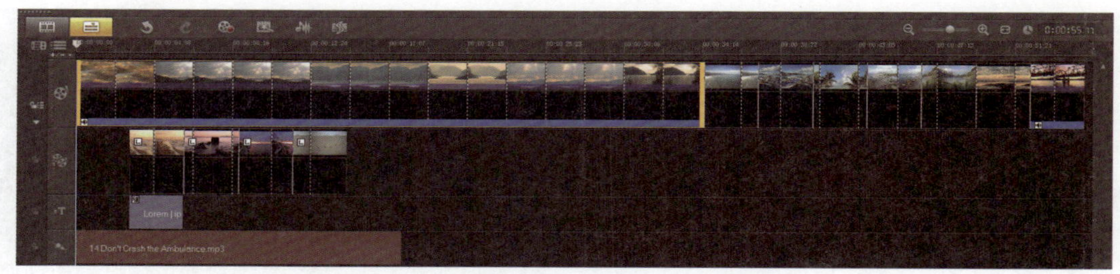

图 3–64 自动调整并适合时间轴窗口大小

### 3.7.3 撤消和重复操作

在编辑影片时，常常因为尝试性的操作而出现失误或者未能得到理想的效果，此时需要撤消上一步执行的操作，而不必在每次出现错误时都从头再来。如果希望还原被撤消的操作，则可以使用重复功能。下面，介绍撤消和重复操作的方法。

**1. 撤消操作**

执行某项操作后，可以用以下的方法之一撤消刚刚执行过的操作。

- ❑ 单击时间轴上方的按钮；
- ❑ 选择【编辑】/【撤消】命令；
- ❑ 按快捷键 Ctrl+Z；
- ❑ 多次按快捷键 Ctrl+Z，可以撤消执行过的多步操作。

**2. 重复操作**

如果希望还原被撤消的操作，则可以使用以下的方法之一。

- ❑ 单击时间轴上方的按钮；
- ❑ 选择【编辑】/【重复】命令；
- ❑ 按快捷键 Ctrl+Y；
- ❑ 多次按快捷键 Ctrl+Y，可以重复被撤消过的多步操作。

## 3.8 提高工作效率的独特功能

会声会影 X4 为视频剪辑提供了一些高效率的便捷功能，其中，最重要的是智能代理和成批转换功能，下面，详细介绍它们的使用方法。

### 3.8.1 智能代理高清影片

在会声会影中编辑高清影片时，由于影片的分辨率很高，720i 的标准分辨率为 1280×720，

1080p 的标准分辨率为 1440×1080。在编辑过程中，数据传输量都非常大，容易出现播放不流畅的问题。使用会声会影的智能代理功能，在捕获和编辑高质量视频文件时，将自动产生低分辨率的代理文件进行编辑。在完成剪辑后，再将所有剪辑效果应用到原始的高画质影片上，大幅度降低编辑过程中计算机的资源占用率，提高剪辑效率。

## 操作步骤

**01** 从【设置】菜单选择【智能代理管理器】/【设置】命令，如图 3-65 所示。

**02** 在弹出的对话框中选中【启用智能代理】选项。

**03** 在【当视频大小大于此值时，创建代理】下拉列表中指定启用智能代理的条件。在这里选择 720×576，表示视频素材的尺寸超过 720×576 时，启用智能代理功能，如图 3-66 所示。

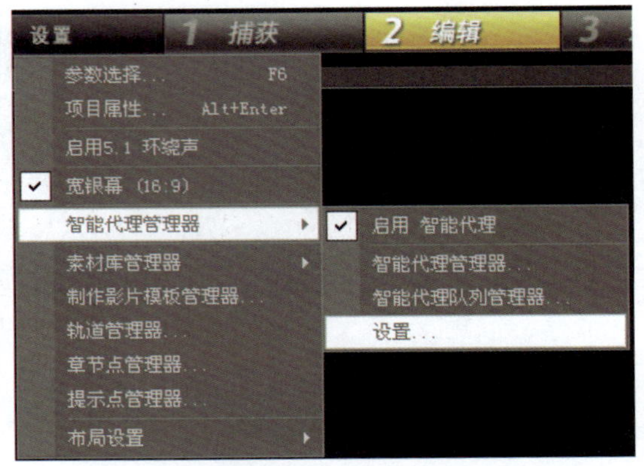


图 3-65　选择【智能代理管理器】/【设置】命令

**04** 单击【代理文件夹】右侧的[...]按钮，在弹出的对话框中指定代理文件的存储路径，如图 3-67 所示。建议将代理文件的路径指定到 C 盘之外有足够剩余空间的磁盘分区中。设置完成后，单击[确定]按钮。

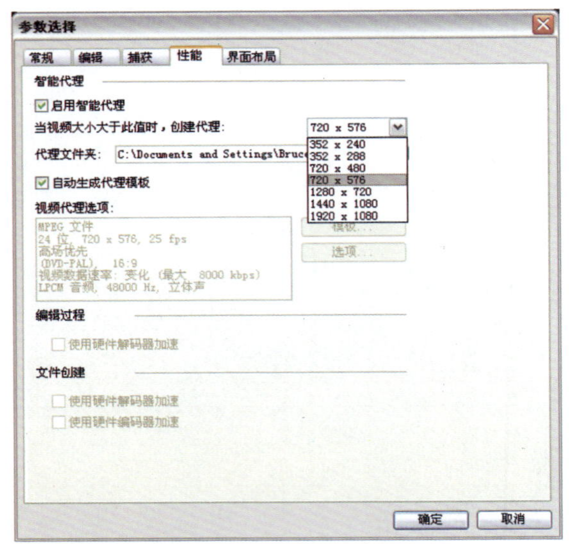


图 3-66　指定启用智能代理的条件

图 3-67　指定代理文件的存储路径

**05** 设置完成后，当视频轨上添加尺寸大于预设的尺寸（720×576）时，会自动启用智能代理功能。选择【设置】/【智能代理管理器】/【智能代理管理器】命令，在弹出的对话框中可以看到，程序自动为素材生成了代理文件，如图 3-68 所示。这样，可以在编辑过程中降低对系统资源的占用，提高编辑效率。确认所有素材自动创建了代理文件后，单击[退出]按钮。

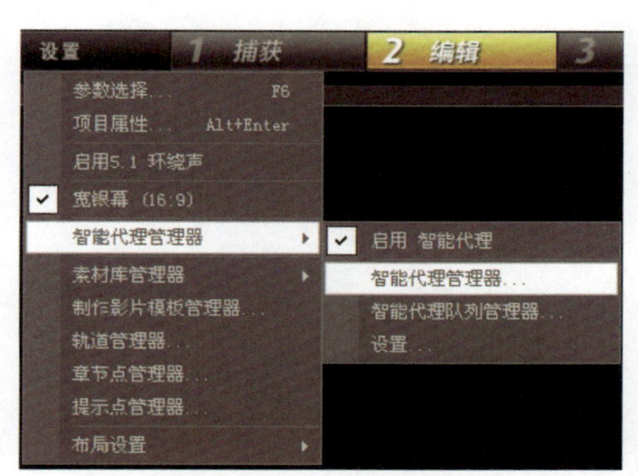


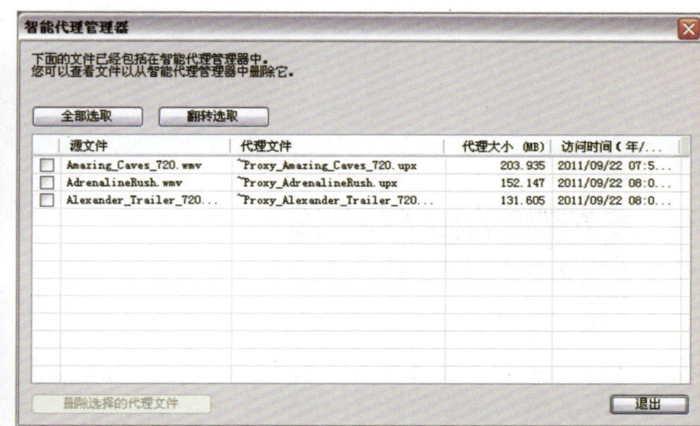


图 3-68　查看智能代理文件

**提示　查看智能代理的方式**

为素材创建智能代理后，略图上将显示标记，如图 3-69 所示。将高清素材添加到故事板上以后，需要一段时间创建代理文件，如果标记还没有出现在素材上，暂时不要对素材进行编辑。如果在此时进行编辑操作，会出现“卡”的现象。等到代理文件创建完成后，再进行编辑工作。

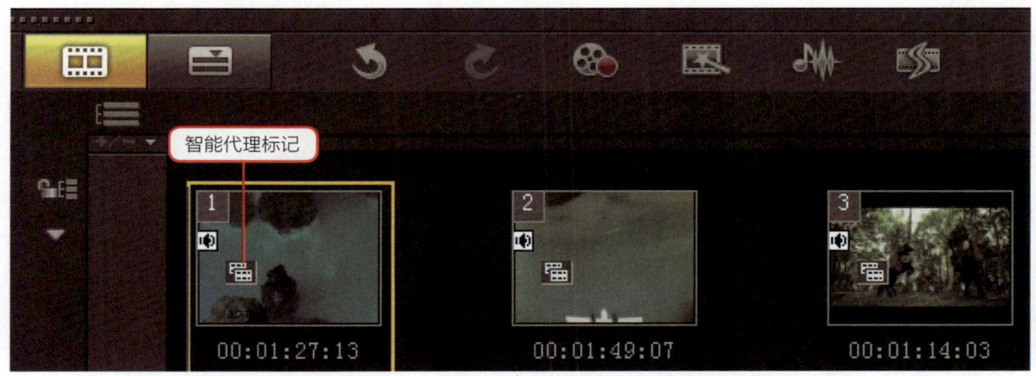


图 3-69　智能代理创建完成后，略图上将显示标记

## 3.8.2　成批转换文件格式

成批转换用于将多个视频文件成批转换为指定的视频格式，它的使用方法如下。

原始素材：chap03 \03 成批转换 \ 01.mpg~05.mpg

**操作步骤**

**01** 选择【文件】/【成批转换】命令，打开【成批转换】对话框，如图 3-70 所示。

**02** 在【成批转换】对话框中，单击右侧的 添加(A)... 按钮，在弹出的对话框中选中配套光盘上提供的要转换格式的素材文件，如图 3-71 所示。

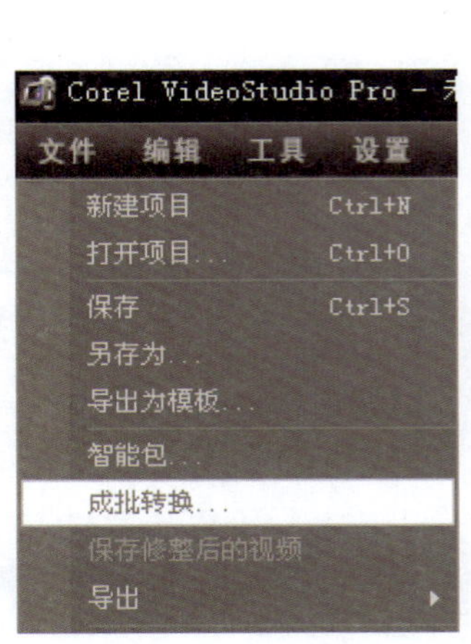


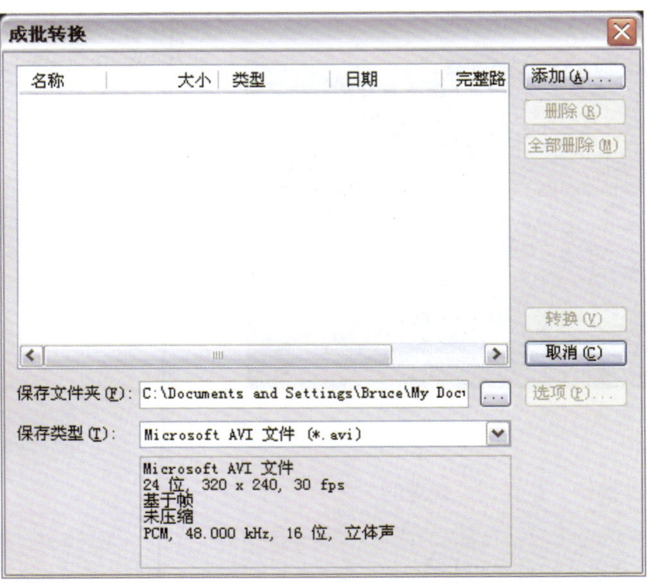


图 3-70 打开【成批转换】对话框

**03** 单击 打开(O) 按钮，将选中的文件添加到转换列表中，如图 3-72 所示。

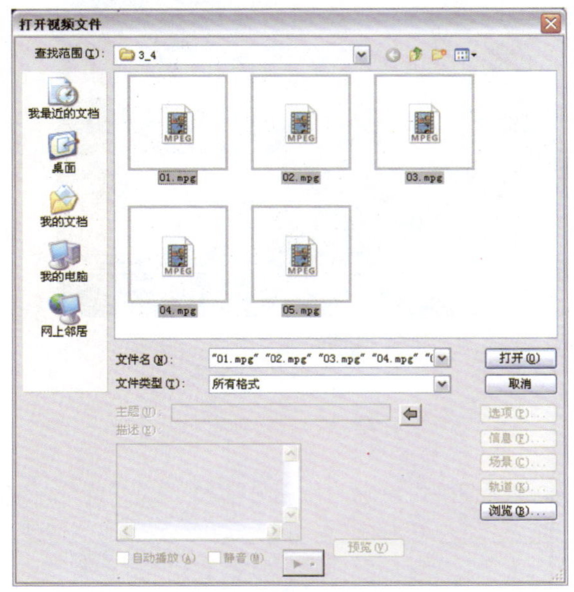


图 3-71 选中所有要转换格式的素材

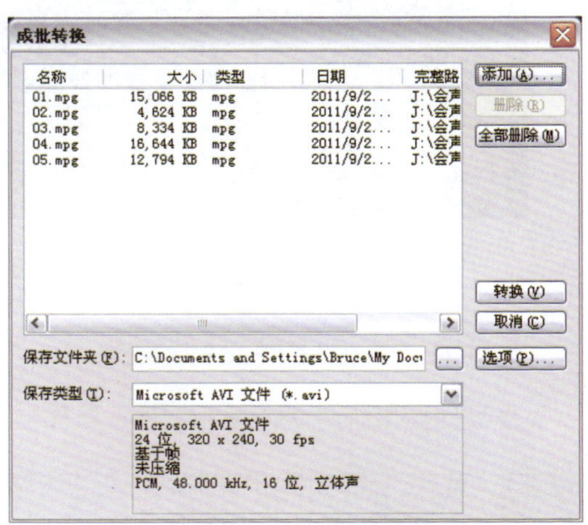


图 3-72 素材被添加到转换列表中

**04** 单击【保存文件夹】右侧的 ... 按钮，在弹出的对话框中指定转换后的文件的保存路径。设置完成后，单击 确定 按钮。

**05** 单击【保存类型】右侧的三角按钮，从下拉列表中选择转换后的视频格式，如图 3-73 所示。

**06** 单击 选项(P)... 按钮，在弹出的对话框中指定所选择的视频文件的属性，如图 3-74 所示。还可以在【显示宽高比】中选择【4:3】或者【16:9】。

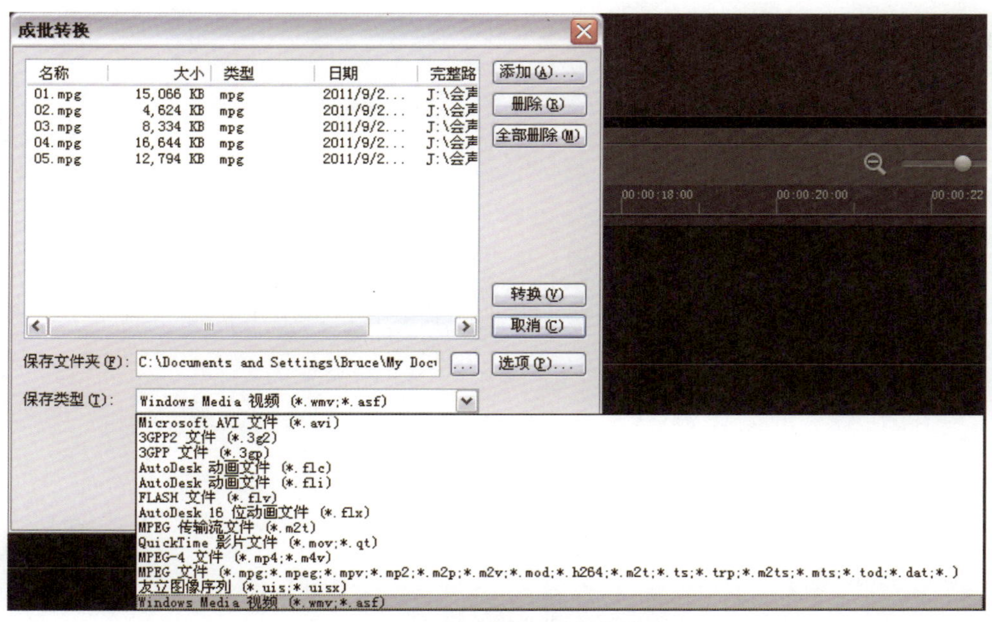


图 3–73　选择转换后的视频格式

**07** 设置完成后，单击 确定 按钮，然后单击 转换(V) 按钮，开始按照指定的文件格式转换视频，如图 3–75 所示。

**08** 转换完成后，在图 3–76 所示信息提示窗口中显示任务报告，单击 确定 按钮，所有视频文件将被转换为新的文件格式，并保存在指定的文件夹中。

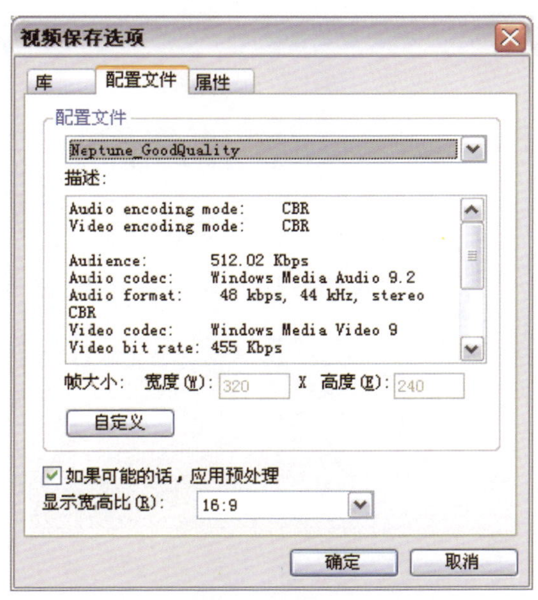


图 3–74　指定视频文件的属性

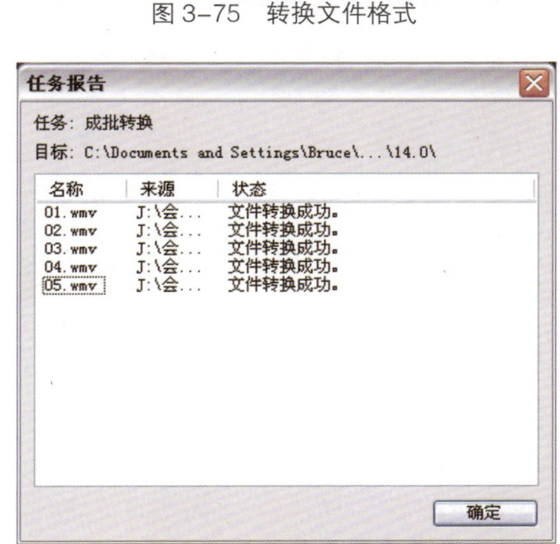


图 3–75　转换文件格式



图 3–76　显示任务报告

# 4

# 捕获视频素材

## 4.1 认识【捕获】选项面板

【捕获】通常是影片编辑的第一步操作，单击步骤面板上的 1 捕获 按钮，直接将视频源中的影片素材传输到计算机中。【捕获】步骤的选项面板上包括图 4-1 所示的几项功能。

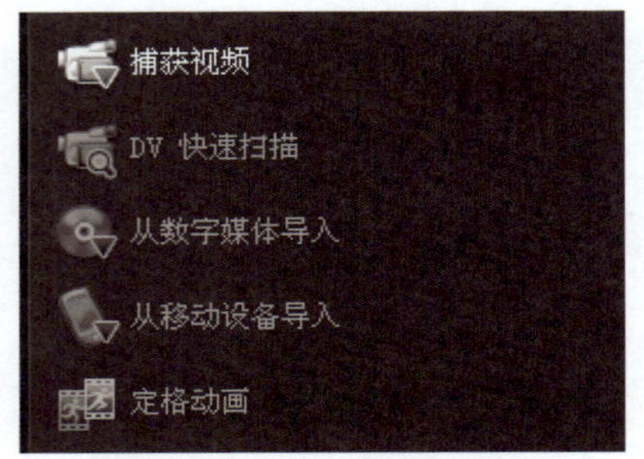


图 4–1 【捕获】步骤的选项面板

| | |
|---|---|
| 捕获视频 | 用于捕获来自 DV、HDV、摄像头以及电视的视频。对于各种不同类型的视频来源来说，捕获步骤类似。不同的是，每种类型来源的捕获视频选项面板中可用的捕获设置是不同的。 |
| DV 快速扫描 | 用于扫描 DV 设备，查找要捕获的场景。 |
| 从数字媒体导入 | 用于从 DVD 光盘、AVCHD 硬盘摄像机、蓝光光盘导入媒体文件。 |
| 从移动设备导入 | 用于从基于 Windows Mobile 的智能手机、PocketPC/PDA、iPod 和 PSP 等移动设备中导入媒体文件。 |
| 定格动画 | 使用从照片和视频捕获设备中捕获的图像制作即时定格动画。 |

## 4.2 从 DV 捕获视频

在【捕获】步骤中，可以从 DV、HDV（高清摄像机），模拟摄像机等视频源捕获视频，首先，介绍从 DV 捕获视频的方法。

### 4.2.1 捕获视频前应该注意的问题

捕获视频需要使用大量的系统资源，在捕获视频之前正确地设置计算机，才能够确保成功地捕获到高质量的视频素材。在视频捕获之前，注意以下一些事项会更好地完成视频捕获工作。

- 除了 Windows 资源管理器和会声会影以外，尽量关闭所有正在运行的程序。此外，还要关闭屏幕保护程序，以免捕获发生中断。
- 如果当前系统包括两个磁盘分区或者两个硬盘，建议将会声会影安装在系统盘（通常是 C 盘），而将捕获的视频保存在另一个磁盘分区（通常是 D 盘）或者另一块硬盘上。
- 对于视频编辑工作，由于需要传输大量的数据，建议使用 7200 转速的高速硬盘并保持 30GB 可用磁盘空间，以免出现丢帧或磁盘空间不足的情况。

### 4.2.2 指定大容量的工作文件夹

在使用会声会影捕获视频之前，还需要根据硬盘的剩余空间正确设置工作文件夹和预览文件夹。工作文件夹用于保存编辑完成的项目和捕获的视频素材。会声会影默认的工作文件夹为 C:\Documents and Settings\（用户名）\My Documents\Corel VideoStudio Pro\Corel VideoStudio Pro\14.0\，会声会影要求保持 30GB 可用磁盘空间，以免出现丢帧或磁盘空间不足的情况。如果 C 盘空间不够大，则可以将工作文件夹指定到另一个磁盘分区或者另一块硬盘上。

## 操作步骤

01 在会声会影 X4 的操作界面上选择【设置】/【参数选择】命令，或者按快捷键 F6 打开【参数选择】对话框，如图 4-2 所示。

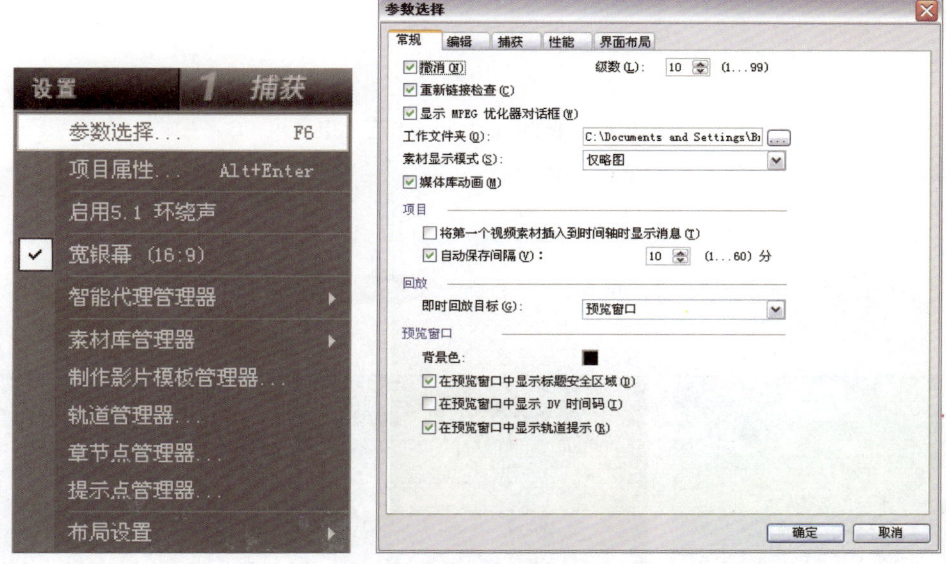

图 4-2　打开【参数选择】对话框

02 选择【常规】选项卡，单击【工作文件夹】右侧的按钮，在弹出的对话框中选择一个新的磁盘分区，然后单击【新建文件夹】按钮，创建一个新的工作文件夹，并指定文件夹名称，如图 4-3 所示。

图 4-3　指定工作文件夹

03 设置完成后，单击 确定 按钮。

### 4.2.3 将 DV 与计算机连接

要将 DV 拍摄的影片传输到计算机中，首先，必须通过 IEEE1394 卡和 IEEE1394 线将摄像机与计算机连接。

#### 操作步骤

01 在计算机中正确安装 IEEE1394 卡。

02 按照第 2 章介绍的方法将 IEEE1394 连接线 4 芯的一端连接摄像机，6 芯的一端连接 IEEE1394 卡。

03 将摄像机切换到播放模式，完成设备连接。

### 4.2.4 捕获视频选项面板

将 DV 与计算机正确连接后，单击选项面板上的“捕获视频”按钮，进入捕获界面，如图 4-4 所示。

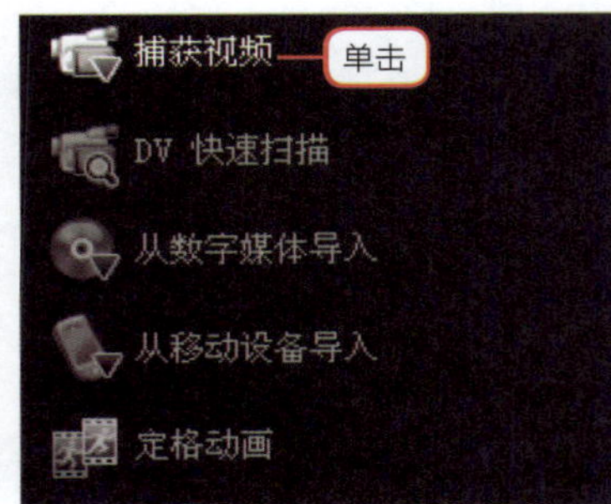


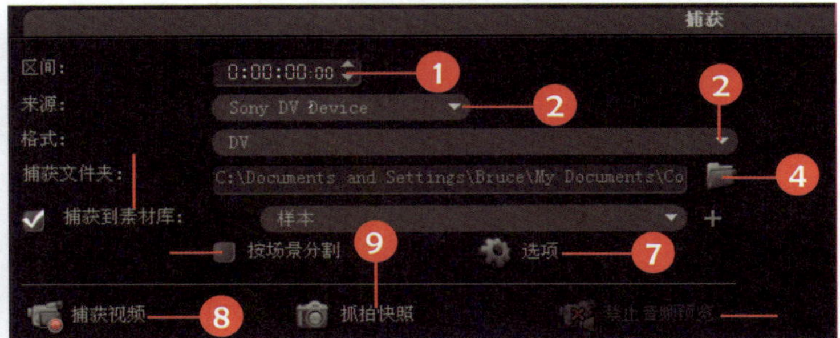


图 4-4 进入捕获界面

> **提示 返回上一级界面**
>
> 在捕获界面中，单击选项面板右上角的 ⊠ 按钮，可以返回上一级界面。

下面，介绍从 DV 捕获视频时，选项面板上各项参数的功能和使用方法。

#### 1. 区间

指定要捕获的素材的长度。这里的几组数字分别对应小时、分钟、秒和帧。在需要调整的数字上单击鼠标，当其处于闪烁状态时，输入新的数字或者单击右侧的三角按钮来增加或减少所设置的时间。在捕获视频时，【区间】中同步显示当前已经捕获的视频的时间长度。也可以在【区间】中预先指定数值，捕获指定时间长度的视频。

> **提示 “帧”调整的上限**
>
> 对于 PAL 制 VCD 而言，帧速率为 25 帧 / 秒，因此，在“帧”一位上所能设置的最大数值为 24 帧。

#### 2. 来源

显示检测到的视频捕获设备，也就是显示所连接的摄像机的名称和类型。

### 3. 格式

选取用于保存捕获视频的文件格式。在会声会影 X4 中，从 DV 摄像机捕获视频时，可以选择高质量的 DV 格式或者 DVD 格式，如图 4-5 所示。

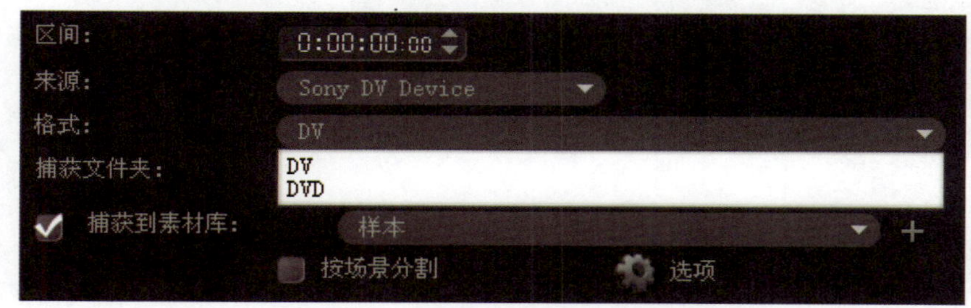


图 4–5　选择要捕获的视频格式

### 4. 捕获文件夹

单击右侧的按钮，在弹出的对话框中指定保存捕获的文件。建议将捕获文件夹设置到 C 盘以外有足够剩余空间的磁盘分区。

### 5. 捕获到素材库

选中该选项，将在捕获视频后，在素材库中添加一个当前捕获的素材的略图链接，以备今后快速存取。单击右侧的三角按钮，从图 4-6 所示的下拉列表中可以选择存放素材的文件夹。在素材库创建自定义文件夹的方法，请参照第 3 章介绍的相关内容。

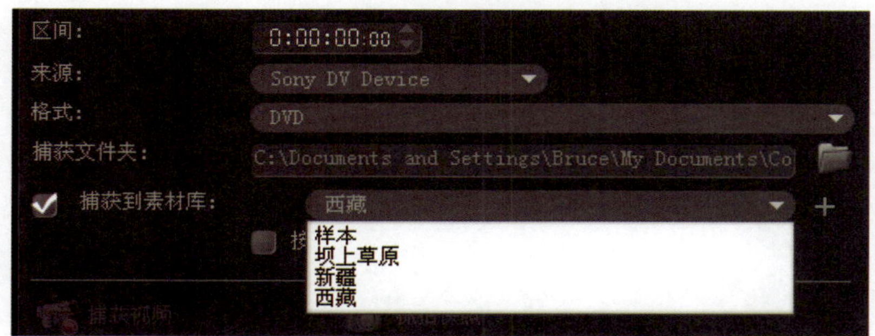


图 4–6　指定捕获的素材保存的文件夹

### 6. 按场景分割

在拍摄影片时，会在同一盘录像带上拍摄多个视频片断，在编辑视频时，常常需要分割这些片断以便为它们加上转场效果或者标题。选中【按场景分割】选项，根据录制的日期、时间以及录像带上任何较大的动作变化、相机移动以及亮度变化，自动将视频文件分割成单独的素材。并将它们当作不同的素材插入项目中。

### 7. 选项

单击选项按钮，在弹出的图 4-7 所示的下拉菜单中可以打开与捕获驱动程序相关的对话框。

- 捕获选项：选择【捕获选项】命令，在图 4-8 所示的对话框中可以将捕获的视频插入到时间轴，将视频的日期信息添加为标题。

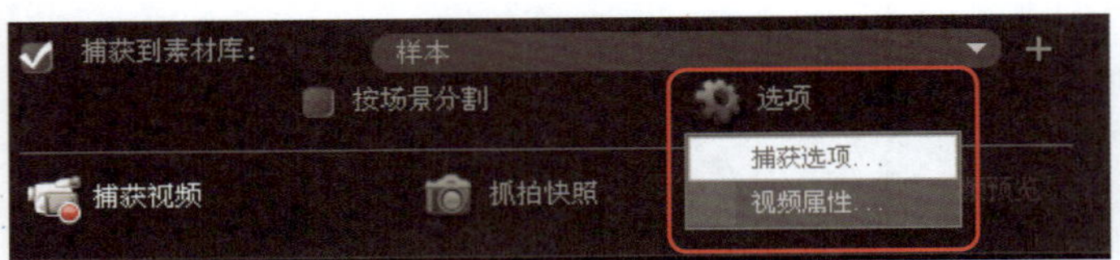


图 4–7 【选项】下拉菜单

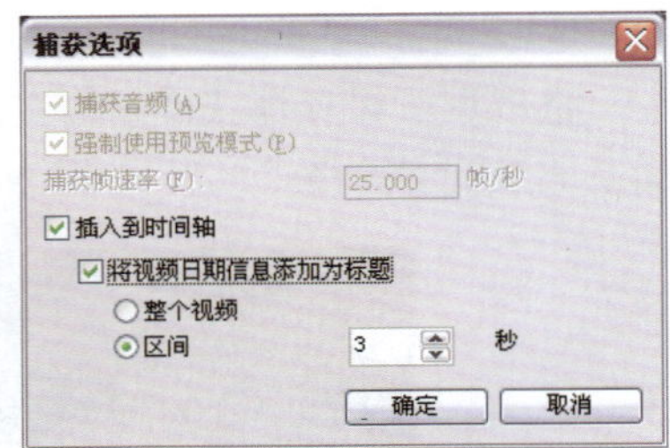


图 4–8 【捕获选项】对话框

- 视频属性：如果将视频捕获格式设置为【DV】，选择【视频属性】命令，在弹出的图 4-9 所示的对话框中可以选择 DV 类型 -1 或者 DV 类型 -2。如果将视频捕获格式设置为【DVD】，选择【视频属性】命令，在弹出的图 4-19 所示的对话框中可以选择不同类型的 DVD 配置文件。

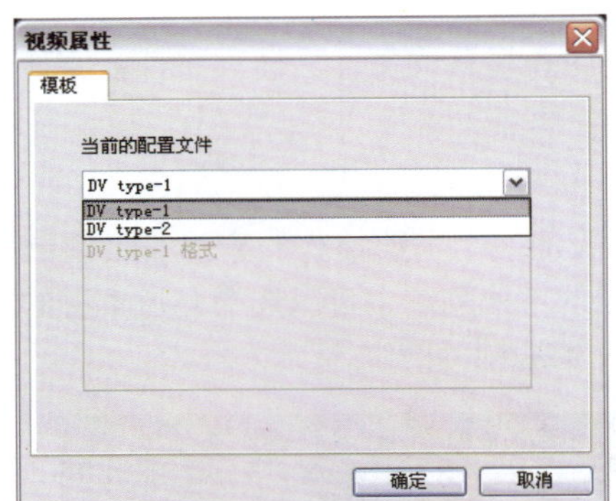


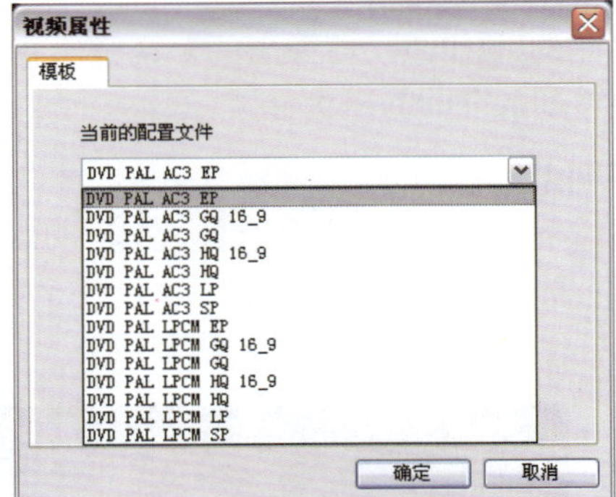


图 4–9 设置视频属性

**提示 DV type–1 和 DV type–2**

通过 FireWire（IEEE 1394 捕获卡）捕获的 DV 视频被自动保存为 AVI 文件，在这种 AVI 中包含两种数据流：视频和音频。而 DV 是本身就包含视频和音频的数据流。

在 type-1 的 AVI 中，整个 DV 流未经修改地保存在 AVI 文件的一个流中；而在 type-2 的 AVI 中，DV 流被分割成单独的视频和音频数据，保存在 AVI 文件的两个流中。type-1 的优点是 DV 数据无需进行处理，保存为与原始相同的格式；type-2 的优点是可以与不是专门用于识别和处理 type-1 文件的视频软件相兼容。

### 8. 捕获视频

单击捕获视频按钮，从已安装的视频输入设备中捕获视频。

### 9. 抓拍快照

单击抓拍快照按钮，将视频输入设备中的将当前帧作为静态图像捕获到会声会影中。

### 10. 禁止音频预览

使用会声会影捕获 DV 视频时，可以通过与计算机相连的音响监听影片中录制的声音，此时禁止音频预览按钮处于可用状态。如果声音不连贯，可能是 DV 捕获期间在计算机上预览声音出现问题。这不会影响音频捕获的质量。如果出现这种情况，单击禁止音频预览按钮可以在捕获期间使音频静音。

### 4.2.5 提高工作效率的 DVD 影片制作流程

从 DV 捕获视频时，最常见的操作目的是把编辑完成的影片刻录输出为 DVD 光盘。使用会声会影从 DV 带捕获视频时，可以直接捕获为 DVD 格式，也可以捕获为 DV 格式。用 DV 格式捕获的视频会以 DV AVI 格式保存。它的视频尺寸是固定的 720×576，可以获得不压缩的最佳视频质量，不过，它占用的磁盘空间也非常大。如果有比较充裕的时间和硬盘空间，建议使用以下的操作流程。

01 在【捕获】步骤，将 DV 带中的视频捕获为 DV 格式的素材。

02 在【分享】步骤使用【创建视频文件】命令，将素材输出为 PAL DVD 格式的视频文件。

03 使用输出的 PAL DVD 格式的视频文件进行编辑加工。

04 制作完成后，保存项目文件，并在【分享】步骤使用【创建视频文件】命令，将素材输出为 PAL DVD 格式的最终影片。

05 在素材库中选中最终输出的视频文件，在【分享】步骤使用【创建光盘】功能，刻录输出最终的影片。

采用这样的操作流程可以获得最佳的视频质量，原因如下：

#### 1. 捕获 DV 格式而不是 DVD 格式

在捕获视频时，将 DV 摄像机拍摄的影片直接捕获为 DVD 格式，在表现高速运动的画面上会出现明显的条纹。这是因为在将视频直接捕获为 DVD 格式时，程序在捕获的同时还进行了格式转换、尺寸变换和压缩，因此，如果计算机的配置不是足够高，运算速度和磁盘写入速度不是足够快，就很难获得最佳的视频质量。

当然，如果 DV 拍摄的运动画面很少，或者时间有限、磁盘空间有限，可以直接将视频捕获为 DVD 格式并进行影片编辑。

#### 2. 将视频转换为 DVD 格式再进行编辑

如果直接用 DV AVI 的视频进行编辑，文件占用的磁盘空间、交换空间非常大，极大地影响工作效率，因此，捕获完成后，先转换为 DVD 格式的素材。在这个过程中，由于程序只执行转换操作，因此，不会太大地影响视频质量。转换完成后，使用 DVD 格式的素材进行编辑，能够提高计算机运行的效率。

#### 3. 在刻录之前先渲染并输出最终影片

在刻录之前先渲染并输出最终影片有两个理由，第一，可以在刻录到光盘之前在最终的视频文件上预览整个影片的效果。这样，即使是最终的光盘效果出了问题，也能够判断是影片制作过程的问题还是光盘写入过程的问题，以便于有针对性地解决。第二，如果直接用项目文件渲染和刻录光盘，这个过程耗时很长，一旦出现渲染错误，整个过程需要重新来过。先渲染并输出最终的影片，把这个过程分成了两部分：渲染和刻录。因此，即使刻录出现问题，也可以在很短的时间重新刻录新的光盘。

### 4.2.6 从 DV 捕获视频

了解了以上所介绍的预备知识，想要从 DV 捕获视频，可以按照以下的步骤操作。

## 操作步骤

01 将 DV 与计算机正确连接，并将摄像机切换到播放模式。

02 在步骤面板上单击 1 捕获 按钮，进入捕获步骤。

03 单击 捕获视频 按钮，显示视频捕获的选项面板，如图 4–10 所示。

图 4–10　显示视频捕获的选项面板

04 单击【捕获文件夹】右侧的 按钮，在弹出的对话框中指定捕获的视频文件在硬盘上的保存路径，如图 4–11 所示。建议将视频文件的保存路径指定到 C 盘之外有足够剩余空间的磁盘分区。

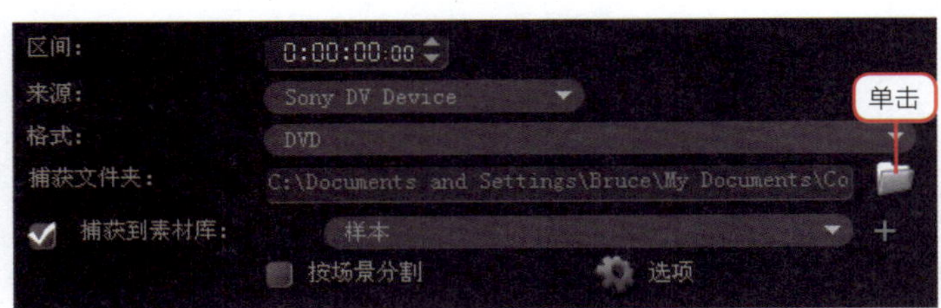

图 4–11　指定捕获的视频文件的保存路径

05 单击预览窗口下方的播放控制按钮，找到需要捕获的视频的开始位置，如图 4–12 所示。

06 单击 捕获视频 按钮，从当前位置捕获视频，这时，【捕获视频】按钮变为 停止捕获，如图 4–13 所示。

**提示**

在捕获 DV 视频时，禁止音频预览 按钮处于可用状态，通过与计算机相连的音响监听影片中录制的声音。如果声音不连贯，可能是 DV 捕获期间在计算机上预览声音出现问题。这不会影响音频捕获的质量。如果出现这种情况，单击【禁止音频播放】按钮可以在捕获期间使音频静音。

图 4-12 定位需要捕获的视频的开始位置

图 4-13 捕获视频按钮的状态发生变化

**07** 在预览窗口中查看当前捕获的视频内容，捕获到所需要的视频后，按 Esc 键或者单击停止捕获按钮，完成 DV 视频捕获。

**08** 重复步骤 5~7，捕获 DV 带上其他视频素材，捕获到的视频片断显示在【编辑】步骤的故事板中，如图 4-14 所示。

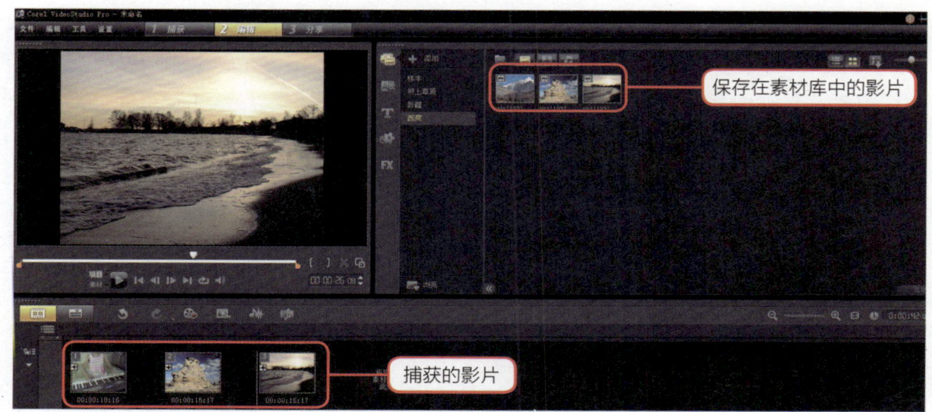


图 4-14 捕获到的视频片断显示在故事板中

### 4.2.7 校正 DV 带的时间码

使用【按场景分割】功能，可以根据录制的日期、时间以及录像带上任何较大的动作变化、相机移动以及亮度变化，自动将视频文件分割成单独的素材。并将它们当作不同的素材插入项目中。这样在编辑视频时，可方便地为它们加上转场效果或者标题。

在使用会声会影的按场景分割功能时，有时会遇到 DV 带不能自动按场景分割的情况，这是因为所使用的 DV 带的时间码不连续而导致的。

新的 DV 带的时间编码是从 00:00 到 01:00:00，整个时间码是连续的。保持 DV 带的时间码连续对于影片编辑非常重要。要获得更好的 DV 快速扫描和摄像机设备控制的性能，在拍摄影片之前以“格式化”DV 带的方式校正 DV 带上的时间码是必需的。这里的“格式化”的意思是从头到尾不间断地录制“空白的”视频，专业的摄影人员常用这种方法来处理曾经使用过的 DV 带。

#### 操作步骤

01 将 DV 带倒到起始端，并将拍摄模式设置为标准模式（SP）。

02 切换到 Camera（摄像）挡，在盖住镜头盖的状态下按下录制键，不间断地录制空白视频。

03 整盘 DV 带录制完毕后，关闭 DV 摄像机，然后将 DV 带倒到起始端。这样，在拍摄影片时才能够获得正确的时间码。

除了“格式化”DV 带，在拍摄视频时也要注意以下两点，才能确保时间码连续。

- 一段视频拍摄完成后，尽量不要进行倒带、进带、回放操作，以避免录制下一段时时间码混乱。
- 如果进行了倒带、进带或回放操作，在录制下一段影片之前，一定要使用摄像机的 End Search（自动寻尾）功能自动查找上一段影片的结束位置，而不要使用手工倒带、进带的方式确定上一段影片的结束位置。

> **提示　自动寻尾功能**
>
> 不同品牌和型号的摄像机的 End Search（自动寻尾）功能键的位置和使用方法有所不同，请参考摄像机的操作手册掌握 End Search 功能的操作方法。

### 4.2.8 捕获视频时按场景分割

按照操作规范正确校正 DV 带的时间码并拍摄影片后，如果需要使用场景分割功能，可以按照以下的步骤操作。

#### 操作步骤

01 单击步骤面板上的 1 捕获 按钮，进入【捕获】步骤。

02 单击【捕获视频】按钮，显示视频捕获选项面板。

03 在选项面板上将格式设置为【DV】，选中【按场景分割】选项，如图 4-15 所示。

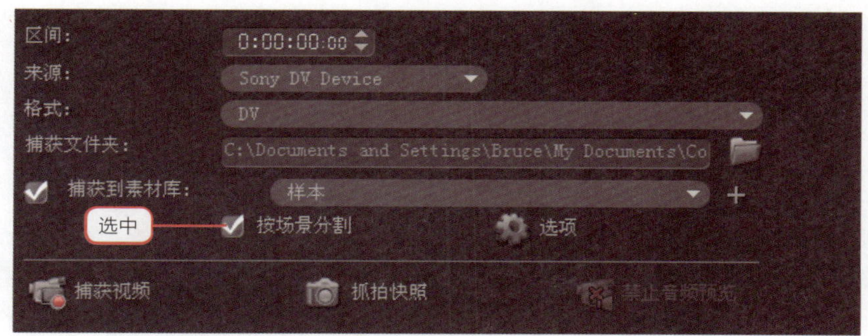


图 4-15　选中【按场景分割】选项

04 单击捕获视频按钮，程序将自动根据录制的日期和时间查找场景，并将它们分割成单独的视频文件。

### 4.2.9　捕获指定时间长度的视频

使用会声会影可以指定要捕获的时间长度的视频内容，例如，将捕获时间设置为 2 分 20 秒，捕获到 2 分 20 秒的内容后，程序自动停止捕获。如果希望程序自动捕获一个指定时间长度的视频内容，可以按照以下的步骤操作。

#### 操作步骤

01 单击步骤面板上的 1 捕获 按钮进入【捕获】步骤。再单击捕获视频按钮，显示视频捕获选项面板。

02 单击导览面板上的播放控制按钮，使预览窗口中显示需要捕获的起始位置。

03 在【区间】中输入数值，指定需要捕获的视频的长度。区间框中的数值分别代表小时、分钟、秒和帧。在需要调整的数字上单击鼠标，当其处于闪烁状态时，输入新的数字或者单击右侧的三角按钮可以增加或减少所设定的时间。例如，将捕获时间设置为 2 分 20 秒 0:02:20:00，如图 4-16 所示。

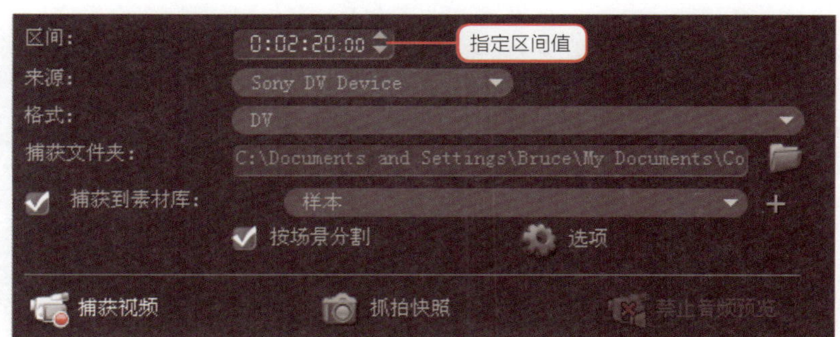


图 4-16　设置捕获的时间长度

04 设置完成后，单击选项面板上的捕获视频按钮开始捕获。在捕获的过程中，捕获区间的时间框中显示已经捕获的视频时间。当捕获到指定的时间长度后，程序自动停止捕获，被捕获的视频素材出现在【编辑】步骤的故事板上。

### 4.2.10 从 DV 带中抓拍快照

在会声会影中，也可以从视频中截取单帧的画面，并保存到硬盘上。它的操作方法如下。

#### 操作步骤

01 将 DV 与计算机正确连接，并将摄像机切换到播放模式。

02 单击步骤面板上的 1 捕获 ，进入捕获步骤。再单击 捕获视频 按钮，显示视频捕获的选项面板。

03 单击预览窗口下方的播放控制按钮，找到需要从视频中抓拍快照的画面位置，如图 4-17 所示。

图 4-17 定位需要抓拍快照的位置

04 单击 抓拍快照 按钮，程序就会从影片中抓拍快照。如果在选项面板上选中了 捕获到素材库 选项，捕获的画面会以图像文件的形式保存在素材库中。

## 4.3 从 DVD 光盘捕获视频

可以从 DVD 影音光盘或者 DVD 光盘摄像机拍摄的光盘中导入视频。传统上，数码摄像机是使用 DV 带作为存储介质的。随着 DVD 的日益普及，DVD 作为目前兼容性最强的格式已经得到了业内广泛的认可，因此一些产品开始使用 DVD-R/RW 作为存储介质，使拍摄、播放和编辑变得更加的简单、方便，如图 4-18 所示。

图 4-18 DVD 光盘摄像机

如果想要使用会声会影编辑 DVD 光盘中的视频素材，可以按照以下的步骤操作。

## 操作步骤

**01** 将 DVD 光盘放入计算机的 DVD 光盘驱动器。然后单击选项面板上的 从数字媒体导入 按钮，在弹出的对话框中选择 DVD 影片所在的文件夹，如图 4-19 所示。

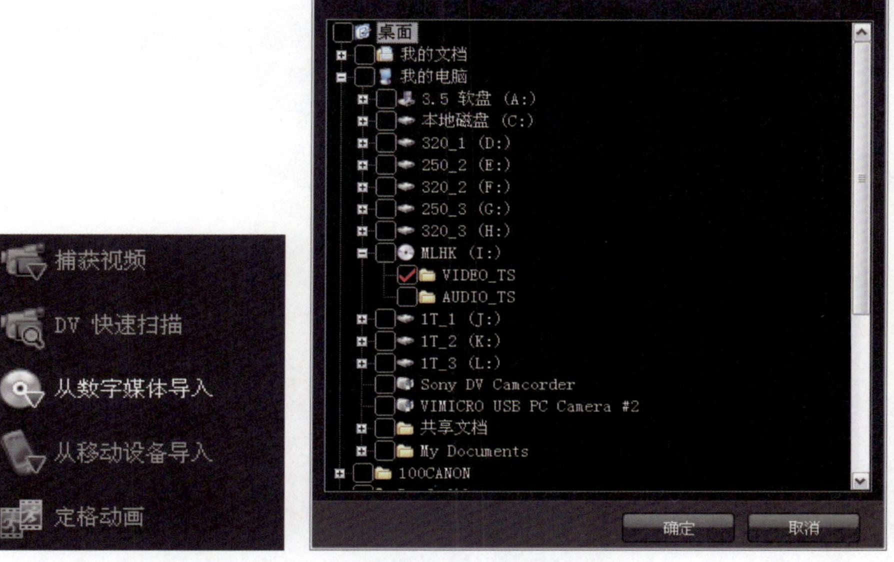


图 4-19　选择 DVD 影片所在的文件夹

**02** 单击 确定 按钮，在弹出的对话框中选中指定的驱动器，然后单击 起始 按钮，程序开始自动分析光盘内容，并在界面中显示光盘中视频文件的略图，如图 4-20 所示。

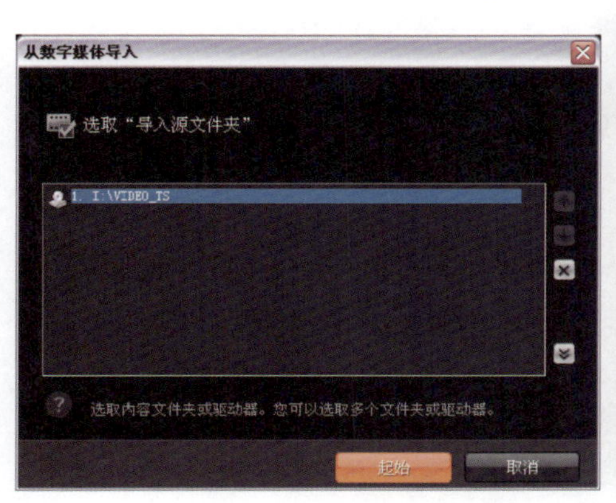

图 4-20　程序自动分析光盘内容

**03** 选中要导入的视频素材略图，单击界面顶部的 按钮查看影片内容，如图 4-21 所示。查看完毕后，单击 关闭 按钮，返回略图界面。

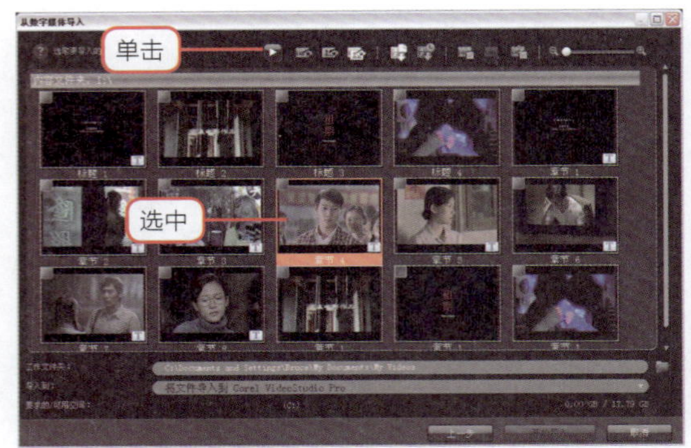

图 4-21　查看并选中需要导入的影片

04 单击视频略图右上角的复选框，选中所有需要导入的视频略图，在界面下方指定保存影片的工作文件夹的位置，再单击开始导入按钮导入光盘上选中的影片，如图 4-22 所示。

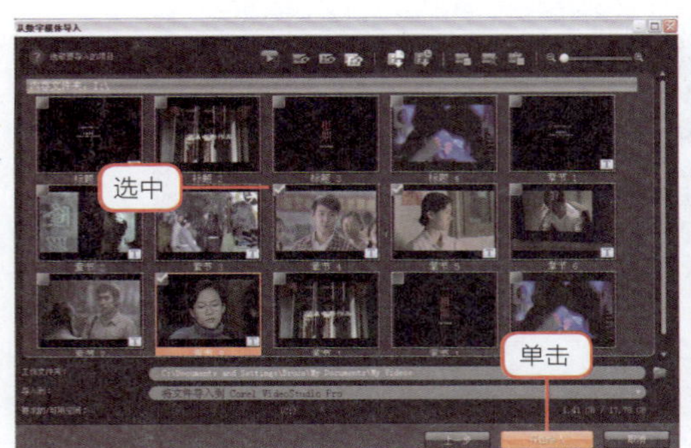

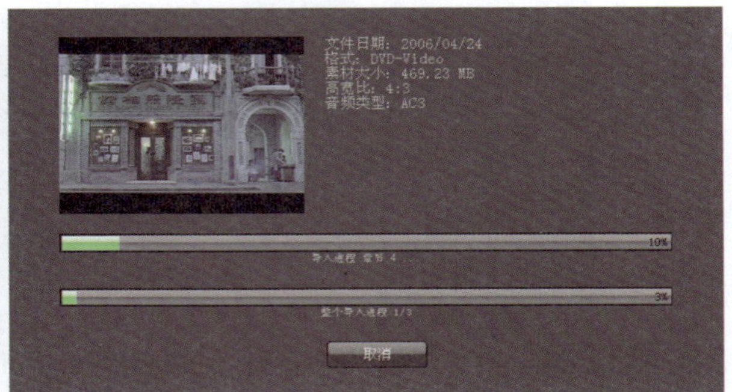


图 4-22　导入光盘上选中的影片

## 4.4 从高清摄像机捕获视频

高清摄像机可以录制高质量、高清晰的 HD（高清）电影，拍摄的画面可以达到逐行扫描方式 720 线（也就是 720p，分辨率为 1280×720）或者隔行扫描方式 1080 线（也就是 1080i，分辨率 1440×1080），高像素加上更接近于人类视野的 16 ∶ 9 图像比例，可使人们享受高分辨率的清晰影像。

会声会影 X4 全面支持各种类型的高清摄像机，包括磁带式高清摄像机、AVCHD、MOD、M2TS、MTS 等多种文件格式的硬盘高清摄像机。由于高清摄像机可以使用 HDV 和 DV 两种模式拍摄和传输视频，因此，捕获高清视频之前，需要按照下面的方法正确设置和连接高清摄像机。

### 4.4.1 将高清摄像机与计算机连接

高清摄像机可以使用 HDV 和 DV 两种模式拍摄和传输视频。要传输真正的高清视频，需要先对摄像机进行设置。

#### 1. 切换到 HDV 模式

首先要保证视频是采用 HDV 模式拍摄，在连线之前还要确保 HDV 摄像机被切换到 HDV 模式。

### 操作步骤

01 打开 LCD 屏幕，按屏幕右下方的 P-MENU，显示菜单界面，如图 4-23 所示。

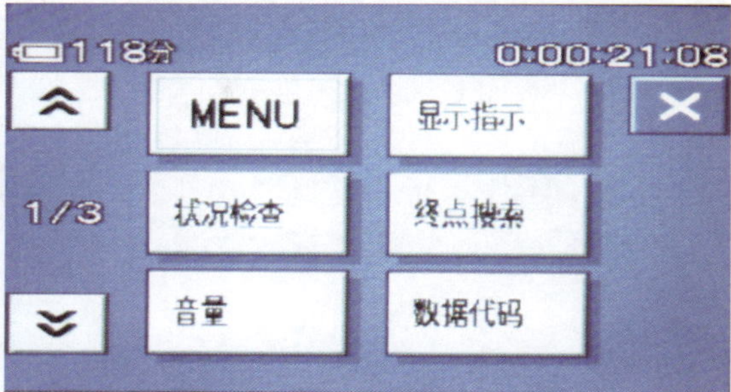


图 4-23　按屏幕右下方的 P-MENU 显示菜单界面

**提示**　请参考摄像机的使用说明书

不同型号的摄像机的菜单和操作方法有所不同，这里以 Sony HC3 为例进行介绍，其他型号的摄像机的操作方法，请参考摄像机的使用说明书。

02 在菜单中选择【基本设定】/【VCRHDV/DV】，如图 4-24 所示。

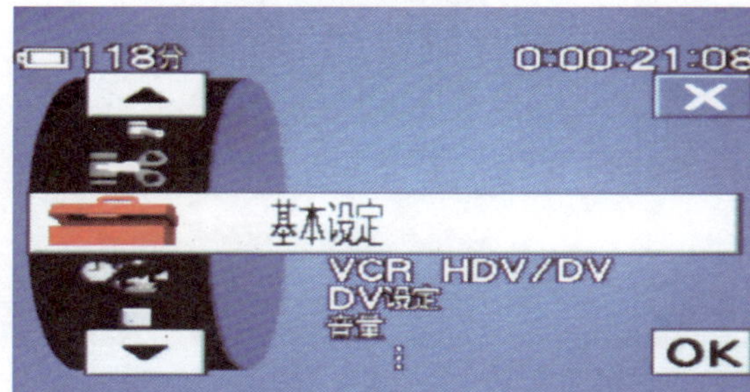


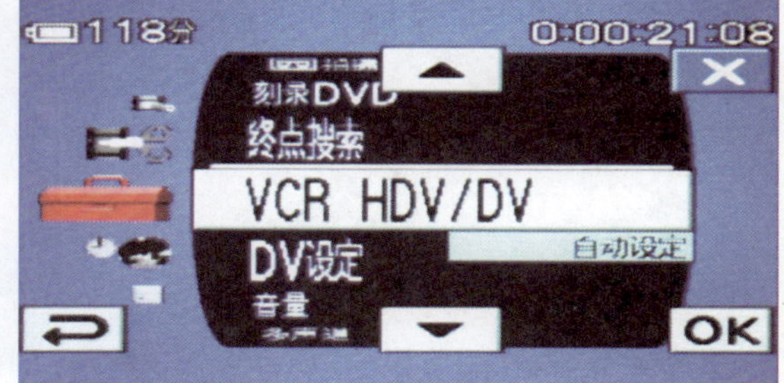


图 4-24　选择【VCRHDV/DV】

03 按下【HDV】按钮，完成设置，如图 4-25 所示。正确设置后，打开 LCD 屏幕，可以看到 HDV out i-Link 显示在屏幕上。

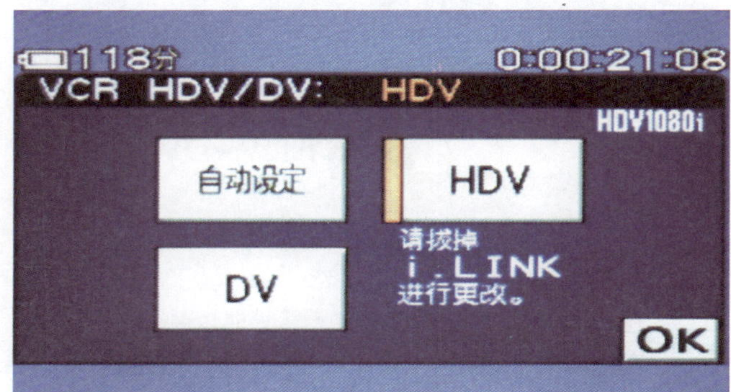


图 4-25　将摄像机切换到 HDV 模式

### 2. 设置 I.link 转换器

设置 I.link 转换器的目的是使高清视频能够正确地通过 IEEE1394 线传输到计算机中。

#### 操作步骤

**01** 打开 LCD 屏幕，按屏幕右下方的 P-MENU，显示菜单界面，如图 4-26 所示。

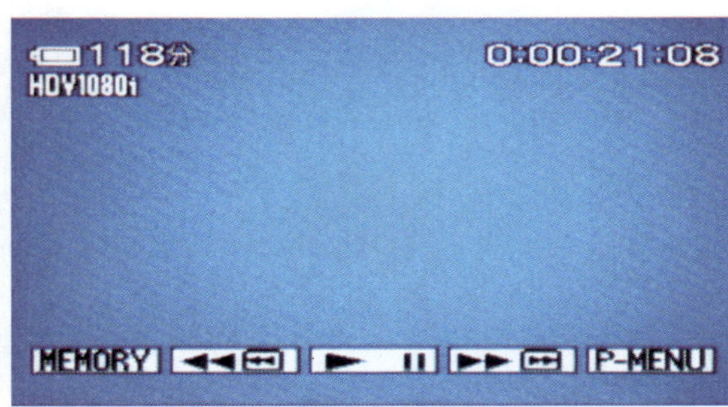


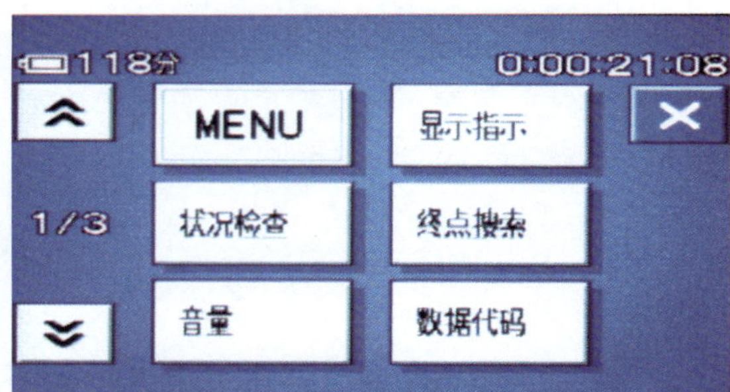


图 4-26　按屏幕右下方的 P-MENU 显示菜单界面

**02** 在菜单中选择【基本设定】/【I.link 转换】，如图 4-27 所示。

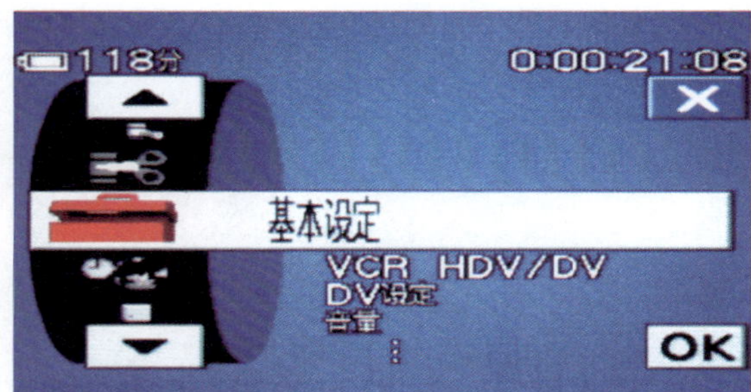


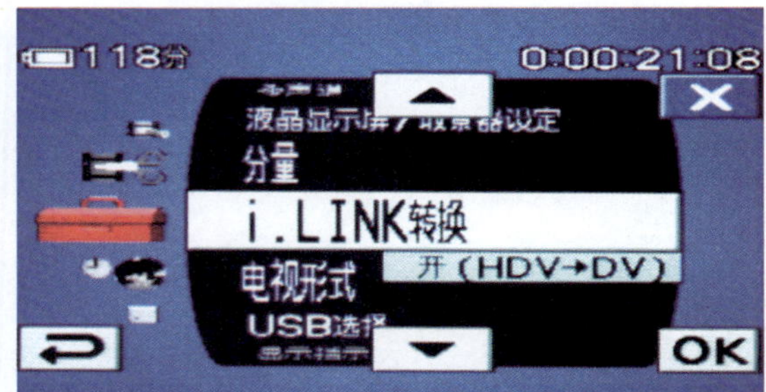


图 4-27　选择【I.link 转换】

**03** 按下【关】按钮，关闭 HDV → DV 的转换，如图 4-28 所示。

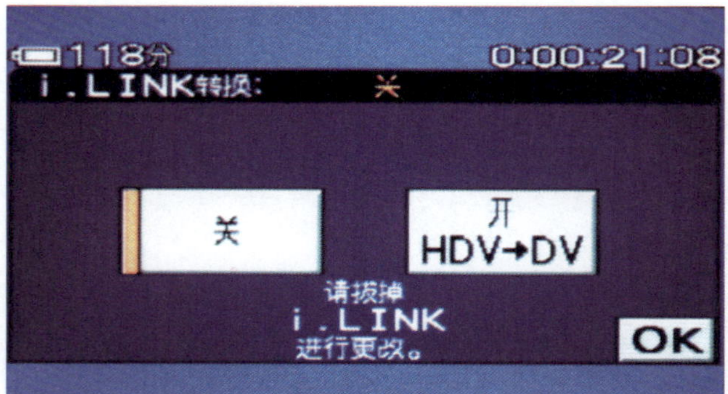


图 4-28　关闭 HDV → DV 的转换

设置完成后，取出 IEEE1394 线，一端连接高清摄像机的 IEEE1394 接口，一端连接到计算机上 IEEE1394 卡的接口，如图 4-29 所示。

图 4-29　连接高清摄像机

### 4.4.2　从高清摄像机捕获视频的方法

设置完成后，就可以按照以下的步骤从 HDV 摄像机捕获视频。

**操作步骤**

01 用 IEEE 1394 连接线将 HDV 摄像机连接到计算机的 IEEE 1394 端口。然后打开摄像机的电源并切换到播放 / 编辑模式。

02 单击步骤面板上的 1 捕获 ，进入捕获步骤。再单击 捕获视频 按钮，显示视频捕获的选项面板。会声会影能够自动检测到 Sony HDV 摄像机，正确检测后，【来源】应该显示高清摄像机的型号，如图 4-30 所示。

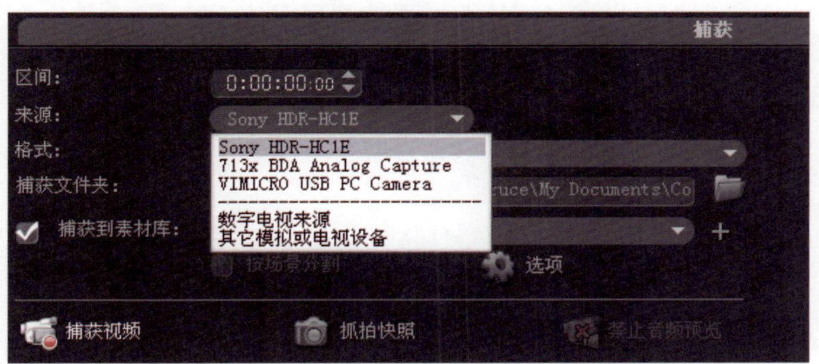


图 4-30　【来源】中显示高清摄像机的型号

**提示　捕获高清视频的格式**

从高清摄像机采集视频时，在【格式】中只能选择【MPEG】选项。

03 使用预览窗口下方的播放控制按钮，使预览窗口中显示需要捕获的起始位置，如图 4-31 所示。

04 单击选项面板上的 捕获视频 按钮，从当前位置捕获视频，同时在预览窗口中显示当前捕获的进度。捕获到所需要的内容后，单击 停止捕获 按钮。

图 4-31　找到需要捕获的起始位置

## 4.4.3　高清设备安装疑难解答

通过 IEEE1394 线将 HDV 与计算机连接后，有可能会出现以下的问题：计算机提示发现 AV/C Subunit 硬件设备，使用【找到新的硬件向导】的【自动安装软件】功能无法找到适合的驱动，如图 4-32 所示。同时，在 Windows 设备管理器中也可以看到【其他设备】项中包含一个黄色的【AV/C Subunit】项，如图 4-33 所示。

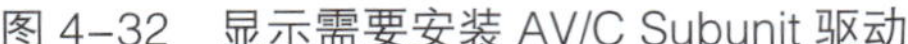

图 4-32　显示需要安装 AV/C Subunit 驱动

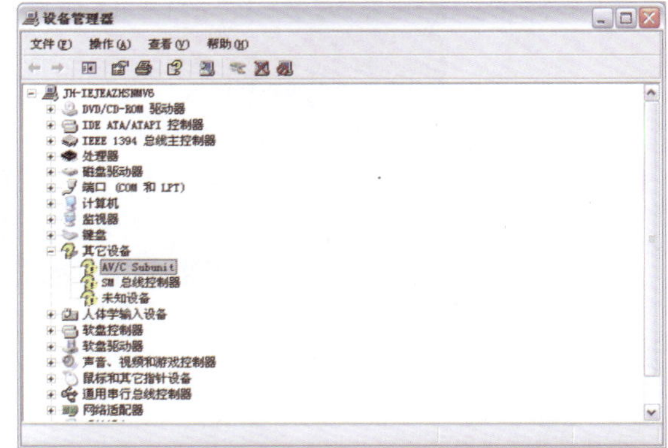


图 4-33　显示 AV/C Subunit 未能正确安装

在这种状态下，会声会影不能找到与计算机连接的 HDV，也就不可能从摄像机中捕获视频。这是因为所使用的操作系统为 Windows XP SP1 而未能提供更为全面的驱动所导致的。在 Windows 开始菜单中选择 Windows Update，如图 4-34 所示。

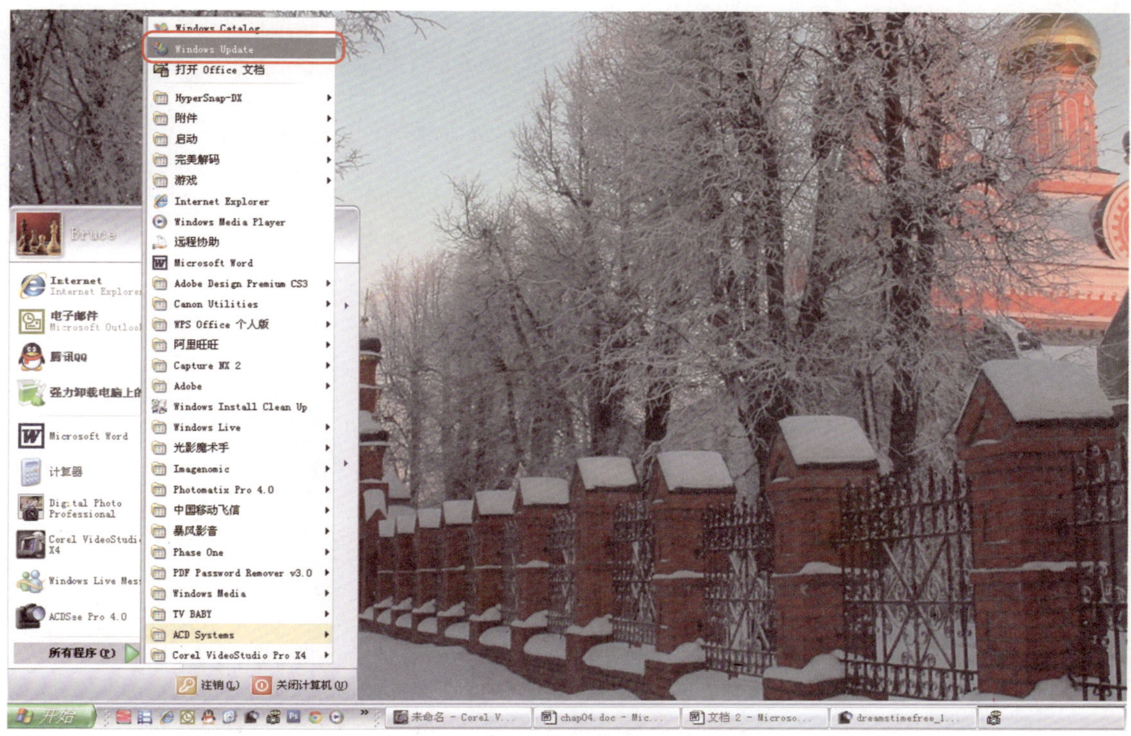

图 4–34 选择 Windows Update

从微软的网站下载并自动更新，如图 4-35 所示。将系统升级到 Windows XP SP2 以后，就可以正确识别 AV/C Subunit 硬件设备，正常使用 HDV 了，如图 4-36 所示。

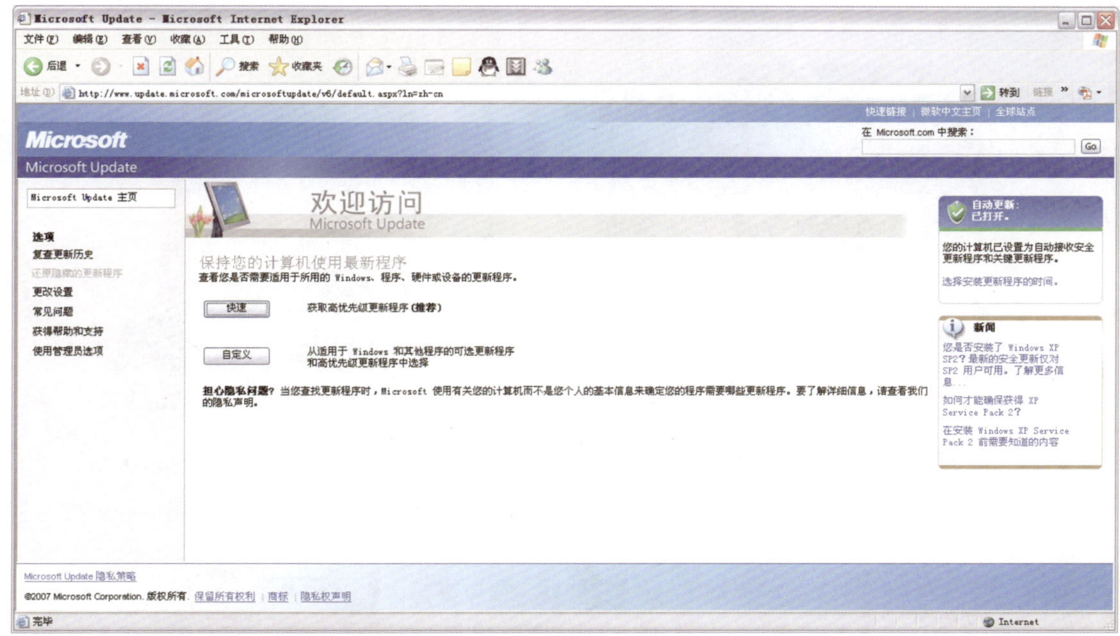

图 4–35 下载更新程序

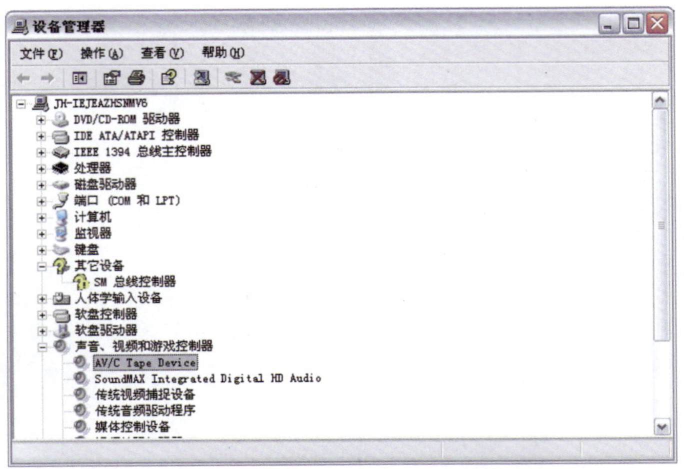


图 4-36　正确识别高清设备

## 4.5 从硬盘摄像机导入视频

在会声会影 X4 中可以直接导入和编辑 Sony 硬盘数码摄像机（视频文件的格式为 MPEG-2）、JVC 硬盘数码摄像机（视频文件的格式为 MOD）所拍摄的视频。同时，也支持 AVCHD 高清摄像机，包括 HDR-SR5，HDR-SR7 和 HDR-CX7 等。

### 操作步骤

01 使用 USB 连接线把摄像机与计算机相连，如图 4-37 所示。

02 打开摄像机电源并将摄像机切换到硬盘与计算机的连接模式，如图 4-38 所示。

图 4-37　将硬盘摄像机与计算机连接

图 4-38　切换到硬盘与计算机的连接模式

03 在影片向导的主界面上单击 从移动设备导入 按钮，如图 4-39 所示。

04 在左侧的设备列表中选择硬盘高清摄像机的名称，右侧窗口中显示摄像机拍摄的视频文件的略图，如图 4-40 所示。

05 选中一个文件略图，单击对话框下方的▶按钮，预览影片内容，如图 4-41 所示。

06 按住 Ctrl 键，单击需要导入的素材略图，选中，然后单击 确定 按钮，导入素材，如图 4-42 所示。

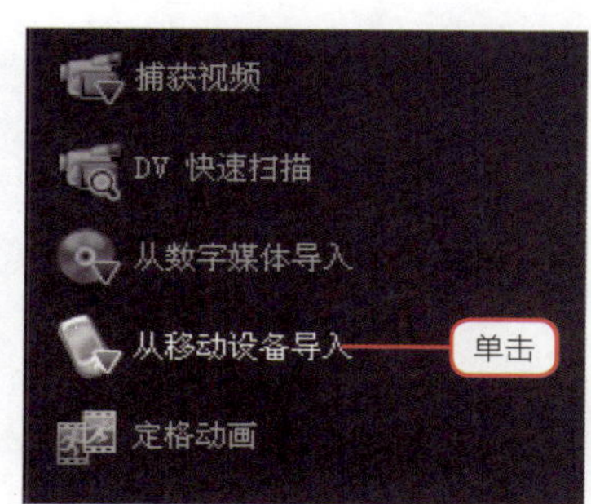


图 4-39　单击【从数字媒体导入】按钮

图 4-40　选中 AVCHD 文件夹

图 4-41　预览影片内容

图 4-42　从硬盘摄像机导入选中的素材

07 导入完成后，在弹出的对话框中选中素材的存放位置，然后单击 确定 按钮完成操作，如图 4-43 所示。

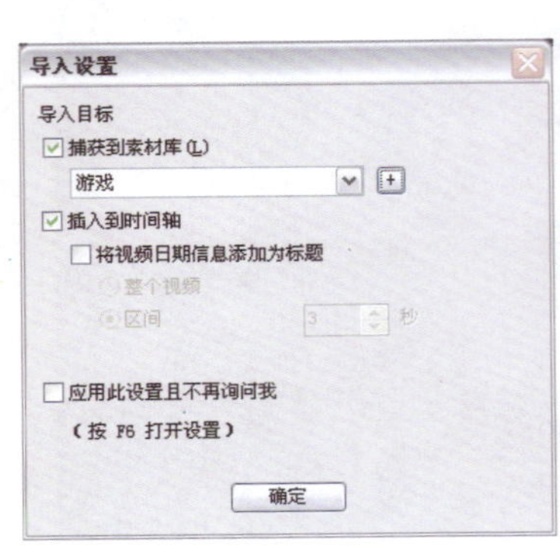

图 4-43　设置素材存放位置

## 4.6　使用摄像头制作定格动画

定格动画是会声会影 X4 的新增功能，可以通过摄像机、摄像头捕捉连续视频中的间隔画面，或者从数码单反相机中导入连续拍摄的照片，连续放映产生动态的画面效果。下面，以使用摄像头制作定格动画为例，介绍它的使用方法。

### 操作步骤

01 将摄像头与计算机正确连接，单击选项面板上的 定格动画 按钮，进入捕获界面。预览窗口中显示摄像头拍摄的画面，界面右上角则显示设备名称，如图 4-44 所示。

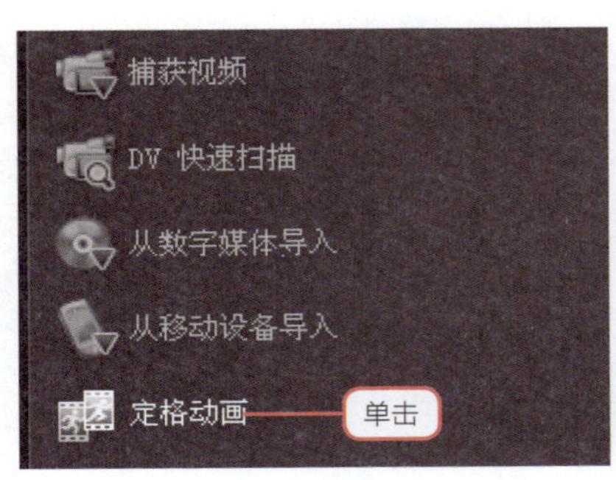

图 4-44　进入定格动画设置界面

02 在【项目名称】中输入定格动画项目的名称。然后单击在【捕获文件夹】右侧的 按钮，在弹出的对话框中指定保存素材的目标文件夹，如图 4-45 所示。

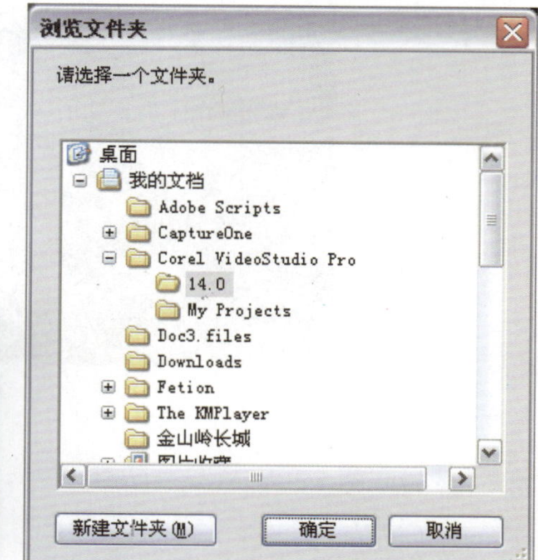


图 4–45　指定项目名称和保持素材的文件夹

03 单击【保存到库】右侧的三角按钮，从下拉列表中选择保存定格动画的文件夹。单击右侧的 按钮，创建一个新的文件夹，如图 4–46 所示。

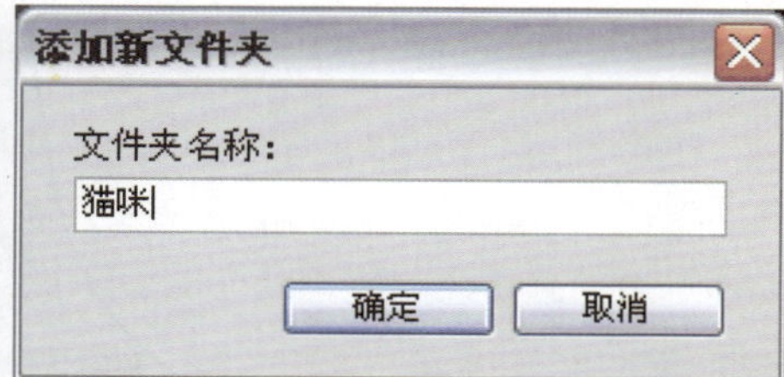


图 4–46　指定保存到素材库中的文件夹名称

04 在【图像区间】中选择各个画面的曝光时间。帧速率越大，各个图像的曝光时间越短，如图 4–47 所示。

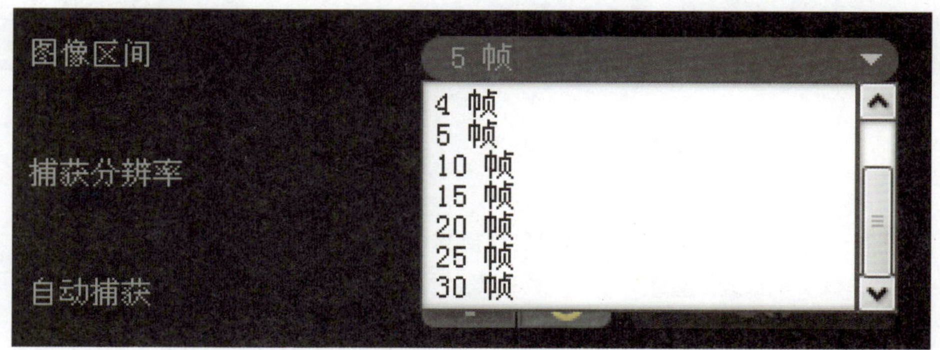


图 4–47　设置图像区间

05 单击【捕获分辨率】右侧的三角按钮，从下拉列表中选择要捕获的图像分辨率，如图 4–48 所示。这里的选项会根据捕获设备功能的不同而有所不同。

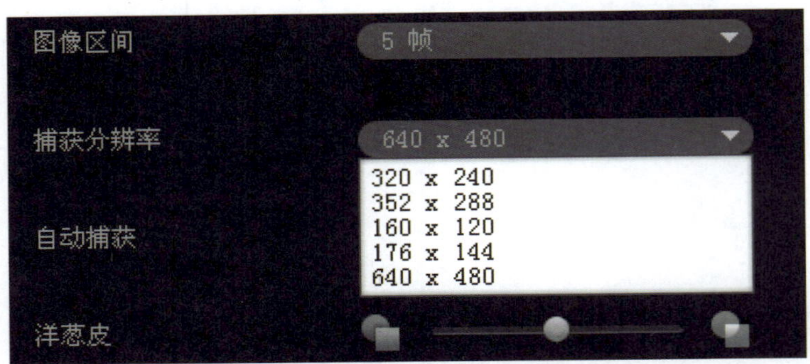


图 4-48　设置捕获分辨率

**06** 在【洋葱皮】中，从左到右移动滑块来控制新捕获的画面与之前捕获的画面之间的阻光度。向左拖动滑块，相邻两个画面叠加融合的程度降低。向右拖动滑块，相邻两个画面叠加融合的程度升高。

**07** 将【自动捕获】设置为【禁用】状态，单击预览窗口下方的按钮开始捕获操作，捕获完成的画面显示在下方的定格动画时间轴上，单击按钮，查看定格动画的效果。

**08** 捕获完成后，单击 保存 按钮，将文件保存为 uisx 格式的图像序列文件。

## 4.7 使用定时间隔拍摄功能

使用会声会影 X4，还可以实现定时间隔拍摄功能。所谓定时间隔拍摄，就是每隔一定时间自动拍摄一次。这种方式常用来表现花开花落、时光流逝等场景，如图 4-49 所示。如果要使用定时间隔拍摄功能，按照以下的步骤操作。

 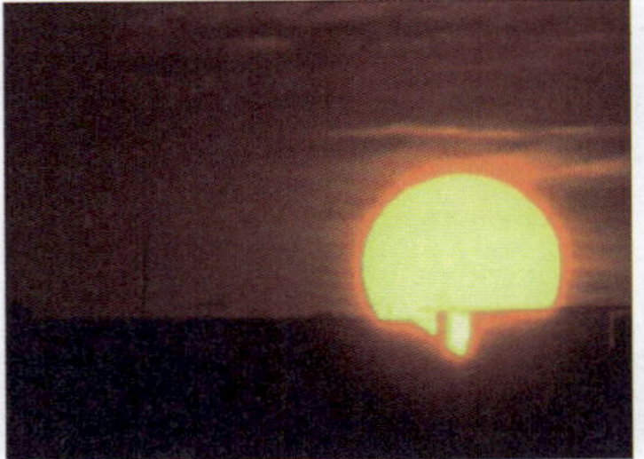 

图 4-49　定时间隔拍摄

### 操作步骤

**01** 将摄像机与计算机正确连接，并将摄像机切换到拍摄模式。

**02** 单击选项面板上的 定格动画 按钮，进入捕获界面。界面右上角则显示设备名称，如图 4-50 所示。

**03** 按照前面介绍的方法设置【捕获文件夹】和【图像区间】等参数。然后在【自动捕获】中按下按钮，启用自动捕获功能。再单击右侧的按钮设置自动捕获属性，如图 4-51 所示。在对话框中设置【总捕获的持续时间】和【捕获频率】。例图中将【总捕获的持续时间】设置为 24 小时，【捕获频率】设置为 15 分钟，也就是每隔 15 分钟拍摄一次。

图 4-50 显示设备名称

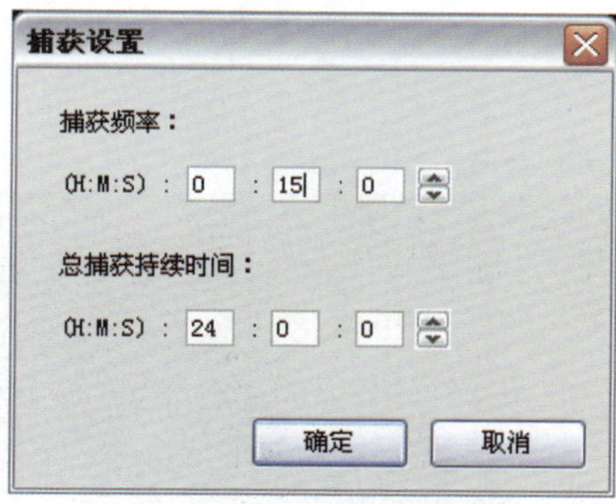


图 4-51 设置捕获属性

**04** 设置完成后，按下预览窗口下方的按钮，就可以按照预先设置的时间捕获画面。用这种方式，可以每隔一段时间拍摄一次，展现时光流逝的画面效果。需要注意的是，在捕获之前，要取消摄像机的自动休眠功能。否则，一定时间不操作摄像机，它会自动关闭电源，导致捕获失败。

## 4.8 使用数码单反相机制作定格动画

目前，很多用户都拥有了数码单反相机，您可以使用数码单反相机拍摄一系列连续的照片。或者每隔一段时间拍摄一些照片，然后使用定格动画功能将它们连接在一起。

### 操作步骤

**01** 将数码单反相机置于三脚架上，保持拍摄位置和机位高度不变。

02 切换到手动对焦模式，对准需要拍摄的对象手动对焦，保证每张照片的焦距不变。

03 根据画面的表现需要拍摄一系列照片，并将照片传输到计算机中保存。

04 单击选项面板上的定格动画按钮，进入捕获界面，在操作界面上方选择【导入】命令，如图 4-52 所示。

05 在弹出的对话框中选中数码单反相机拍摄的一系列照片，如图 4-53 所示。

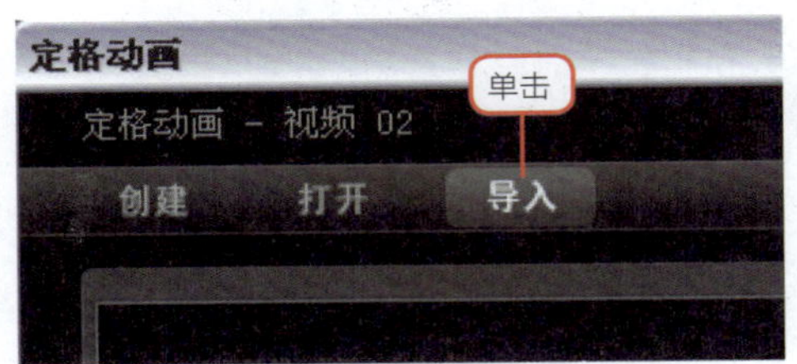


图 4-52　选择【导入】命令

图 4-53　选中需要导入的一系列照片

06 单击打开按钮，将选中的照片导入到【定格动画】对话框中。然后单击▶按钮，查看定格动画效果，如图 4-54 所示。

图 4-54　查看定格动画效果

07 单击保存按钮，将定格动画保存到指定的捕获文件夹中。

# 5

# 灵活运用影片剪辑功能

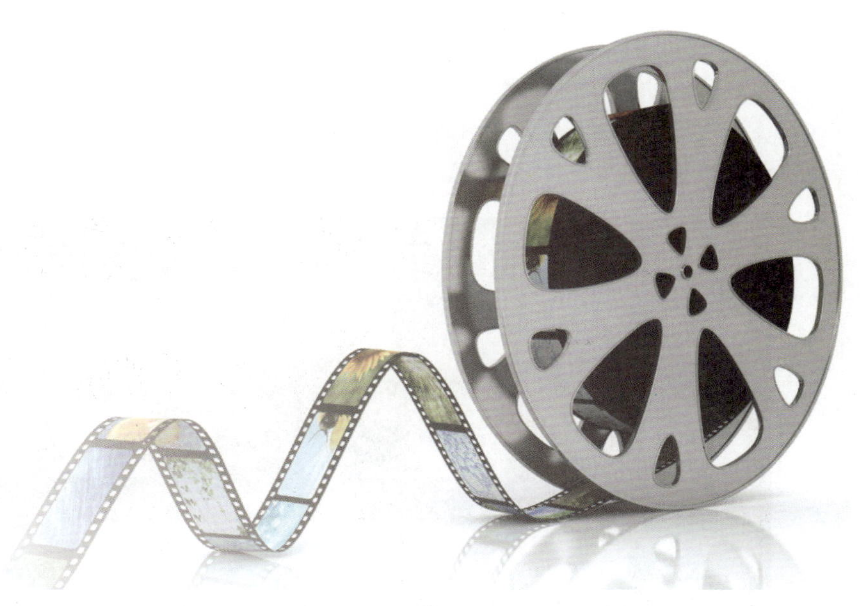

## 5.1 影片剪辑简介

在会声会影 X4 中，单击步骤面板上的 2 编辑 按钮即可进入【编辑】步骤。在这里可以完成剪辑影片、添加特效和转场、应用滤镜、为影片配音配乐等核心操作。使用会声会影 X4 的影片剪辑功能可以整理、编辑和修整项目中使用的视频素材。

## 5.2 将素材添加到视频轨上

想要剪辑影片，最基本的操作是添加新的素材。除了从摄像机直接捕获视频，还可以将保存到硬盘上的视频素材、图像素材、色彩素材或者 Flash 动画添加到项目文件中。

在会声会影中，有 3 种不同的方法可以将素材插入到视频轨上：

- ❑ 在素材库中选取素材，并将它拖曳到视频轨上。按住 Shift 或 Ctrl 键可以一次选取并添加多个素材。
- ❑ 从 Windows 资源管理器中选度取一个或多个文件，然后将它们拖曳到视频轨上。
- ❑ 使用【插入视频】的方法将素材从文件夹直接添加到视频轨上。

下面介绍添加各种不同类型的素材的方法。

### 5.2.1 从素材库添加视频和图像素材

想要把素材库中的文件添加到视频轨上，先按照本书 3.4.4 节介绍的方法把需要使用的素材添加到素材库中，然后按照以下的步骤操作。

#### 操作步骤

**01** 单击步骤面板上的 2 编辑 按钮，进入【编辑】步骤。

**02** 在素材库中选中需要添加到影片中的视频素材，单击素材库上方的按钮和按钮，在素材库中显示视频素材和图像素材，如图 5-1 所示。

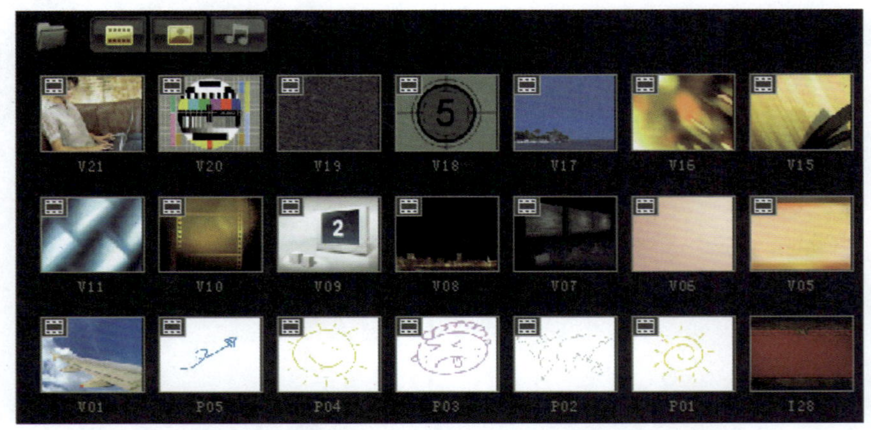


图 5-1　在素材库中显示视频素材和图像素材

**03** 选中一个素材，单击预览栏下方的【播放素材】按钮，在预览窗口中查看效果。

**04** 如果要同时选中多个素材，按住 Ctrl 键单击素材略图将它们同时选中。

05 把选中的文件从素材库拖动到故事板或者视频轨上。释放鼠标，选中的素材添加到了影片中，如图 5-2 所示。

图 5-2　把选中的文件从素材库拖动到故事板上

## 5.2.2　从文件添加视频和图像素材

在大多数情况下，视频和图像素材都保存在硬盘或光盘上。如将这些素材直接添加到影片中（不添加到素材库），可以按照以下的步骤操作。

### 操作步骤

01 单击素材库左下角的 浏览 按钮打开 Windows 资源管理器，如图 5-3 所示。

图 5-3　单击【浏览】按钮

02 在资源管理器中单击上方的 按钮，从下拉菜单中选中【缩略图】，以缩略图形式显示照片和视频素材，以便于查找，如图 5-4 所示。

图 5-4　在资源管理器中查看素材

**03** 在资源管理器中选中需要添加到影片中的一个或多个素材略图，保持资源管理器位于会声会影界面窗口的上方，按住并拖动鼠标，把选中的文件从资源管理器拖动到故事板或者视频轨上。释放鼠标，选中的素材就被添加到了影片中，如图 5-5 所示。

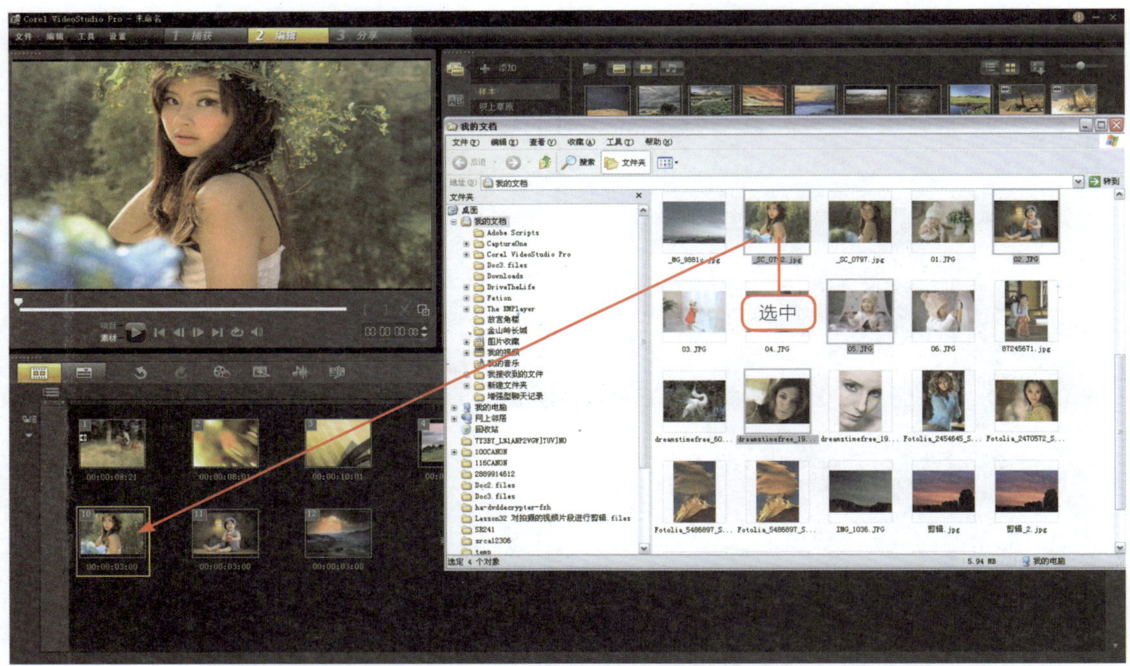


图 5-5　从资源管理器添加素材

### 5.2.3 添加色彩和图形素材

除了视频和图像素材，还可以添加色彩、对象、边框以及 Flash 动画素材。单击素材库左侧的按钮切换到【图形】素材库，在素材库下拉菜单中选中要添加的素材类别，如图 5-6 所示。

图 5-6　选择要添加的素材类别

然后选中要添加的素材略图，按住并拖动鼠标，把选中的素材拖动到故事板或者视频轨上。释放鼠标，选中的色彩、对象、边框或者 Flash 动画素材就被添加到了影片中，如图 5-7 所示。

图 5-7　添加图形素材

## 5.3 调整素材的播放时间

在添加图像素材时，可以方便地调整素材的播放时间，下面，介绍几种不同的调整方法。

## 5.3.1 设置默认区间

设置默认区间是在插入素材之前设置图像素材的默认播放时间。在插入素材之前按快捷键 F6 打开【参数选择】对话框。在【编辑】选项卡中将【默认照片 / 色彩区间】修改为所需要的持续播放时间，如图 5-8 所示。设置完成后，新插入的图像素材自动采用自定义的持续播放时间。

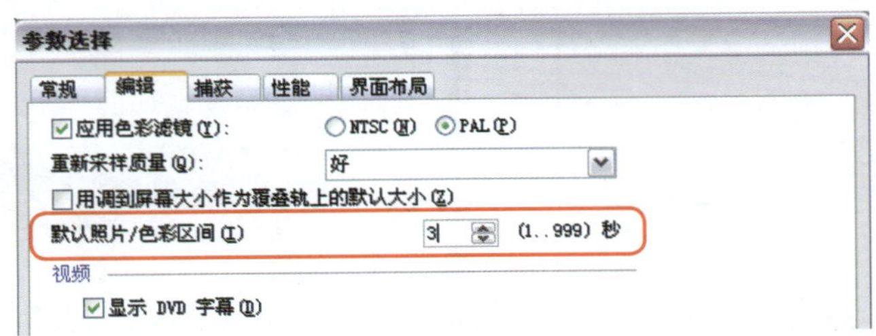


图 5-8　设置默认区间

## 5.3.2 调整单个文件的播放时间

如果想要调整已经添加到故事板中的单个素材的播放时间，可以按照以下的步骤操作。

### 操作步骤

**01** 素材添加完成后，在故事板上选中需要调整播放时间的图像或者视频素材。单击选项面板右下角的 选项 按钮，展开选项面板，选项面板的【区间】中显示当前素材的持续播放时间，如图 5-9 所示。

图 5-9 【区间】中显示当前素材的持续播放时间

**02** 在要修改的时间上单击鼠标，使它处于闪烁状态，输入新的数值。例如，希望每张选中的图片在影片中持续播放 10 秒，则可以将【区间】中的“秒”所在的时间格设置为 10，如图 5-10 所示。设置完成后，按 Enter 键。

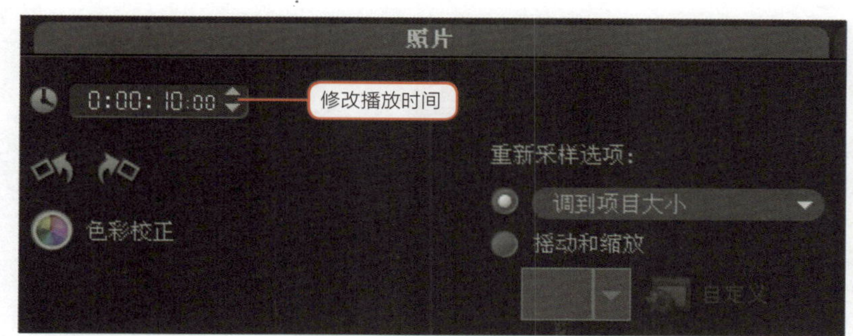


图 5-10　调整图片的播放时间

### 5.3.3　批量调整播放时间

在制作电子相册时，常常会在故事板上添加大量的相片素材。单独调整每一张相片的播放时间效率非常低下，会声会影 X4 提供了批量调整播放时间的功能，可以方便快捷地完成这样的操作。下面，介绍具体的操作方法。

原始素材：chap05 \01 批量调照片区间 \ 01.jpg~08.jpg

**操作步骤**

**01** 按照前面章节介绍的方法在视频轨上添加图像素材。

**02** 按住 Shift 键单击鼠标选中要调整的多个素材或者按快捷键 Ctrl+A 选中所有素材，如图 5-11 所示。在略图下方查看当前素材的播放时间。

图 5-11　选中要调整的素材

**03** 在任意一个素材上单击鼠标右键，从弹出菜单中选择【更改照片区间】命令，如图 5-12 所示。

**04** 在弹出的对话框中输入相片的播放时间，设置为 6 秒，如图 5-13 所示。

图 5-12　在右键菜单中选择【更改照片区间】命令

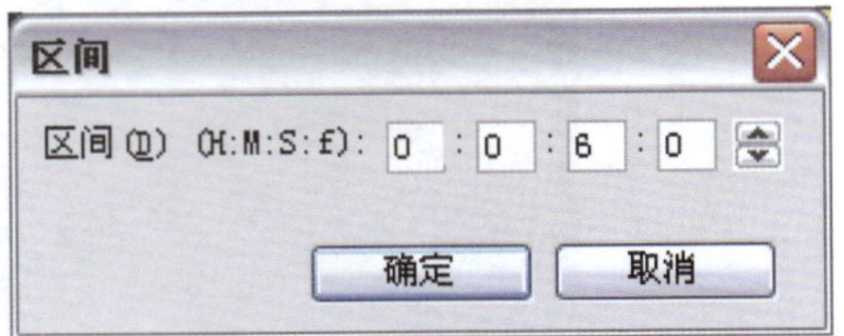


图 5-13　调整相片的播放时间

**05** 设置完成后，单击【确定】按钮，所有被选中的素材的播放时间都变成了 6 秒，如图 5-14 所示。

图 5-14　批量调整播放时间

## 5.4　自动摇动和缩放效果

会声会影 X4 中的自动摇动和缩放是快速制作电子相册的利器，它可以模拟摄像机运动拍摄，使静止的图像动起来，增强画面动感，让相片展示更加生动。

原始素材：chap05 \02 自动摇动和缩放 \ 5_2\ 5_2.VSP
完成效果：chap05 \ 02 自动摇动和缩放 \ 5_2end\ 5_2end.VSP

### 操作步骤

**01** 打开配套光盘上提供的项目文件 5_2.VSP，如图 5-15 所示。

图 5-15　打开项目文件

**02** 单击预览窗口下方的播放项目按钮查看相片的播放效果。这时，每张相片都以静止状态显示。

**03** 按快捷键 Ctrl+A 选中所有素材，然后在任意一个素材上单击鼠标右键，从弹出菜单中选择【自动摇动和缩放】命令，如图 5-16 所示。

图 5-16　选择【自动摇动和缩放】命令

**04** 将摇动和缩放效果应用到所有选中的素材上。单击预览窗口下方的【播放项目】按钮查看效果。

**提示　进一步调整摇动和缩放效果**

应用摇动和缩放效果后，选中故事板上的一个图像素材，然后单击选项面板上【摇动和缩放】右侧的三角按钮，从下拉列表中选择新的摇动和缩放样式，如图 5-17 所示。单击自定义按钮则可以自定义摇动和缩放效果。

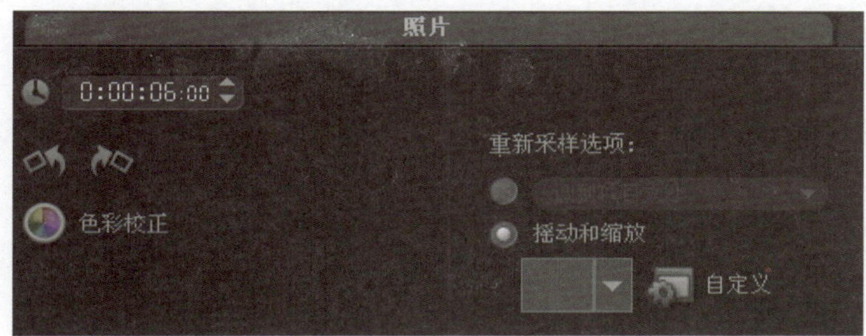

图 5-17　进一步调整摇动和缩放效果

## 5.5 影片剪辑的选项面板详解

将要使用的素材添加到视频轨上以后，还可以对视频、图像和色彩素材进行编辑。也可以在【属性】选项卡中，对应用到素材上的视频滤镜进行微调。

### 5.5.1 【视频】选项卡

在视频轨上选中一个视频或者 Flash 动画素材，选项面板上的【视频】选项卡如图 5-18 所示，其中各个参数的功能介绍如下。

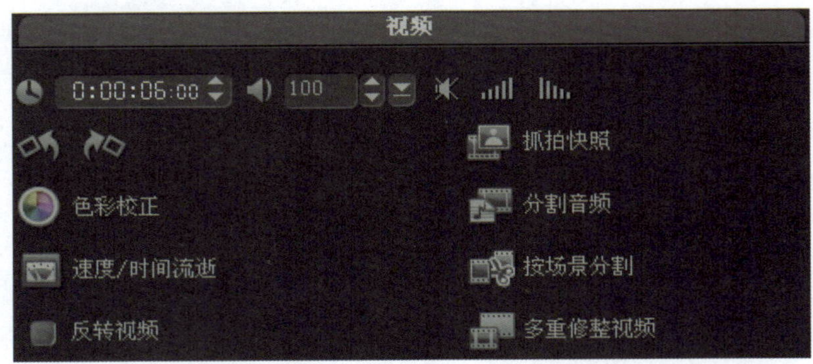


图 5-18 【视频】选项卡

#### 1. 区间

显示当前选中的视频素材长度，时间格中的几组数字分别对应小时、分钟、秒和帧。可以单击时间格上需要更改的数值，单击【区间】右侧的上下箭头或者输入新的数值调整素材的长度。

#### 2. 素材音量

如果素材的略图上显示标志，表示此素材包含有声音，如图 5-19 所示。100 表示原始的音量大小。单击右侧的三角按钮，如图 5-20 所示，在弹出窗口中可以拖动滑块以百分比的形式调整视频和音频素材的音量；也可以直接在文本框中输入一个数值，调整素材的音量。

图 5-19 素材略图上的声音标志

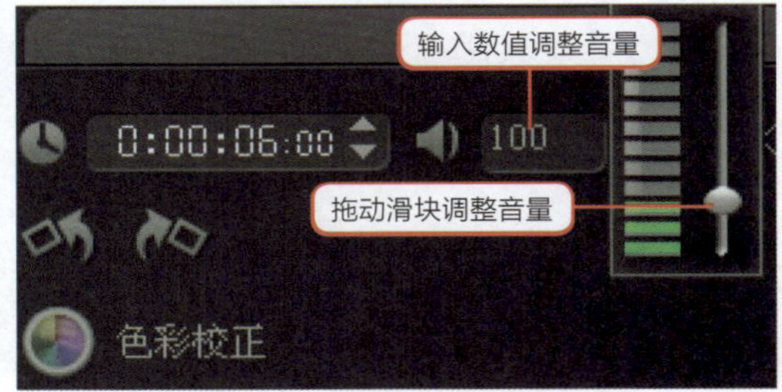


图 5-20 调整音量

#### 3. 静音

按下按钮，使它处于状态，可以使视频的音频部分变为静音，而不删除音频。当需要屏蔽视频素材中的原始声音，而为它添加背景音乐时，可以使用此功能。

### 4. 淡入

按下按钮，按钮变为状态，表示已经将淡入效果添加到当前选中的素材中。淡入效果使素材起始部分的音量从零开始逐渐增加到最大。

### 5. 淡出

按下按钮，按钮变为状态，表示已经将淡出效果添加到当前选中的素材中。淡出效果使素材结束部分的音量从最大逐渐减小到零。

**提示　调整淡入 / 淡出的区间**

按快捷键 F6 打开【参数选择】对话框。在【编辑】选项卡中调整【默认音频淡入 / 淡出区间】中的数值来设置淡入 / 淡出的区间，如图 5-21 所示。

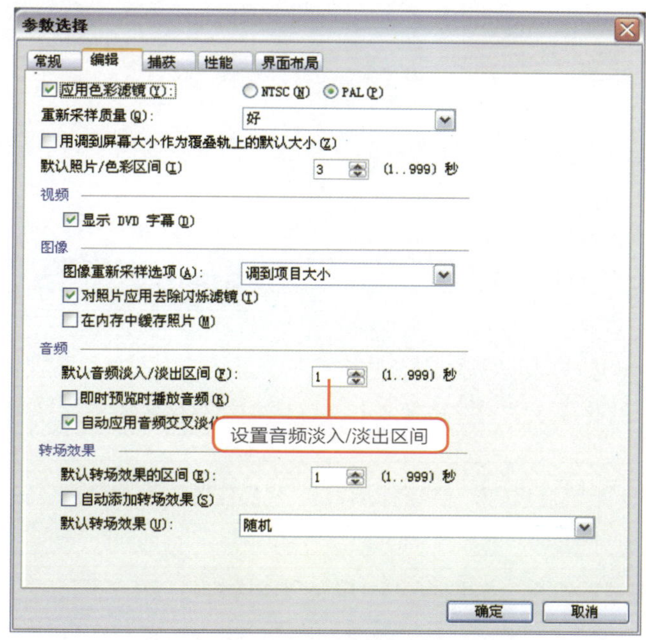


图 5-21　设置淡入 / 淡出默认区间

### 6. 旋转

旋转视频素材。单击按钮，逆时针 90° 旋转视频素材。单击按钮，顺时针 90° 旋转视频素材。

### 7. 色彩校正

单击按钮，在图 5-22 所示的选项面板上调整视频素材的色调、饱和度、亮度和 Gamma 值，可以轻松地对过暗或偏色的影片进行校正，也能够将影片调成具有艺术效果的色彩。调整完成后，单击右上角的按钮，返回选项面板。

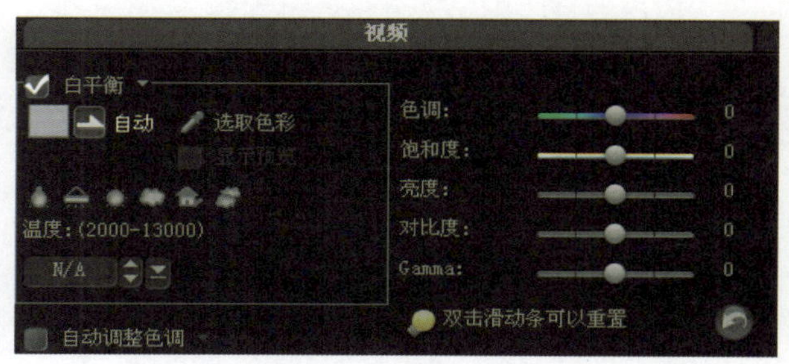


图 5-22　色彩校正

选项面板上各项参数详细介绍如下。

| 白平衡 | 选中该选项，通过调整选项面板中的参数校正视频的白平衡。 |
|---|---|
| 自动 | 按下自动按钮，程序自动分析画面色彩并校正白平衡。 |
| 选取色彩 | 按下选取色彩按钮，在画面中单击鼠标指定白色的位置，然后程序以此为标准进行色彩校正。 |
| 显示预览 | 选中该选项，将在选项面板上显示预览画面，以便于比较白平衡校正前后的效果。 |
| 场景模式 | 分别对应钨光、荧光、日光、云彩、阴影、阴暗等场景，按下相应的按钮，将以此为依据进行智能白平衡校正。 |
| 温度 | 即色温。色温指的是光波在不同的能量下，人类眼睛所感受的颜色变化。色温以 Kelvin 为单位，以黑体辐射的 0Kelvin= 摄氏 −273℃作为计算的起点。将黑体加热，随着能量的提高，进入可见光的领域，例如，在 2800K 时，发出的色光和灯泡相同，我们便说灯泡的色温是 2800K。 |
| 自动调整色调 | 选中该选项，将由程序自动调整画面的色调。 |
| 色调 | 调整画面的颜色。在调整过程中，色彩会根据色相环进行改变。 |
| 饱和度 | 调整色彩浓度。向左拖动滑块则色彩浓度降低，向右拖动滑块则色彩变得鲜艳。 |
| 亮度 | 调整明暗程度。向左拖动滑块则画面变暗，向右拖动滑块则画面变亮。 |
| 对比度 | 调整明暗对比。向左拖动滑块则对比度减小，向右拖动滑块则对比度增强。 |
| Gamma | 调整明暗平衡。 |

#### 8. 速度 / 时间流逝

单击按钮，将打开【速度 / 时间流逝】对话框，在对话框中调整素材的播放速度。

#### 9. 反转视频

选中该复选框，反向播放视频，使影片倒放，建立有趣的视觉效果。

#### 10. 抓拍快照

单击按钮，将当前帧保存为图像文件并放到图像素材库中。

#### 11. 分割音频

单击按钮，将视频文件中的音频分离出来并放到声音轨中。

#### 12. 按场景分割

单击按钮，在弹出的对话框中按照视频录制的日期、时间或视频内容的变化（例如动作变化、相机移动、亮度变化等），将捕获的 DV AVI 分割为单独的场景。对于 MPEG 文件，此功能仅可以按照视频内容的变化分割视频。

#### 13. 多重修整视频

单击按钮，在弹出的对话框中允许用户从视频文件中选取需要的片段并提取出来。

### 5.5.2 【照片】选项卡

如果在故事板上添加了一个图像素材，选中该素材，选项面板如图 5-23 所示。

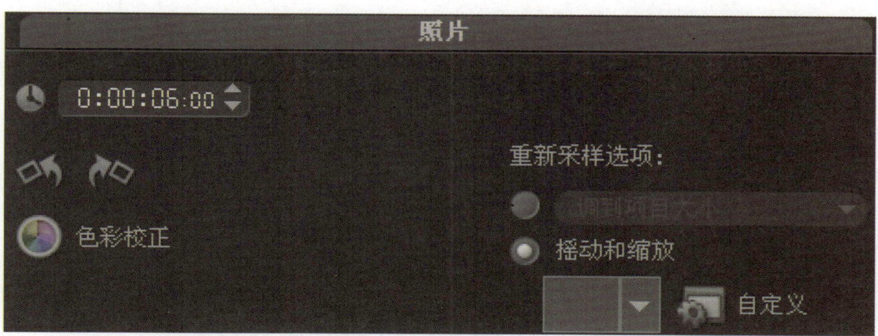


图 5-23 【照片】选项卡

### 1. 区间

设置所选的图像素材在影片中持续播放的时间。

### 2. 旋转

旋转图像素材。单击或按钮，将图像逆时针或顺时针旋转 90°。

### 3. 色彩校正

单击按钮，在选项面板上调整素材的白平衡、色调、饱和度、亮度和 Gamma 值。对过暗或偏色的图片素材进行校正。

### 4. 重新采样选项

设置调整图像大小的方法，单击右侧的三角按钮，从图 5-24 所示的下拉列表中选择重新采样的方式。选中【保持宽高比】选项保持当前图像的宽度和高度的比例；选中【调到项目大小】选项，使当前图像的大小与项目的帧大小相同。

### 5. 摇动和缩放

选中该单选钮，将摇动和缩放效果应用到当前图像中。摇动和缩放可以模拟摄像时的摇动和缩放效果，让静态的图像变得具有动感。

### 6. 预设

选中【摇动和缩放】单选钮，单击【预设】右侧的三角按钮，从下拉列表中选择各种预设的摇动和缩放效果，如图 5-25 所示。

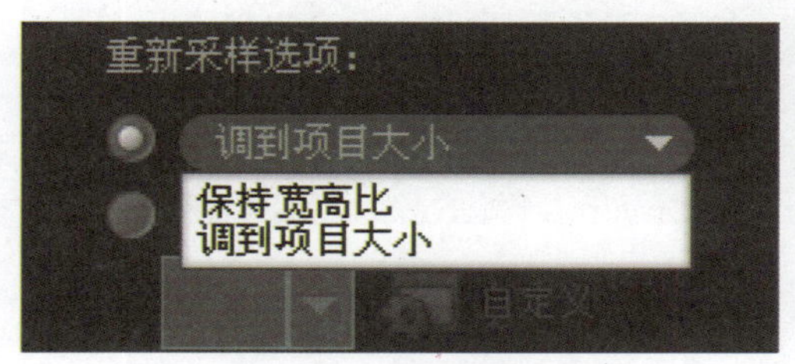


图 5-24 选择重新采样的方式

图 5-25 选择各种预设的摇动和缩放效果

**7. 自定义**

单击按钮，在弹出的对话框中可以定义摇动和缩放当前图像的方法。

### 5.5.3 【色彩】选项卡

如果在故事板上添加了一个色彩素材，选中该素材，选项面板如图 5-26 所示。

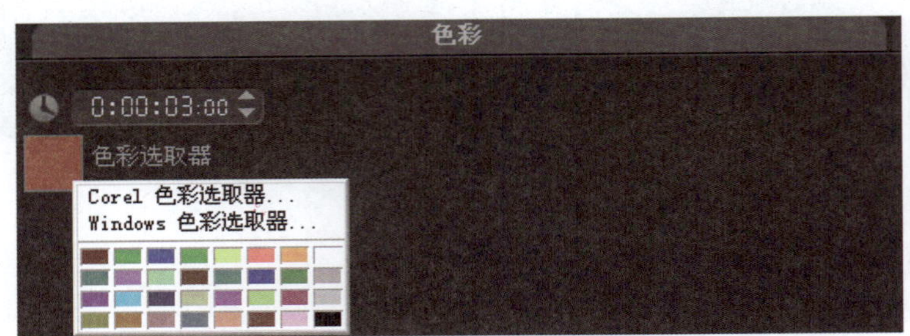


图 5-26 【色彩】选项卡

**1. 区间**

设置所选的色彩素材在影片中持续播放的时间。

**2. 色彩选取器**

单击色彩框，在弹出菜单中可以自定义需要使用的颜色。

## 5.6 影片剪辑典型应用实例

在视频轨中添加素材后，常见的操作是调整素材、修整素材、改变视频的播放速度以及在素材上添加特效。下面绍影片剪辑的典型应用实例。

### 5.6.1 调整素材的播放顺序

在视频轨上添加素材后，每一个略图代表影片中的一个视频素材或者图像素材，略图按影片的播放顺序依次出现，如果希望改变素材在影片中播放的顺序，可以按照以下的方法操作。

**操作步骤**

**01** 按照前面章节介绍的方法在视频轨上添加视频素材或者图像素材，如图 5-27 所示。

图 5-27 添加视频素材或者图像素材

**02** 在需要调整顺序的素材上按住并拖动鼠标，移动到希望放置素材的位置。这时，故事板上以“竖线”表示素材将要放置的位置，如图 5-28 所示。

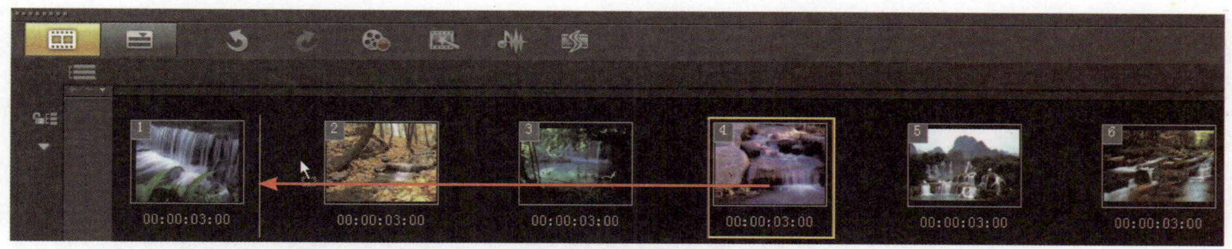


图 5-28　移动到希望放置素材的位置

03 释放鼠标，选中的素材将被放置到新的位置，如图 5-29 所示。

图 5-29　将素材移动到新的位置

### 5.6.2 删除不需要的素材

删除故事板中的素材，可以使用以下的方法之一：

- 选中需要删除的一个或多个素材（按住 Shift 键在素材上单击鼠标，可以选中多个素材），然后按 Delete 键。
- 选中需要删除的一个或多个素材，选择【编辑】菜单中的【删除】命令。

**提示**　撤销删除操作

如果出现了误删除操作，可以按快捷键 Ctrl+Z 撤销删除。

### 5.6.3 直观的略图修整素材

对视频素材进行剪辑时，最为常见的视频修整就是去除头、尾部分多余的内容。提供了多种操作方式来实现这个功能。使用略图修整素材是最为快捷和直观的修整方式，这种方式适于素材的粗略修整或者修整易于识别的场景。

原始素材：chap05\03 略图修整\5_3.mpg
完成效果：chap05\03 略图修整\5_3end.mpg

**操作步骤**

01 将配套光盘上提供的素材 5_3.mpg 添加到视频轨上。

02 单击故事板上方的模式切换按钮，切换到时间轴模式，如图 5-30 所示。

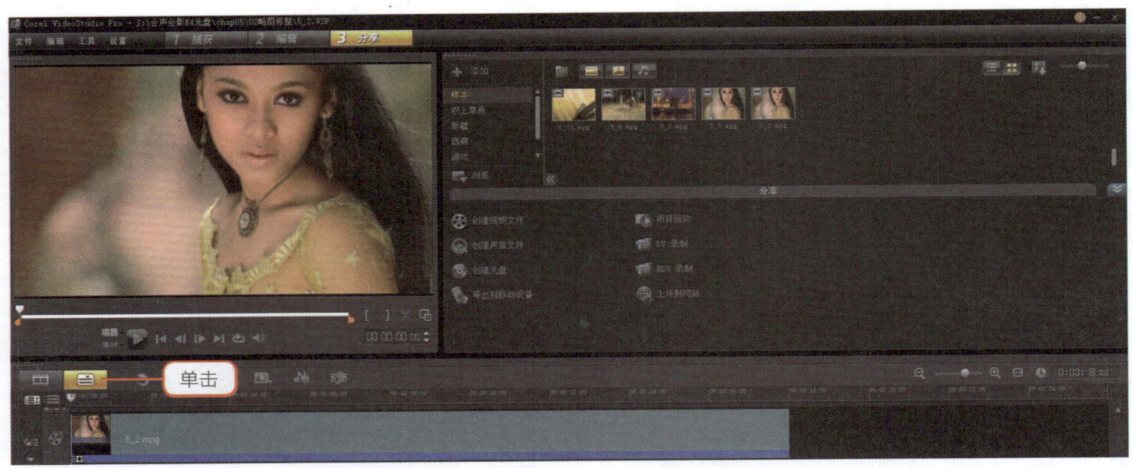


图 5-30　切换到时间轴模式

**03** 按快捷键 F6，在弹出的对话框中选择【常规】选项卡，在【素材显示模式】下拉列表框中选择【仅略图】选项，设置时间轴上略图的显示方式，如图 5-31 所示。这样，就可以查看各帧的画面效果。

**04** 选中需要修整的素材，两端以黄色标记表示，在这段视频素材中，需要去除头部和尾部的一些内容，如图 5-32 所示。

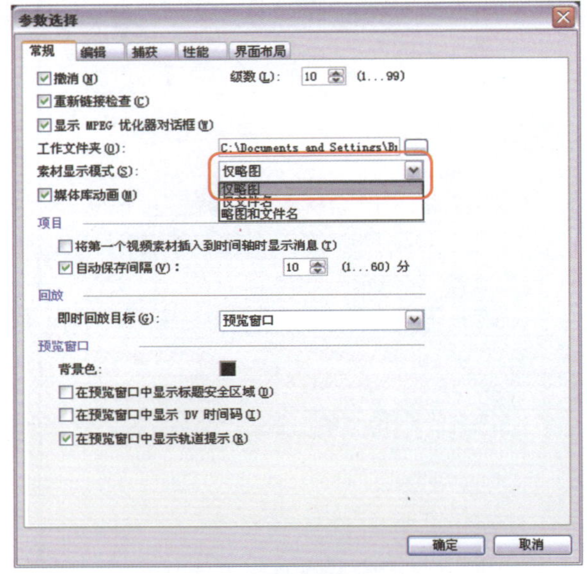


图 5-31　设置素材的显示模式

图 5-32　以略图方式显示素材

**05** 在左侧的黄色标记上按住并拖动鼠标，同时在预览窗口中查看当前标记所对应的视频内容。看到需要修整的位置后，略微回移鼠标，然后释放鼠标。这时，时间轴上将保留一些需要去除的内容，如图 5-33 所示。

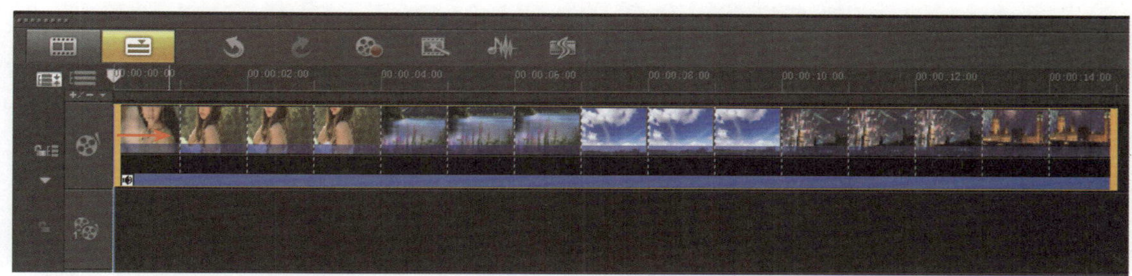

图 5-33　以拖动的方式修整素材的头部

**提示　为精确修整保留余量**

略微回移鼠标的目的在于能够在后面的操作中以帧为单位精确修整。如果不需要精确到帧地修整视频素材，可以一次定位，并在预览窗口中查看当前标记所对应的视频内容。

06 单击时间轴上方的按钮数次，或者将中的滑块拖动到最右侧，将时间轴上的略图放大显示。如图 5-34 所示。

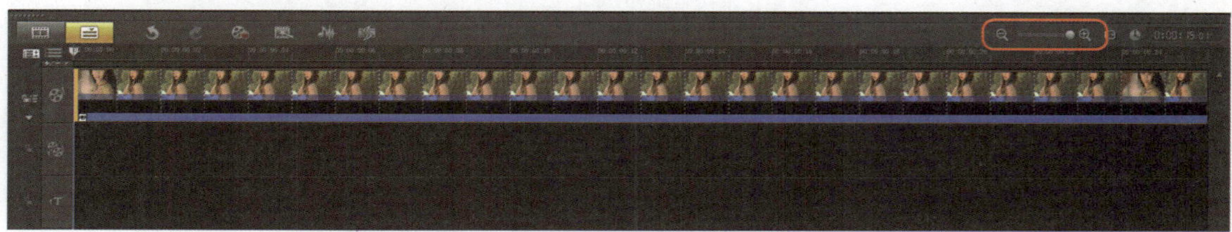

图 5-34　将时间轴上的略图放大显示

07 在左侧的黄色标记上按住并拖动鼠标，将它调整到需要精确修整的位置，释放鼠标完成开始部分的修整工作，如图 5-35 所示。

图 5-35　使用略图精确修整

08 单击视频轨上方的按钮，使视频轨上要修整的素材在窗口中完全显示出来。

09 从视频的尾部开始向左拖动，分两次完成粗略定位和精确定位。释放鼠标后，完成修整工作。

## 5.6.4 精确的区间修整素材

使用区间进行修整精确控制素材片断的播放时间，但它只会从视频的尾部进行截取。如果对整个影片的播放总时间有严格的限制，可以使用区间修整的方式来调整各个素材片断。

原始素材：chap05\04 区间修整\5_4.mpg
完成效果：chap05\04 区间修整\5_4end.mpg

### 操作步骤

**01** 将配套光盘上的素材 5_4.mpg 添加到视频轨上，如图 5-36 所示。

图 5-36　添加配套光盘上的素材

**02** 在视频轨上选中需要修整的素材，单击 选项 按钮展开选项面板，选项面板的【区间】中显示当前选中的视频素材的长度，如图 5-37 所示。当前视频素材的长度为 9 秒 7 帧。

图 5-37　在选项面板上查看素材长度

**03** 单击按钮查看影片效果。找到需要剪辑的位置后，按下按钮，并在预览窗口下方查看需要剪辑的位置的时间码。希望影片在 11 秒 24 帧的位置结束，如图 5-38 所示。

图 5–38　找到需要剪辑的位置

**04** 单击选项面板上时间格对应的数值，分别在“秒”中输入 11，在“帧”中输入 24。然后按 Enter 键，这样，程序就自动完成了修整工作，如图 5–39 所示。

图 5–39　以调整区间的方式修整视频

**提示　查看修整结果**

修整完成后，飞梭栏上以白色显示保留的视频区域。被剪掉的区域以深灰色显示。

## 5.6.5　用飞梭栏和预览栏修整素材

使用飞梭栏和预览栏修整素材是最为直观和精确的方式，这种方式可以非常方便地使修剪的精度精确到帧。

原始素材：chap05 \ 05 飞梭栏修整 \ 5_5.mpg
完成效果：chap05 \ 05 飞梭栏修整 \ 5_5end.mpg

## 操作步骤

01 将配套光盘上提供的素材 5_5.mpg 添加到视频轨上，如图 5-40 所示。

图 5-40 将素材添加到视频轨上

02 单击预览栏下方的播放素材按钮播放所选择的素材，或者直接拖动飞梭栏上的滑块，使预览窗口中显示需要修剪的起始帧的大致位置单击【上一帧】按钮和【下一帧】按钮进行精确定位，如图 5-41 所示。

03 确定起始帧的位置后，按快捷键 F3 或者单击【开始标记】按钮，将当前位置设置为开始标记，这样，就完成了开始部分的修整工作，如图 5-42 所示。

图 5-41 精确定位开始位置

图 5-42 设置开始标记

04 单击预览栏下方的播放素材按钮播放所选择的素材，或者直接拖动飞梭栏上的滑块，使预览窗口中显示需要修剪的结束帧的大致位置。单击【上一帧】按钮和【下一帧】按钮进行精确定位，如图 5-43 所示。

05 确定结束帧的位置后，按快捷键 F4 或者单击【结束标记】按钮，将当前位置设置为结束标记点，完成了结束部分的修整工作，如图 5-44 所示。

图 5-43　精确定位结束位置

图 5-44　设置结束标记

06 剪辑完成后，在视频轨上可以看到素材原先的头部和尾部的内容不再显示，如图 5-45 所示。

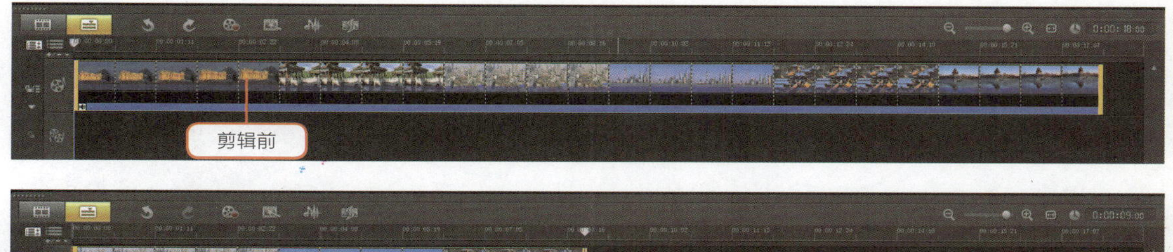


图 5-45　剪辑前后的效果比较

## 5.6.6　保存修整后的视频

使用以上介绍的方法修整影片后，并没有真正地将所修整的部分减去。只有在最后的【分享】步骤中，通过创建视频文件才去除了所标记的不需要的部分，在这之前，可以随时调整修整位置。如果已经确认不需要再对影片进行调整，为了避免误操作改变了精心修剪的影片，就需要将修整后的影片单独保存，具体的操作步骤如下。

### 操作步骤

01 修整影片后，单击时间轴上的视频素材，使它处于选中状态。

02 从【文件】菜单选择【保存修整后的视频】命令，程序将渲染素材并将修整后的视频素材在素材库中保存为一个新的文件，如图 5-46 所示。

在默认设置下，修整后的文件将显示在素材库中。观察预览窗口下方修整栏和飞梭栏上的标记，可以看到原始素材与修整后的新文件之间的区别，如图 5-47 所示。对于原始素材，可以拖动修整栏上的滑块，重新定位开始位置和结束位置，甚至可以恢复到修整前的状态。而修整后的新文件则无法增大区间恢复到修整前的状态。

图 5-46　保存修整后的视频

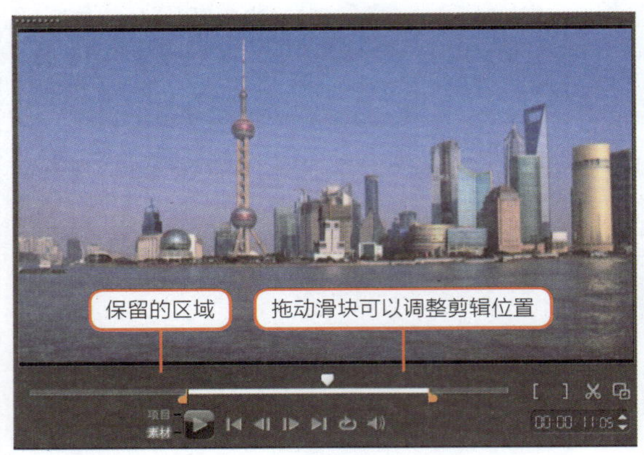


原始素材　　保存修整后的素材

图 5-47　原始素材与修整后的新文件之间的区别

## 5.6.7　分割视频素材

分割素材就是将视频从某个位置分割成两个部分，这样，可以在分割的位置添加转场或者插入其他的视频、图像，也可以单独分割出不需要保留的内容，然后删除。

原始素材：chap05 \06 分割视频 \5_6.mpg
完成效果：chap05 \06 分割视频 \ 5_6end.mpg

### 操作步骤

**01** 将配套光盘上的原始文件 5_6.mpg 添加到视频轨上，如图 5-48 所示。

图 5-48 将视频素材添加到视频轨上

02 单击预览栏下方的播放素材按钮 播放素材，或者直接拖动飞梭栏上的滑块找到需要分割的位置。然后单击【上一帧】按钮 和【下一帧】按钮 进行精确定位，如图 5-49 所示。

03 单击预览窗口下方的【分割视频】按钮 ，将视频素材从当前位置分割为两个素材，如图 5-50 所示。

图 5-49 拖动飞梭栏上的滑块找到需要分割的位置

图 5-50 单击【分割视频】按钮

04 分割完成后，在故事板模式下，可以看到原先的一个素材略图变成了两个独立的素材略图，如图 5-51 所示。

图 5-51 分割后的素材略图

**05** 选择分割后的后一段视频素材，按照前面介绍的方法可以再次定位分割点，单击预览窗口下方的【分割视频】按钮，将后一段视频也从分割点分为两部分，如图 5-52 所示。

图 5-52　再次分割素材

**06** 分割完成后，在故事板模式下可以看到 3 个素材略图。选中不需要的视频片断，按 Delete 键将它删除，如图 5-53 所示。也可以在分割完成的视频之间添加转场或者其他类型的素材。

图 5-53　删除不需要的影片内容

**提示　保存修整后的素材**

使用分割视频的方法分割后的素材并没有真正被剪切为单独的视频文件。在故事板上选择任意一个素材片断，可以看到分割后的素材仅仅是调整了开始位置和结束位置。只有选择【文件】/【保存修整后的视频】命令后，分割后的视频素材才会以单独文件的形式存在。使用这种方式，才可以将修整或分割后的素材都保存为单独的文件，真正完成素材修剪操作。

### 5.6.8　多重修整视频

多重修整视频是将视频分割成多个片段的另一个方法，它可以让用户更快捷方便地选择想要保留或者删除的素材，更方便地剪辑影片。

原始素材：chap05 \ 07 多重视频修整 \5_7.mpg
完成效果：chap05 \ 07 多重视频修整 \5_7end\5_7end.VSP

**操作步骤**

**01** 将配套光盘上的视频素材 5_7.mpg 插入到视频轨上，如图 5-54 所示。

图 5-54　插入配套光盘上的素材

02 选中视频轨上要修整的素材，然后单击选项面板上的按钮，如图 5-55 所示。

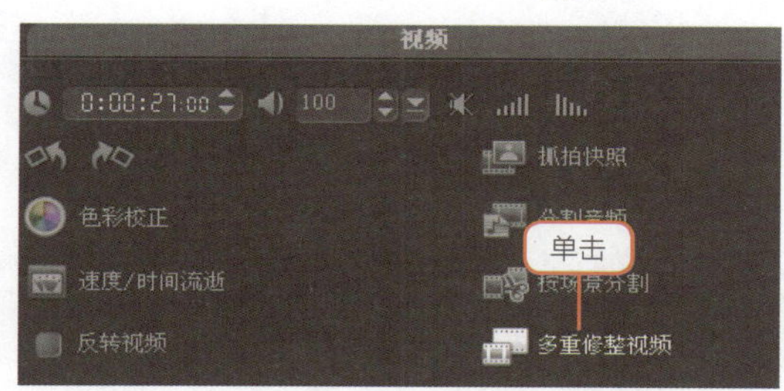


图 5-55　选择视频素材并单击提取视频片断按钮

03 在打开的【多重修整视频】对话框中，拖动预览窗口下方的滑块，或者使用预览窗口下方的播放控制按钮找到第一个片段的起始帧的位置，如图 5-56 所示。

04 单击【起始】按钮[设置开始标记，如图 5-57 所示。

图 5-56　设置第一个片断的开始标记

图 5-57　单击【起始】按钮

05 拖动滑块或者使用预览窗口下方的播放控制按钮，找到第一个片段的结束帧的位置，如图

5–58 所示。

**06** 单击【结束】按钮 ]，在下方的素材列表中，开始标记和结束标记之间的视频内容被剪辑出来，如图 5–59 所示。

图 5–58　设置第一个片断的结束标记

图 5–59　单击【结束】按钮

**07** 重复执行步骤 4~6，直到标记出要保留或删除的所有片段，如图 5–60 所示。

**08** 在默认设置下，标记的区域是需要保留的区域。

图 5–60　标记出要保留或删除的所有片段

> **提示　反转选取素材**
>
> 单击【反转选取】按钮，所标记的区域将被删除，未标记的区域则被保留下来。

**09** 设置完成所有的片断标记后，单击 确定 按钮，程序按照指定的方式剪辑影片，并将剪辑后的素材添加到视频轨上，如图 5–61 所示。

图 5-61 要保留的视频片段就被插入到媒体素材列表中

在使用多重修整视频功能时，可以使用以下的快捷键快速操作。

| Del | 删除。选中已标记出的素材略图，按 Del 键可将其删除。 |
| --- | --- |
| F3 | 设置开始标记，功能与单击【起始】按钮[相同。 |
| F4 | 设置结束标记，功能与单击【结束】按钮]相同。 |
| F5 | 转到素材的前面，功能与单击按钮相同。 |
| F6 | 转到素材的后面，功能与单击按钮相同。 |
| ← | 上一帧，功能与单击按钮相同。 |
| → | 下一帧，功能与单击按钮相同。 |
| 空格键 | 播放和停止。按下空格键开始播放素材，再次按下空格键则停止播放。 |
| Esc | 取消 |

## 5.6.9 按场景分割素材

使用【编辑】步骤中的按场景分割功能，可以检测视频文件中不同的场景并自动将它分割成不同的素材文件。如果需要使用按场景分割功能分割视频，可以按照以下的步骤操作。

| 光盘路径 | 原始素材：chap05 \ 08 按场景分割 \5_8.mpg<br>完成效果：chap05 \08 按场景分割 \ 5_8end\5_8end.VSP |
| --- | --- |

## 操作步骤

**01** 将本书配套光盘上的视频文件 5_8.mpg 添加到视频轨，如图 5-62 所示。

图 5-62 添加视频素材

**02** 进入【编辑】步骤，选中时间轴上需要分割场景的视频素材。单击选项面板上的【按场景分割】按钮，打开【场景】对话框，如图 5-63 所示。

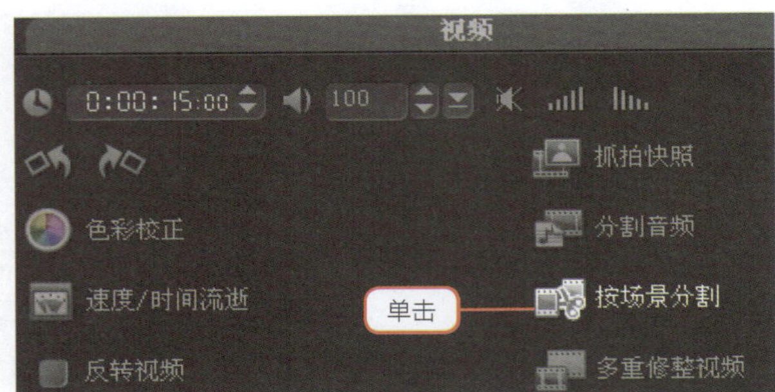


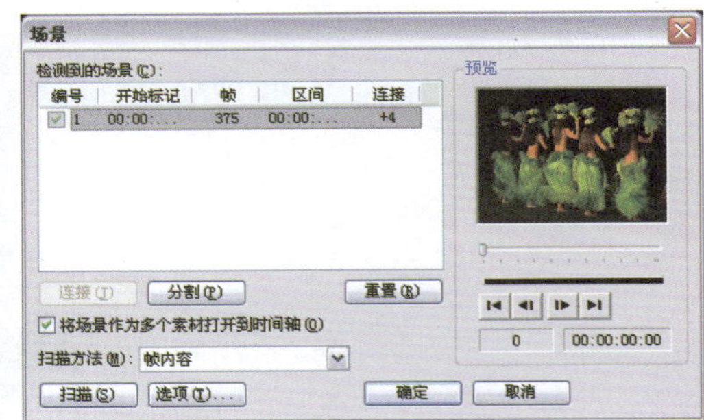


图 5-63 打开【场景】对话框

**03** 单击 扫描(S) 按钮，程序将扫描整个视频文件并列出所有检测到的场景，如图 5-64 所示。

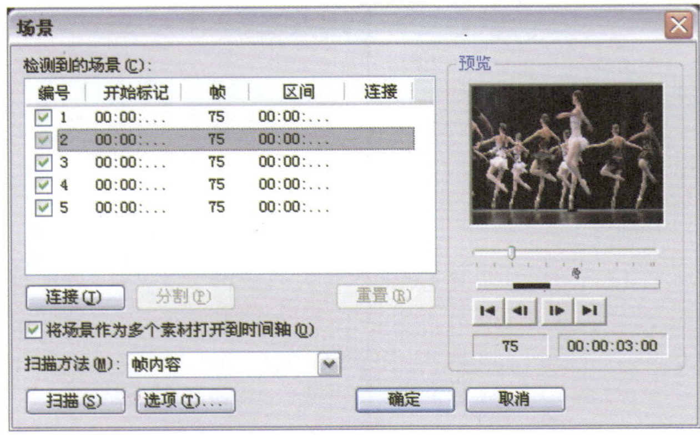


图 5-64 扫描场景

**提示**

单击【选项】按钮，在弹出的【场景扫描敏感度】对话框中，拖动滑块可以设置敏感度的值。敏感度数值越高，场景检测越精确。

**提示**

将一些已检测到的场景合并为单个素材。选中要合并的所有场景，单击 连接(J) 按钮。加号（+）和一个数字表示合并到特定素材中的场景数量。单击 分割(P) 按钮撤销已执行的连接操作。

**04** 选中【将场景作为多个素材打开到时间轴】选项，单击 确定 按钮，按场景分割后的视频素材分别显示在故事板上，如图 5-65 所示。

图 5-65　按场景分割后的视频素材

### 5.6.10　从影片中抓拍快照

在会声会影 X4 中，可以将视频中的一帧画面捕获为静态图像并将它保存到硬盘上。

原始素材：chap05 \09 保存为静态图像 \5_9.mpg

**操作步骤**

**01** 将配套光盘上的素材 5_9.mpg 添加到视频轨上，如图 5-66 所示。

**02** 单击鼠标选中视频轨上的素材，然后将飞梭栏上的滑块拖动到要捕获的帧上，并单击【上一帧】按钮◀|和【下一帧】按钮|▶进行精确定位，找到一个在预览窗口中清晰显示的视频帧，如图 5-67 所示。

图 5-66　添加视频素材

**03** 单击选项面板上的【抓拍快照】按钮，或者选择【编辑】/【抓拍快照】命令。当前帧将保存到硬盘中，如图 5-68 所示。

图 5-67　找到在预览窗口中清晰显示的视频帧

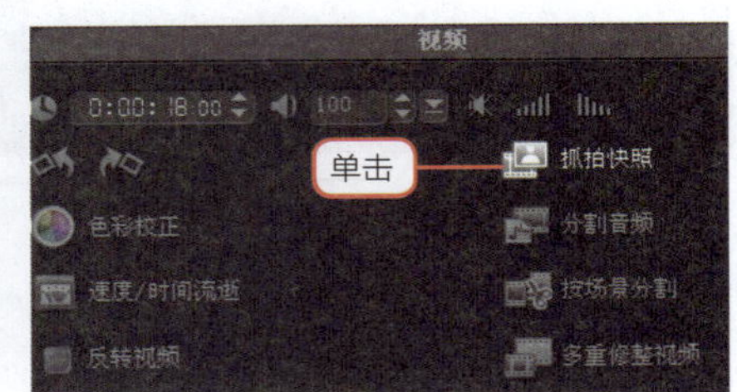


图 5-68　单击【抓拍快照】按钮

**04** 这时，程序自动把当前画面保存到素材库中，如图 5-69 所示。

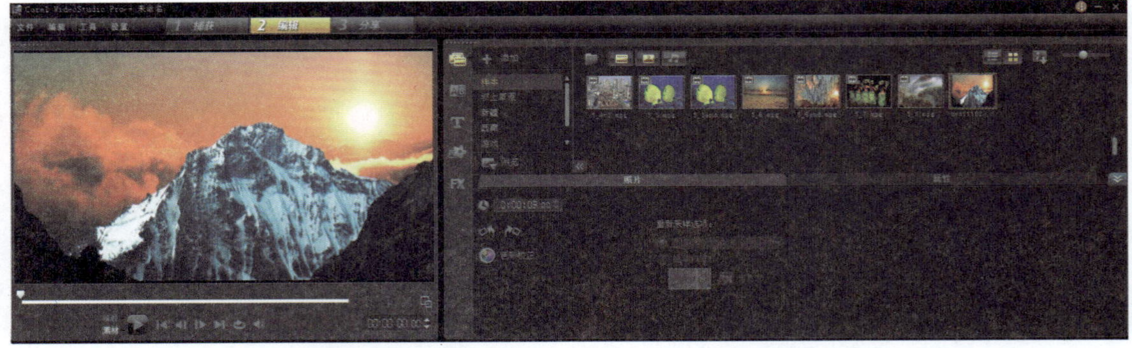

图 5-69　当前帧作为静态图像保存到素材库中

05 在素材库的略图上单击鼠标右键，从弹出菜单中选择【属性】命令查看静态图像的尺寸以及保存路径，如图 5-70 所示。

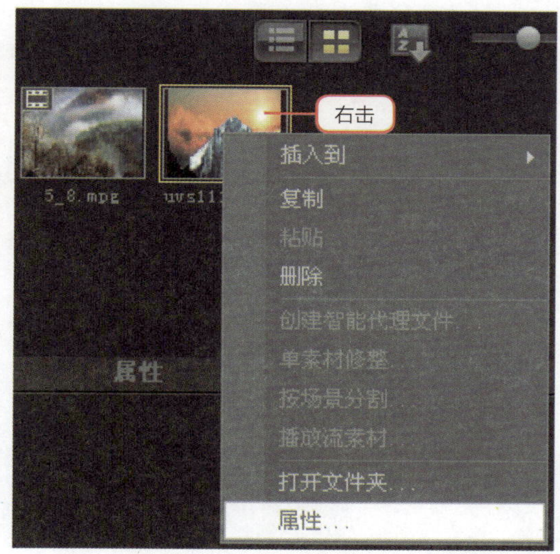


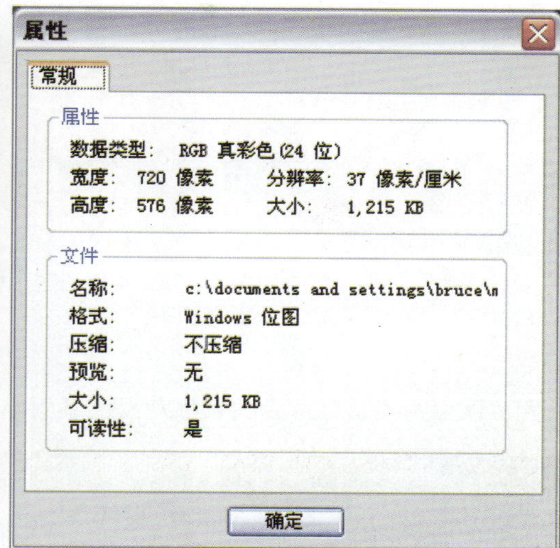


图 5-70　查看静态图像的尺寸以及保存路径

## 5.6.11　校正视频的色彩

会声会影提供了专业的色彩校正功能，可以很轻松地针对过暗或偏色的影片进行校正，也能够将影片调成具有艺术效果的色彩。

在故事板或者时间轴上选中需要调整的素材，单击选项面板上 色彩校正 按钮，在弹出的图 5-71 所示的选项面板上校正图像和视频的色彩和对比度。

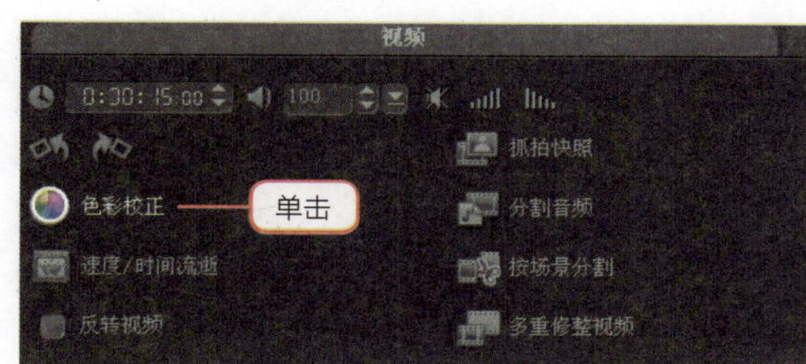


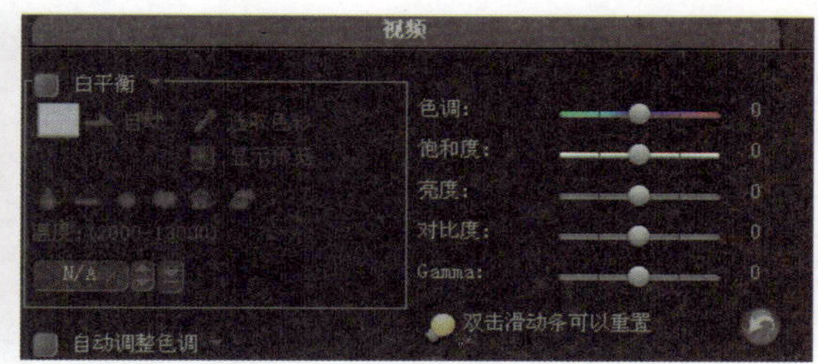


图 5-71　色彩校正选项面板

### 1. 色调

调整画面的颜色。在调整过程中，色彩会按着色相环做改变，如图 5-72 所示。

图 5-72　通过调整色调改变画面颜色

### 2. 饱和度

调整视频的色彩浓度。向左拖动滑块色彩浓度降低，向右拖动滑块色彩变得鲜艳，如图 5-73 所示。

图 5–73　通过调整饱和度改变画面色彩浓度

### 3. 亮度

调整图像的明暗程度。向左拖动滑块画面变暗，向右拖动滑块画面变亮，如图 5-74 所示。

图 5–74　通过调整亮度改变画面明暗程度

### 4. 对比度

调整图像的明暗对比。向左拖动滑块对比度减小，向右拖动滑块对比度增强，如图 5-75 所示。

图 5–75　通过调整对比度改变画面明暗对比

### 5.Gamma

调整图像的明暗平衡，如图 5-76 所示。

图 5–76　通过调整 Gamma 值改变画面明暗平衡

# 6

# 为影片添加炫目的视频特效

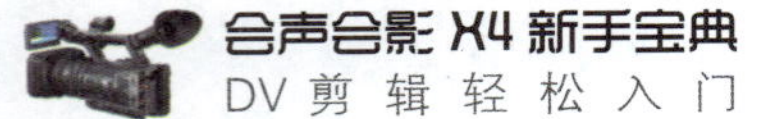


# 6.1 视频滤镜与特效简介

视频滤镜可以将特殊的效果添加到视频或图像素材中，改变素材的样式或外观。例如，可以用视频滤镜改善素材的色彩平衡、为素材添加动态的光照效果、使素材呈现出绘画效果等。添加视频滤镜后，滤镜效果会应用到素材的每一帧上。通过调整滤镜属性，可以控制起始帧到结束帧之间的滤镜强度、效果和速度。

要显示视频滤镜，单击素材库左侧的**FX**按钮，从素材库下拉菜单中选择【全部】，显示所有可用的视频滤镜，如图 6-1 所示。如果选中菜单中的某个类别，则显示该类别中的视频滤镜。

图 6–1　显示所有可用视频滤镜

> **提示　另一种显示视频滤镜的方法**
>
> 在【编辑】步骤中，单击选项面板上的【属性】选项卡，在素材库中显示视频滤镜。

## 6.1.1　视频滤镜的选项面板

视频滤镜的选项面板如图 6-2 所示，为了便于控制和调整视频滤镜，首先介绍选项面板上各个按钮、选项的功能。

图 6–2　视频滤镜的选项面板

| 视频 / 照片 | 单击【视频】（当前编辑的是视频素材）或者【照片】（当前编辑的是照片素材）选项卡，可以切换到常规的视频、照片编辑选项面板。 |
|---|---|
| 替换上一个滤镜 | 选中复选框，新的滤镜将替换原先存在的滤镜。取消选中该复选框，在素材上应用多个滤镜。 |
| 滤镜列表 | 显示已经应用到素材上的所有视频滤镜。 |
| 预设 | 单击三角按钮，可以展开预设列表。 |
| 预设列表 | 在列表中可以选择不同的预设滤镜效果，并将它应用到素材中。 |
| 上移视频滤镜 | 单击按钮可以调整滤镜的应用顺序，使当前所选择的滤镜提早应用。 |
| 下移视频滤镜 | 单击按钮可以调整滤镜的应用顺序，使当前所选择的滤镜延后应用。 |
| 删除视频滤镜 | 单击按钮可以从滤镜列表中删除所选择的滤镜。 |
| 素材变形 | 选中该复选框，可以拖动控制点任意倾斜或者扭曲视频轨上的素材，使视频应用变得更加自由。 |
| 10 显示网格线 | 选中该复选框，将在预览窗口中显示网格线，方便您精确控制素材变形的位置。 |
| 自定义滤镜 | 单击按钮，在弹出的对话框中可以自定义滤镜属性。根据选择的滤镜类型的不同，在弹出的对话框中可以设置的各项参数也不相同。 |

## 6.1.2 应用视频滤镜

可以通过简单的拖曳操作将滤镜应用到素材上，也可以在同一个素材上应用多个视频滤镜。

原始素材：chap06\01 应用视频滤镜\6_1.mpg
完成效果：chap06\01 应用视频滤镜\6_1end.mpg

### 操作步骤

**01** 将配套光盘上的素材 6_1.mpg 添加到视频轨上。

**02** 单击素材库左侧的FX按钮，在下拉菜单中选择【全部】命令，显示所有可用的滤镜，如图 6-3 所示。

图 6-3　显示所有的视频滤镜

03 在素材库中选择【镜头闪光】滤镜，将它拖曳到视频轨的素材上，应用【镜头闪光】滤镜效果，如图 6–4 所示。

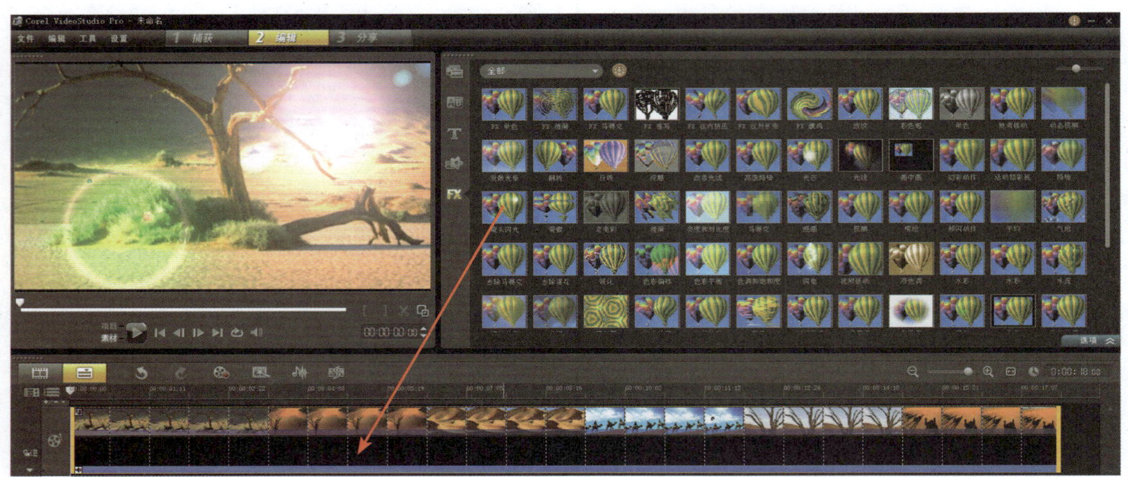

图 6–4　应用【镜头闪光】滤镜效果

04 单击 选项 按钮展开选项面板，单击 右侧的三角按钮，从下拉列表中选择一种新的【镜头闪光】滤镜预设效果，如图 6–5 所示。

图 6–5　选择新的【镜头闪光】滤镜预设效果

05 单击 按钮，查看应用视频滤镜后的效果，如图 6–6 所示。

图 6–6　应用【镜头闪光】滤镜的效果

**06** 选择素材库中的【云彩】滤镜，将它拖曳到视频轨的素材上，新的【云彩】滤镜将替换原先的【镜头闪光】滤镜，如图 6-7 所示。

图 6-7 新的【云彩】滤镜替换原先的滤镜

**07** 按快捷键 Ctrl+Z 撤销应用气泡滤镜的操作，在选项面板上取消选中【替换上一个滤镜】复选框，如图 6-8 所示。

**08** 再次将【云彩】滤镜拖曳到视频轨的素材上，新添加的滤镜替换原先的滤镜，可在素材上同时应用多个滤镜效果，如图 6-9 所示。

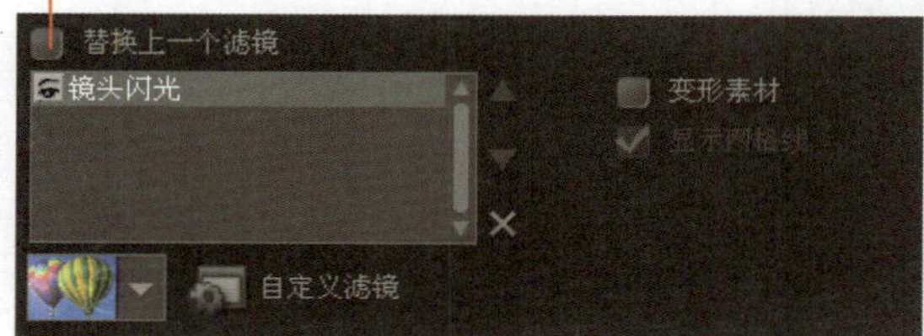


图 6-8 取消选中【替换上一个滤镜】

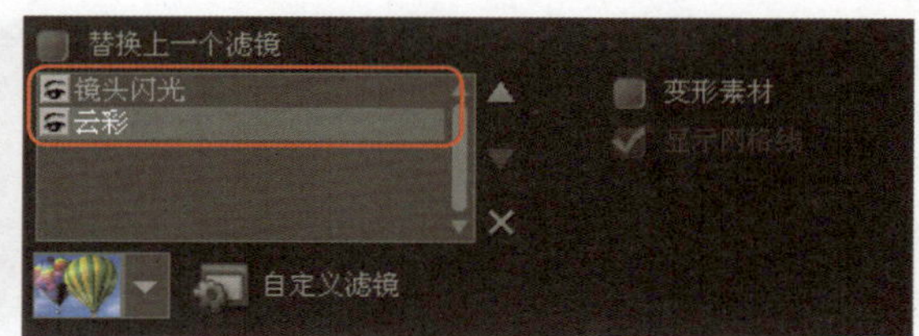


图 6-9 同时应用多个视频滤镜

**提示 视频滤镜的应用数量限制**

最多可以将 5 个滤镜应用到同一个素材中。

**09** 在选项面板的滤镜列表中选中【云彩】，单击右侧的三角按钮，从下拉列表中选择一种新的预设云彩效果，如图 6-10 所示。

**10** 调整完成后，单击预览窗口下方的按钮，预览应用滤镜后的影片效果，如图 6-11 所示。

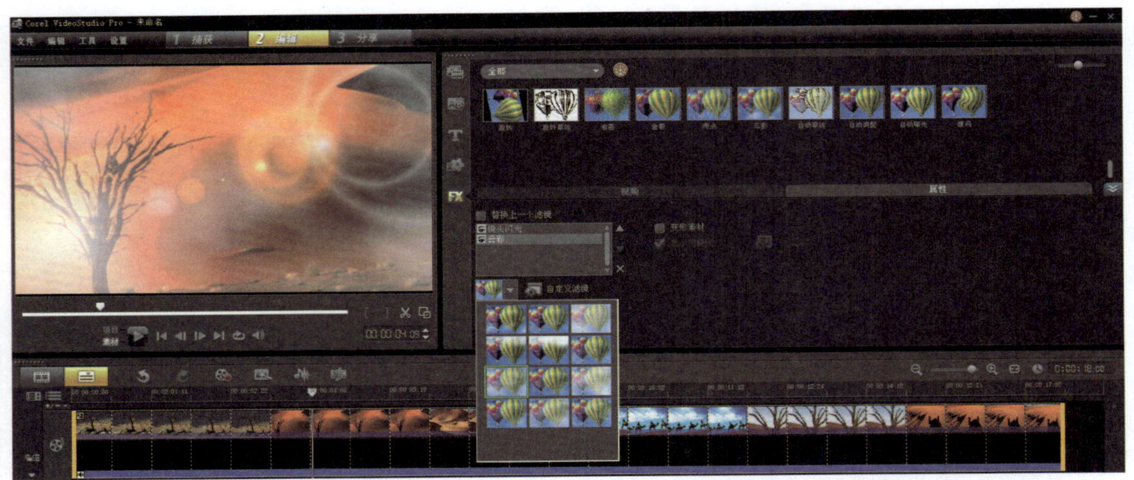

图 6-10　选择新的预设气泡效果

图 6-11　预览应用滤镜后的影片效果

### 6.1.3　自定义滤镜属性

会声会影允许用户自定义视频滤镜。单击 自定义滤镜 按钮，在弹出的对话框中自定义滤镜属性，会声会影编辑器还允许在素材上添加关键帧，以更加灵活地调整滤镜效果。

**提示**　什么是关键帧

关键帧是为视频滤镜特别设计的几个关键画面，只有关键帧才能定义滤镜的属性或行为方式，而其他帧的效果则是由程序根据前后关键帧的内容自动生成的。这样就可以灵活地设置视频滤镜在素材任何位置上的外观。

如果需要自定义滤镜属性，可以按照以下的步骤操作。

原始素材：chap06\02 自定义视频滤镜 \6_2\6_2.VSP
完成效果：chap06\02 自定义视频滤镜 \6_2end\6_2end.VSP

**操作步骤**

**01** 打开配套光盘上的项目文件 6_2.VSP，这个项目文件的素材上已经预先添加了【镜头闪光】视频滤镜，如图 6-12 所示。

**02** 单击素材库左侧的 FX 按钮，然后在视频轨的素材上单击鼠标，再单击 选项 按钮展视频滤镜选项面板，如图 6-13 所示。

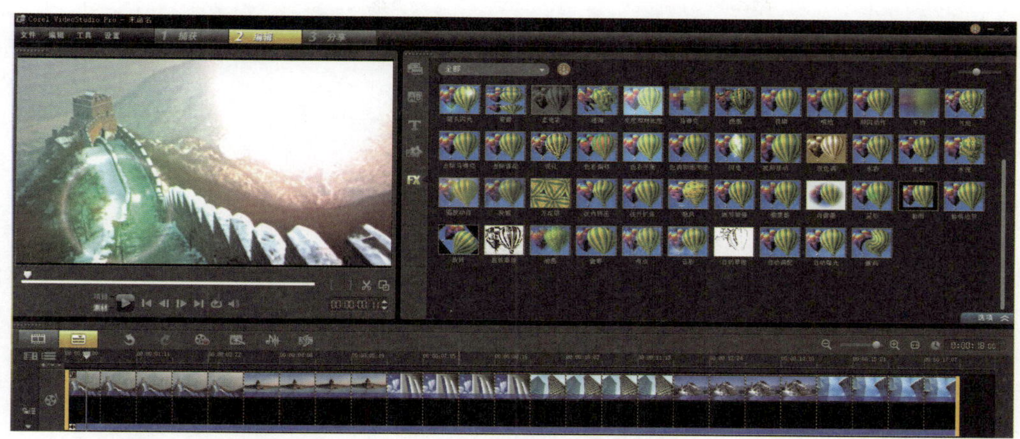

图 6-12　打开项目文件

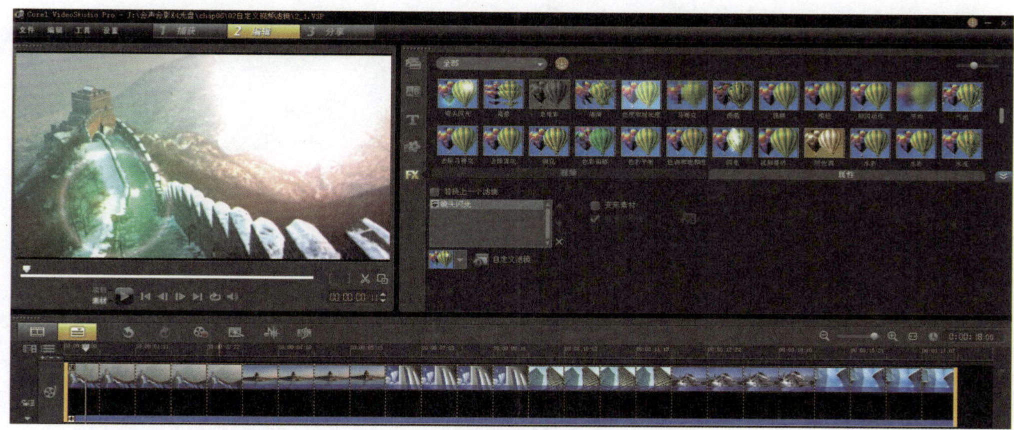

图 6-13　显示视频滤镜选项面板

03 单击选项面板上的【自定义滤镜】按钮，打开当前应用的滤镜的属性设置对话框，如图 6-14 所示。注意：对于不同的视频滤镜，对话框中可以调整的各项参数是不同的。

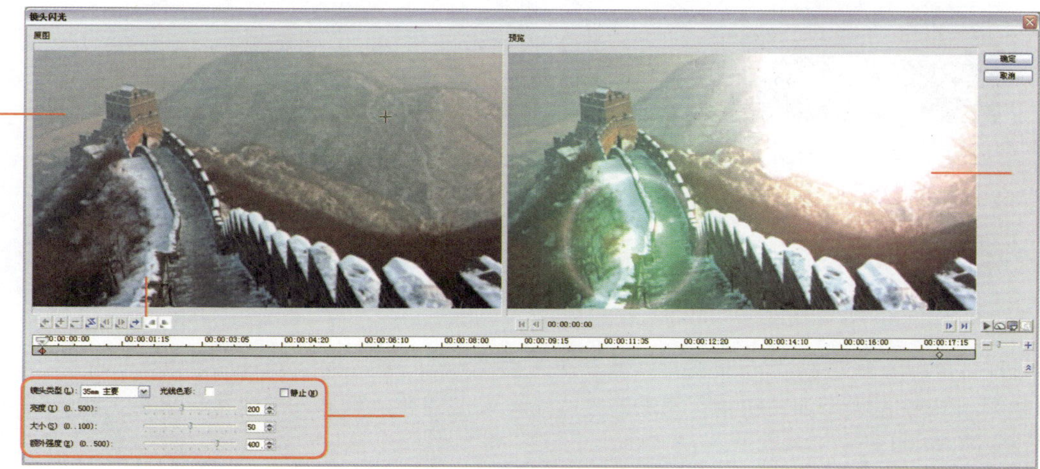

图 6-14　打开自定义滤镜对话框

| 原图窗口 | 显示应用滤镜效果之前的原始素材。 |
| --- | --- |
| 预览窗口 | 显示在素材上应用滤镜后的效果。 |
| 关键帧工具 | 允许您设置关键帧，控制特定位置的滤镜效果。 |
| 参数设置区 | 设置和调整滤镜的各项参数。 |

**04** 在第一个关键帧标记上单击鼠标，将它选中。然后在左侧的原图窗口中把+标记移动到新的位置，改变光线的照射方向，如图 6-15 所示。

图 6-15　改变光线的照射方向

**05** 在对话框下方设置镜头类型并调整亮度、大小、额外强度等属性，如图 6-16 所示。

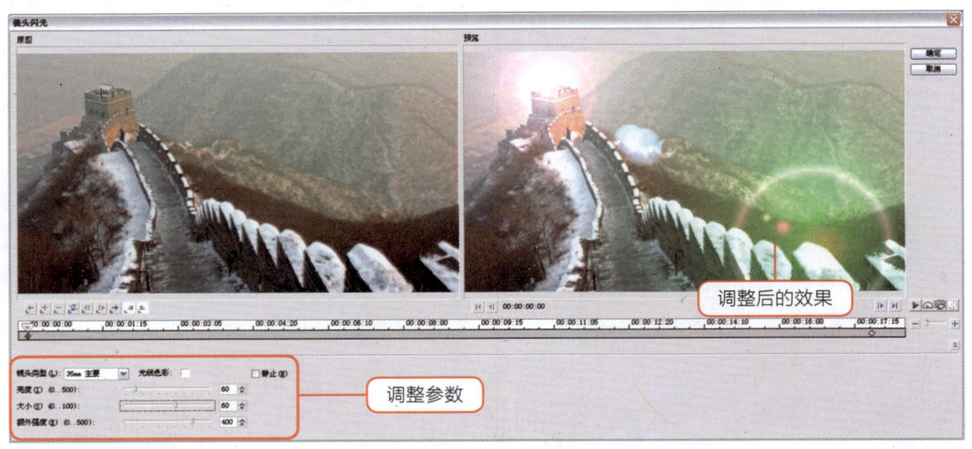


图 6-16　调整光线属性

**06** 将预览窗口下方的滑块移动到需要添加关键帧的新位置，如图 6-17 所示。

**07** 单击+按钮添加新的关键帧，并在对话框下方设置镜头类型并调整亮度、大小、额外强度等属性，如图 6-18 所示。

**08** 选择最后一个关键帧，然后按照前面所介绍的方法调整光源位置和各项参数，如图 6-19 所示。

图 6-17　移动到要添加关键帧的位置

图 6-18　添加关键帧并设置关键帧属性

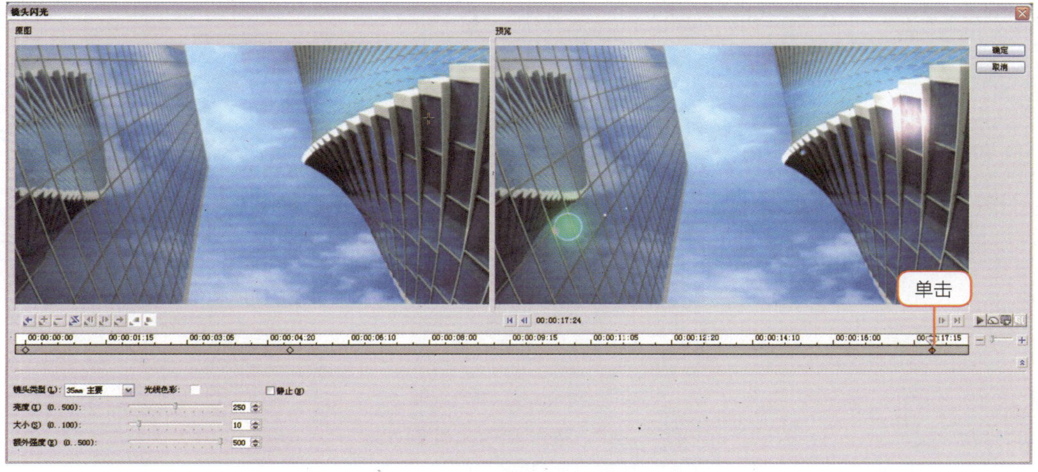


图 6-19　调整最后一个关键帧的属性

**09** 调整完成后，单击【预览】窗口右侧的【播放】按钮预览滤镜效果，如果效果满意，单击确定按钮完成操作。然后单击预览窗口下方的按钮，预览自定义滤镜后的影片效果，如图 6-20 所示。

图 6-20　自定义滤镜后的影片效果

### 6.1.4　使用关键帧控制按钮

在自定义滤镜对话框中，还可以使用一些控制按钮编辑关键帧，如图 6-21 所示。下面介绍它们的名称和使用方法。

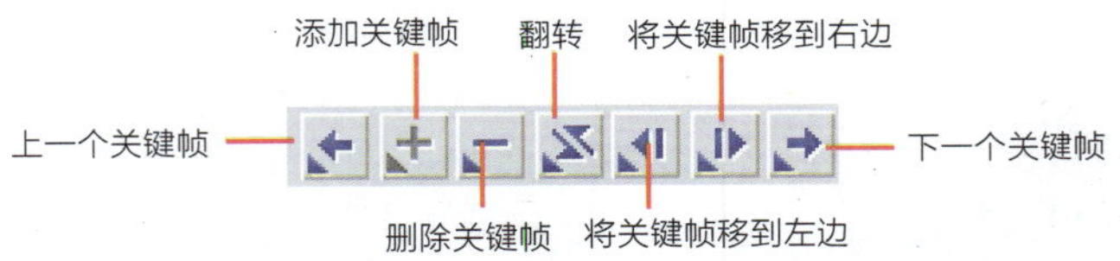


图 6-21　编辑关键帧的控制按钮

| 添加关键帧 | 将预览滑块移动到没有关键帧的位置，单击按钮可以添加新的关键帧。 |
|---|---|
| 删除关键帧 | 选中一个关键帧，单击按钮可以删除已经存在的关键帧。 |
| 翻转 | 单击按钮，可以翻转时间轴中关键帧的顺序。视频序列将从终止关键帧开始，到起始关键帧结束。 |
| 将关键帧移到左边 | 单击按钮可以将关键帧向左移动一帧。 |
| 将关键帧移到右边 | 单击按钮可以将关键帧向右移动一帧。 |
| 上一个关键帧 | 单击按钮，可以使上一个关键帧处于编辑状态。 |
| 下一个关键帧 | 单击按钮，可以使下一个关键帧处于编辑状态。 |

另外，还有一些按钮用于控制添加效果后的影片播放和输出，如图 6-22 所示。

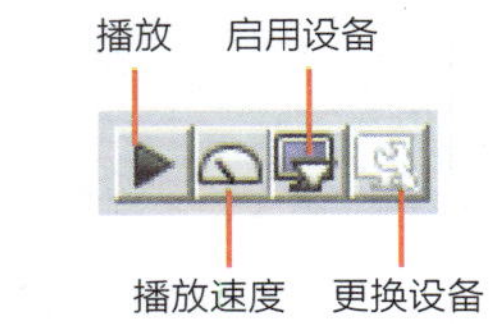


图 6-22　播放和输出控制按钮

| | |
|---|---|
| 播放 | 单击▶按钮播放视频。左侧的窗口显示原始画面，右侧的窗口显示添加视频滤镜后的效果。 |
| 播放速度 | 单击按钮，从弹出菜单中选择正常、快、更快、最快，以控制预览画面的播放速度。 |
| 启用设备 | 按下按钮，将启用指定的预览设备。 |
| 更换设备 | 按下按钮后，单击按钮，在弹出的图6-23所示的对话框中指定其他的回放设备，用以查看添加滤镜后的效果。 |

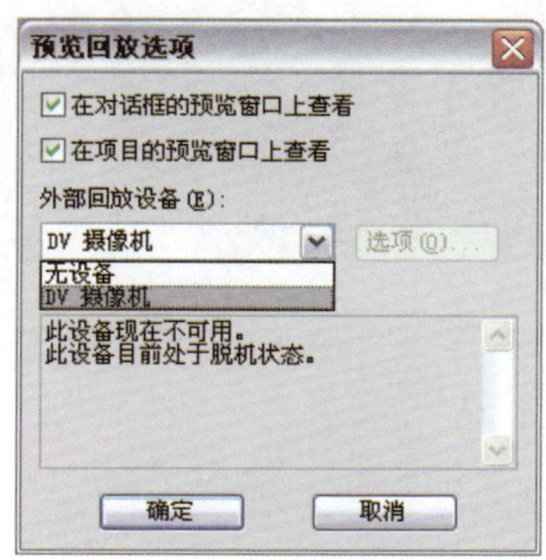


图 6-23 指定要使用的回放设备

## 6.2 视频滤镜应用详解

为影片添加视频滤镜后，单击自定义滤镜按钮，在弹出的对话框中自定义滤镜属性，以更加灵活地调整滤镜效果。下面，详细介绍各种视频滤镜的功能以及参数设置和调整方法。

### 6.2.1 FX单色和单色

会声会影 X4 提供了两种单色滤镜【FX 单色】和【单色】，都用于去除画面中原先的彩色信息，并将某一种指定的颜色覆叠到画面上。它们的滤镜对话框相同，如图 6-24 所示。

图 6-24 【FX 单色】和【单色】滤镜的对话框

- 单色：单击色彩方框，在弹出的对话框中可以指定需要使用的单色色彩。

### 6.2.2 FX 涟漪

【FX 涟漪】滤镜用于在画面中创建出涟漪效果，滤镜的对话框如图 6-25 所示。

图 6-25 【FX 涟漪】滤镜的对话框

- X 和 Y：调整涟漪的中心的位置，也可以拖动左侧窗口中的控制点调整。
- 幅度：调整涟漪的强烈程度，数值越大涟漪越明显。
- 频率：调整涟漪的水波数量，数值越大产生的水波纹越多。
- 阶段：调整涟漪的形态，拖动滑块会使涟漪的形态产生变化。

### 6.2.3 FX 马赛克和马赛克

会声会影 X4 提供了两种马赛克滤镜【FX 马赛克】和【马赛克】，功能都是将图像分裂为多个平铺块，并将每个平铺中像素色彩的平均值用作该平铺中所有像素的色彩，制作出马赛克画面的效果。滤镜的对话框如图 6-26 所示。

图 6-26 【马赛克】滤镜的对话框

- 宽度：拖动滑块调整马赛克的宽度，向右拖动数值增大，向左拖动数值减小。
- 高度：拖动滑块调整马赛克的高度，向右拖动数值增大，向左拖动数值减小。

### 6.2.4 FX 速写

【FX 速写】可以将画面转换为速写效果，对话框如图 6-27 所示。

图 6-27 【FX 速写】滤镜的对话框

- 阈值：调整画面的繁简程度，数值越小线条越丰富，数值越大线条越简洁。
- 速写：选中该选项，画面被转换为单纯的速写效果。
- 覆叠：选中该选项，速写线条会直接叠加到原始画面上，如图 6-28 所示。
- 线条色彩：单击色彩方框，选择用于绘制的线条颜色。
- 背景色：单击色彩方框，更改【速写】模式下的背景颜色。

图 6-28 选中【覆叠】选项的应用效果

### 6.2.5 FX 往内挤压和往内挤压

【FX 往内挤压】和【往内挤压】滤镜都是将画面从拐角处向中间挤压，仿佛画面被挤贴到球面的内部，【FX 往内挤压】滤镜的对话框如图 6-29 所示，而【往内挤压】的对话框中只有【因子】参数可以调整，如图 6-30 所示。

图 6-29 【FX 往内挤压】滤镜的对话框

图 6-30 【往内挤压】滤镜的对话框

- ❑ X 和 Y：调整挤压中心的位置，也可以拖动左侧窗口中的控制点调整。
- ❑ 半径：拖动滑块调整向内挤压的范围，数值越大，产生变形的区域越大。
- ❑ 因子：设置的数值越高，向内挤压的效果越加明显。

### 6.2.6 FX 往外扩张和往外扩张

【FX 往外扩张】和【往外扩张】滤镜都是将图像从中央向拐角扩展，仿佛图像被蒙罩在一个球面上。【FX 往外扩张】滤镜的对话框如图 6-31 所示。而【往外扩张】滤镜同样没有提供 X、Y 和【半径】参数调整。

- ❑ X 和 Y：调整扩张中心的位置，也可以拖动左侧窗口中的控制点调整。
- ❑ 半径：拖动滑块调整向外扩张的范围，数值越大，产生变形的区域越大。
- ❑ 因子：设置的数值越高，向往扩张的效果越加明显。

图 6-31 【FX 往外扩张】滤镜的对话框

### 6.2.7 FX 漩涡

用于使画面产生漩涡形状的扭曲变形，滤镜的对话框如图 6-32 所示。

图 6-32 【FX 漩涡】滤镜的对话框

- X 和 Y：调整扭曲中心的位置，也可以拖动左侧窗口中的控制点调整。
- 强度：调整扭曲变形的程度，数值越大变形越明显。
- 频率 X：调整水平方向震动变化的程度，数值越大水平方向震动效果越明显。
- 频率 Y：调整垂直方向震动变化的程度，数值越大垂直方向震动效果越明显。

### 6.2.8 波纹

在图像上添加波纹，仿佛透过滚动的水珠查看画面的效果。滤镜的对话框如图 6-33 所示。

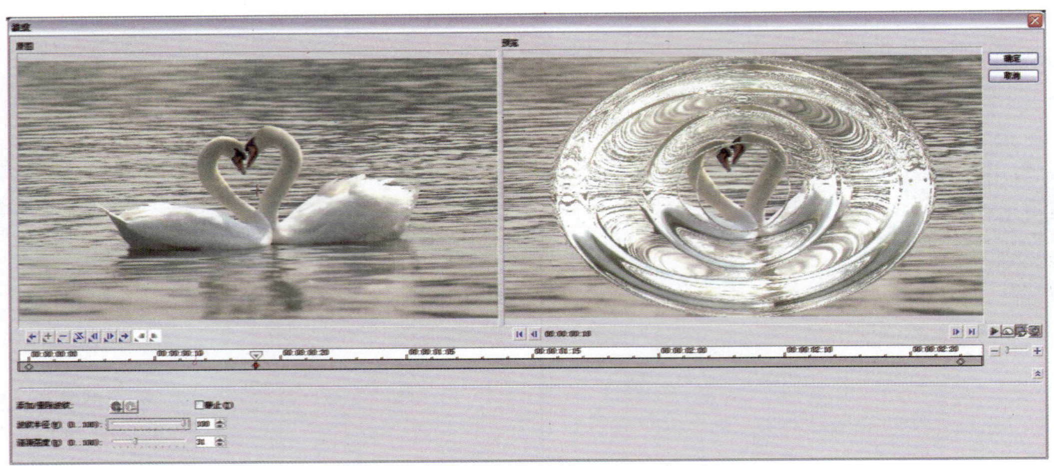

图 6-33 【波纹】滤镜的对话框

- 原图：拖动预览窗口中的十字标记，可以调整波纹在画面中的位置。
- 添加 / 删除波纹：单击按钮，可以在画面上添加新的波纹；在预览窗口中选中一个波纹，单击按钮，则可以将它删除。
- 静止：选中该选项，波纹的位置将被静止，不能拖动【原图】窗口中的十字标记调整位置。
- 波纹半径：调整波纹影响范围的大小，数值越大影响范围越大。
- 涟漪强度：调整波纹的起伏程度，数值越大起伏程度越大。

### 6.2.9 彩色笔

【彩色笔】滤镜用于模拟彩色铅笔绘制的画面效果，滤镜的对话框如图 6-34 所示。

图 6-34 【彩色笔】滤镜的对话框

- 程度：控制【彩色笔】效果在画面上应用的明显程度，数值越大效果越明显。

### 6.2.10 抵消摇动

用于校正或稳定由于摄像机摇动所拍摄的视频，对话框如图 6-35 所示。

图 6-35 【抵消摇动】对话框

- 程度：用于控制抵消摇动的程度，数值越大效果越明显。
- 增大尺寸：向右拖动滑块，可以按百分比增大画面尺寸，最大数值为 20%。

### 6.2.11 动态模糊

【动感模糊】是会声会影 X4 新增的滤镜，使画面产生动态模糊的效果，对话框如图 6-36 所示。

图 6-36 【动态模糊】滤镜对话框

- 光源：用于调整动态模糊的方式，包括【相机】、【自然】和【对象】3 个选项。【相机】用于模拟相机抖动导致整个画面模糊的效果；【自然】则能够适当保持主体的清晰；【对象】则用于模拟主体运动的效果。
- 长度：调整动态模糊的程度，向右拖动滑块，拖尾效果更加明显。
- 角度：调整动态模糊的角度，调整范围从 −180° ～ 180° 。

### 6.2.12 发散光晕

在画面上应用发散光晕，模拟出在摄像机镜头上加装柔光镜的拍摄效果。【发散光晕】滤镜的对话框如图6-37所示。

图6-37 【发散光晕】滤镜的对话框

- 阈值：定义应用光晕效果的区域。数值越小，应用光晕的区域越大。
- 光晕角度：设置光晕效果的强度。数值越大，像素越亮。
- 变化：设置添加到光晕中的杂点差异度，增大数值会显示出更多的杂点。

### 6.2.13 翻转

用于翻转影片中的画面，对话框如图6-38所示。

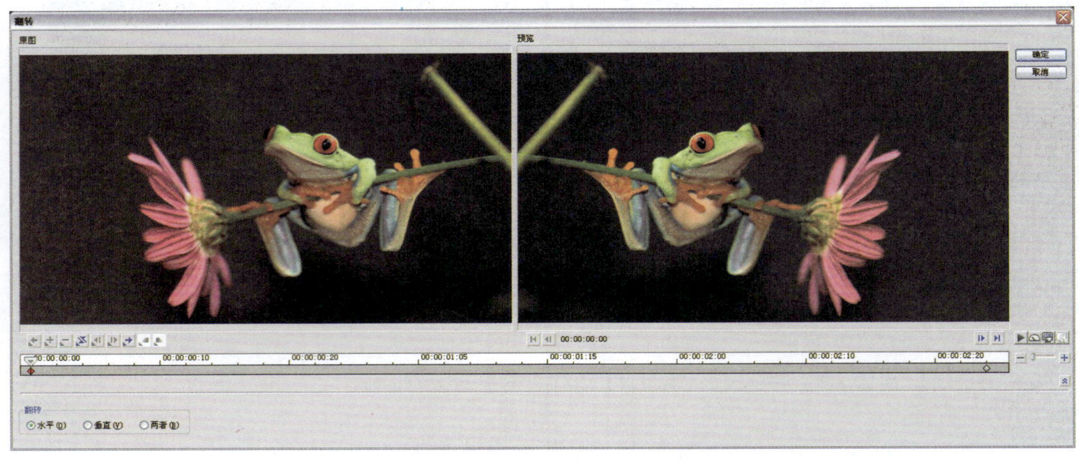


图6-38 【翻转】滤镜的对话框

- 水平：选中该选项，画面水平方向翻转。
- 垂直：选中该选项，画面垂直方向翻转。
- 两者：选中该选项，画面水平方向和垂直方向同时翻转。

### 6.2.14 反转

用于将图像反转，进行颜色互补处理，相当于正片与负片的反转效果。将图像反相时，通道中每个像素的亮度值会被转换为相应颜色刻度上相反的值。【反转】滤镜没有可调整的参数，应用效果对比如图 6-39 所示。

图 6–39 【反转】滤镜应用效果对比

### 6.2.15 浮雕

【浮雕】滤镜将画面的颜色转换为覆盖色，并用原填充色勾画边缘，使选区显得突出或下陷的浮雕效果。【浮雕】滤镜的对话框如图 6-40 所示。

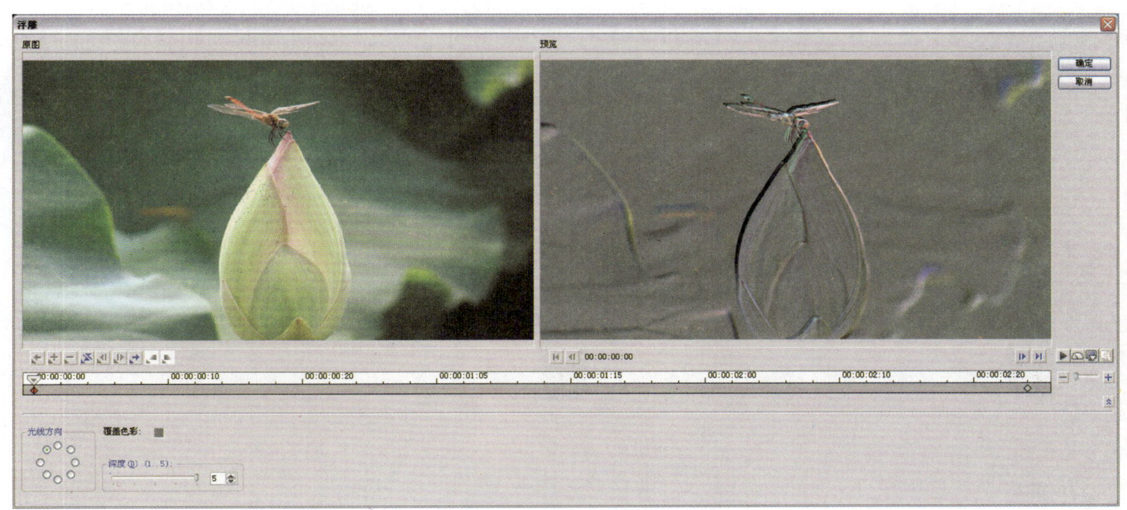


图 6–40 【浮雕】滤镜的对话框

- 光线方向：选择画面上阴影的方向，以及图像的突起和下凹部分。光线来源位于图像上方，较暗的区域显示为突起效果；光线来源位于图像下方，则较暗的区域显示下凹效果。
- 覆盖色彩：在色彩方框上单击鼠标，从弹出的对话框中可以为画面选择一种新色彩。
- 深度：设置浮雕效果的强烈程度。设置的值越高，浮雕效果越强烈。

### 6.2.16 改善光线

用于改进视频的曝光程度，最适合于校正光线较差的视频。【改善光线】滤镜的对话框如图 6-41 所示。

图 6-41 【改善光线】滤镜的对话框

- ❑ 自动：选中该选项，程序自动对画面的明暗平衡进行调整。
- ❑ 填充闪光：向左拖动滑块，画面整体变暗；向右拖动滑块，画面整体变亮。
- ❑ 改善阴影：向左拖动滑块，将加亮暗部区域；向右拖动滑块，将降低高光区域的亮度。

### 6.2.17 高级降噪

【高级降噪】是会声会影 X4 新增的滤镜，可以减少弱光环境拍摄时画面上出现的噪点，【高级降噪】滤镜的对话框如图 6-42 所示。

图 6-42 【高级降噪】的滤镜对话框

- ❑ 程度：控制降噪的明显程度，向右拖动滑块，降噪的效果更加明显。

### 6.2.18 光芒

在视频画面上添加旋转移动的光芒效果，滤镜的对话框如图 6-43 所示。在对话框中，拖动

【原图】窗口中的十字标记，调整光芒在画面中的初始位置。

图 6-43 【光芒】滤镜的对话框

- 光芒：输入数值，设置光芒的边数。
- 角度：输入数值，设置光芒在初始位置的旋转角度。
- 半径：拖动三角滑块调整光晕的半径。
- 长度：拖动三角滑块调整光线的长度。
- 宽度：拖动三角滑块调整光线的宽度。
- 阻光度：控制光芒的透明度。
- 静止：选中该选项，光芒将在静止位置旋转和变换，而不在画面上移动。

## 6.2.19 光线

【光线】滤镜用于在画面上添加光照效果，滤镜的对话框如图 6-44 所示。

图 6-44 【光线】滤镜的对话框

- ❑ 添加 / 删除光线：单击按钮，在画面上添加新的光源；在预览窗口中选中一个光源，单击按钮，将它删除。
- ❑ 光线色彩：单击色彩方框，在弹出的对话框中可以定义光线的中央色彩。
- ❑ 外部色彩：单击色彩方框，在弹出的对话框中可以定义光源周围的色彩。
- ❑ 距离：设置光源与照射对象之间的距离，距离越短光线越强。
- ❑ 曝光：通过设置曝光时间调整光线的亮度，时间越长光线越亮。
- ❑ 高度：通过改变光源角度调整照明的范围。
- ❑ 倾斜：设置光源的照射方向。
- ❑ 发散：设置光线的发散范围。

### 6.2.20 画中画

【画中画】滤镜为影片提供了一系列变化丰富的画中画效果，其中包括全面的三维几何、边框、阴影以及反射功能，滤镜对话框如图 6-45 所示。

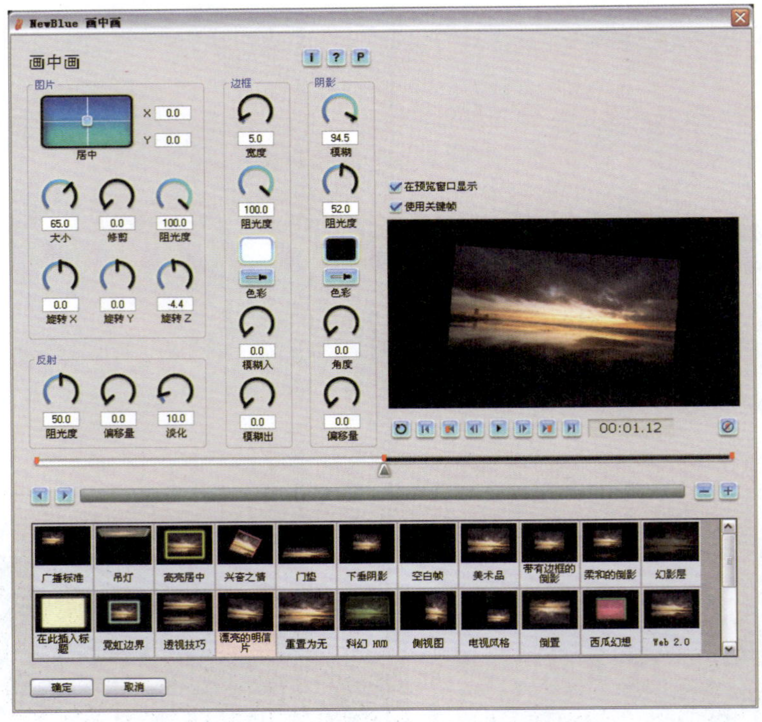


图 6-45 【画中画】滤镜的对话框

【图片】组中的参数用于设置嵌入的图片的几何效果。

- ❑ 居中：设置画面的位置。
- ❑ 大小：设置画面的大小，设置范围从 1 像素到完整画面的大小。
- ❑ 修剪：按比例放大画面以移除源图像中的任何边框。
- ❑ 阻光度：确定画面与背景的混合度。
- ❑ 旋转 X、旋转 Y、旋转 Z：拖动滑块可以分别绕水平轴、垂直轴以及垂直于屏幕表面的轴旋转画面。

【边框】组用于设置画面边框的绘图效果。

- 宽度：设置边框的宽度，其中不包括可扩展至边框之外的“模糊入”和“模糊出”。
- 阻光度：设置边框的可见程度。
- 色彩：设置边框的颜色。
- 模糊入：使边框逐渐向内模糊直至融入画面。
- 模糊出：使边框逐渐向外模糊直至覆盖整个背景。

【阴影】组用于设置画面在下方的投影的渲染情况。注意：阴影包括画面及其边框两者在内。

- 模糊：设置投影的模糊度。如果边框本身被模糊化，则阴影会从模糊的边框轮廓开始，进一步模糊化。
- 阻光度：设置阴影的可见程度。
- 色彩：设置阴影的颜色。
- 角度：设置阴影的方向。
- 偏移量：设置阴影的距离。

【反射】组用于设置显示于画面下方的反射画面。反射只包括边框，不涉及投影。

- 阻光度：设置反射画面的可见程度。
- 偏移量：拖动滑块可以将反射画面向下移动。
- 淡化：使反射画面淡化，这样顶部的画面色彩最强，看上去更为真实。

### 6.2.21 幻影动作

用于模拟在慢速、长时间曝光状态下拍摄画面所形成的幻影效果，【幻影动作】滤镜的对话框如图 6-46 所示。

图 6-46 【幻影动作】滤镜的对话框

- 混合模式：指定幻影移动后的图像与原图的叠加方式。
- 步骤边框：调整由于幻影而产生的边框的重复数量，数值越大重复数量越多。
- 步骤偏移量：调整幻影边框的偏移程度，数值越大偏移程度越明显。
- 时间流逝：设置幻影边框随时间推移的变化情况。
- 缩放：设置画面的缩放变化效果。100 为原始尺寸的标准值。输入小于 100 的数值画面收缩显示；输入大于 100 的数值画面放大显示。

- 透明度：调整幻影画面与原始画面的透明叠加程度。增大数值，将透出更多的幻影画面。
- 柔和：向右拖动滑块，将在幻影画面上应用模糊效果，使幻影边缘变得柔和。
- 变化：调整幻影的随机变化程度，数值越大幻影变得越不规则。

### 6.2.22 活动摄影机

【活动摄影机】滤镜模拟用老式手摇摄影机拍摄的电影中的颤动、闪烁电影效果，或在已磨损的老式放映机上显示的电影效果，滤镜效果及对话框如图 6-47、图 6-48 所示。

图 6–47 【活动摄影机】滤镜效果对比

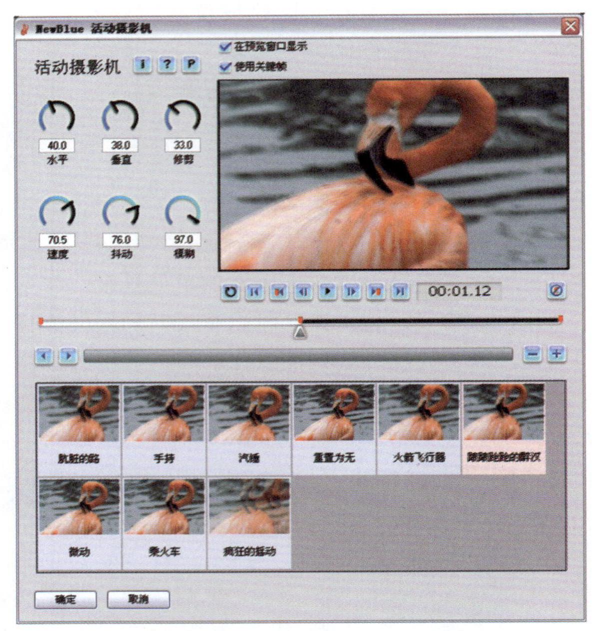


图 6–48 【活动摄影机】滤镜对话框

- 水平：转动滑块或者输入数值，可以调整水平方向随机抖动的最大幅度。向左转动滑块可减缓抖动，向右转动滑块则加剧抖动。
- 垂直：转动滑块或者输入数值，可以调整垂直方向随机抖动的最大幅度。向左转动滑块可减缓抖动，向右转动滑块则加剧抖动。
- 修剪：转动滑块可以放大画面，避免因摄影机运动而导致画面边缘被裁掉。
- 速度：设置摄影机从一个位置移动到另一个位置的速度。
- 抖动：设置摄影机从一个位置移动到另一个位置时随机抖动的速度和强度。
- 模糊：将画面的拖尾痕迹与原始影片融合在一起，突出动作效果。向右拖动可提高动作画面与原画面的混合程度。向左拖动则降低该混合程度。
- 预设列表：包括肮脏的路、手持、乘火车等多种场景模式，单击略图，可以将相应的效果应用到影片中。

预览窗口下方还有一个关键帧控制器，如图 6-49 所示。使用它可以为影片中的不同关键帧指定滤镜效果。

图 6–49 关键帧控制器

时间线上的红色标记来标记表示各关键帧。如果要在特定的位置插入一个新的关键帧，可以将滑块移动到该时间点，然后调整各项参数，程序自动在当前位置添加新的关键帧。

时间线上方的功能按钮的作用如下：

- ：循环播放。按下按钮，影片将循环播放。
- / ：转到起始 / 结束位置。单击按钮可以将滑块移动到素材的起始 / 结束位置。
- / ：上一个 / 下一个关键帧。单击按钮可以将滑块移动到上一个关键帧或者下一个关键帧。
- / ：上一帧 / 下一帧。单击按钮可以将滑块向前或者向后移动一帧。
- / ：播放 / 停止控制播放。播放或者停止播放影片。
- 00:01.12 ：时间码。显示当前播放的位置。
- ：删除关键帧。单击按钮可以删除当前位置的关键帧标记。

## 6.2.23 降噪

【降噪】滤镜通过检查画面中的边缘区域（有明显颜色改变的区域），模糊除边缘外的部分去掉杂色，同时保留原来图像的细节。【降噪】滤镜对画面的改变比较细微，滤镜对话框如图 6-50 所示。

图 6–50 【降噪】滤镜对话框

- 程度：调整减少杂色的程度，数值越大降噪程度越强。
- 锐化：选中该选项，拖动滑块调整参数，尽量使画面变得清晰。
- 来源图像阻光度：控制来源图像被去除杂色影响后的出现程度。

## 6.2.24 镜头闪光

【镜头闪光】滤镜可以在图像上添加一个发亮的闪光。该效果非常类似于注视太阳时看到的闪光。在【基本】选项卡中可以设置效果的整体外观，用关键帧控件可以生成动态的效果。滤镜的对话框如图 6-51 所示。

- 原图：拖动【原图】窗口中的十字标记，可以调整镜头闪光的中心位置。
- 镜头类型：单击右侧的三角按钮，从下拉列表中选择不同的镜头类型。每个镜头的类型产生不同的闪光合成。

图 6-51 【镜头闪光】滤镜的对话框

- 光线色彩：单击色彩框改变光线的颜色。
- 亮度：调整整体效果的亮度。
- 大小：调整闪光的大小。
- 额外强度：调整周围光线的强度。默认情况下，输入较高的数值或者向右拖动滑块，周围的光晕效果变得更加明显，可以更好地突出效果。
- 静止：选中该选项，画面中保持固定的光源位置，只有光线的强度、色彩会发生变化。

### 6.2.25 镜像

【镜像】滤镜可以将画面分割、重复，在同一画面上显示多个副本，出现类似微风轻拂水面的水中倒影效果，滤镜的对话框如图 6-52 所示。

图 6-52 【镜像】滤镜的对话框

- 方向：指定在【水平】或者【垂直】方向，应用镜像效果。
- 镜像大小：拖动滑块设置镜像画面的大小，数值越大，镜像画面越大。

### 6.2.26 老电影

【老电影】滤镜可以创建色彩单一，播放时会出现抖动、刮痕，光线变化也忽明忽暗的画面效果。滤镜的对话框如图 6-53 所示。

图 6-53 【老电影】滤镜的对话框

- 斑点：设置在画面上出现的斑点的明显程度，数值越大斑点越多越明显。
- 刮痕：设置在画面上出现的刮痕的数量，数值越大刮痕越多。
- 震动：设置画面的晃动程度，数值越大画面抖动越厉害。
- 光线变化：设置画面上光线的明暗变化程度，数值越大明暗变化越明显。
- 替换色彩：单击色彩方框，在弹出的对话框中指定需要使用的单色色彩。

### 6.2.27 涟漪

用于在画面上添加波纹，仿佛是通过水面来查看画面的效果，滤镜的对话框如图 6-54 所示。

图 6-54 【涟漪】滤镜的对话框

- 方向：选择【从中央】选项使波纹从图像的中央开始，并按圆形的图样向外荡漾；选择【从边缘】选项，使波纹像是波浪在图像上涌动。
- 频率：设置的值越高，波纹的圈数就越多。
- 程度：设置的值越高，波浪就越大。

### 6.2.28 亮度和对比度

【亮度和对比度】滤镜允许通过手工调整自定义视频的亮度和对比度。【亮度和对比度】的滤镜对话框如图 6-55 所示。

图 6-55 【亮度和对比度】滤镜的对话框

- 通道：单击右侧的三角按钮，从下拉列表中可以选择主要、红色、绿色或者蓝色通道。选择【主要】针对全图进行调整，选择红色、绿色或者蓝色，针对单独的红色、绿色或者蓝色通道进行调整。
- 亮度：调整图像的明暗程度。向左拖动滑块画面变暗，向右拖动滑块画面变亮。
- 对比度：调整图像的明暗对比。向左拖动滑块对比度减小，向右拖动滑块对比度增强。
- Gamma：调整图像的明暗平衡。

### 6.2.29 漫画

【漫画】滤镜用于使画面呈现出漫画风格的效果，滤镜的对话框如图 6-56 所示。

图 6-56 【漫画】滤镜的对话框

- ❑ 样式：选择重绘画面的样式。【平滑】使画面中色彩平滑过渡，【平坦】可在画面上看见明显的色块分布。
- ❑ 粗糙度：调整画面的简化程度，数值越大，简化效果越明显。
- ❑ 笔划设置：选中该选项，将进一步设置和应用边缘绘制的笔划属性。
- ❑ 宽度：设置笔划绘制的宽度。
- ❑ 数量：设置绘制的笔触多少。
- ❑ 色彩：设置绘制边缘的画笔颜色。

### 6.2.30 模糊

【模糊】滤镜通过对画面边缘的相邻像素进行平均化，产生平滑的过渡效果，从而使图像更加柔和。【模糊】滤镜的模糊程度较【平均】滤镜弱，滤镜对话框如图 6-57 所示。

图 6-57 【模糊】滤镜的对话框

- ❑ 程度：设置画面的模糊程度。数字越大，模糊效果越明显。

### 6.2.31 喷枪

【喷枪】滤镜模拟喷枪绘画的画面效果，滤镜效果及对话框如图 6-58、图 6-59 所示。其中的关键帧控制器和预设列表与【活动摄影机】滤镜相同，这里不再详细介绍。

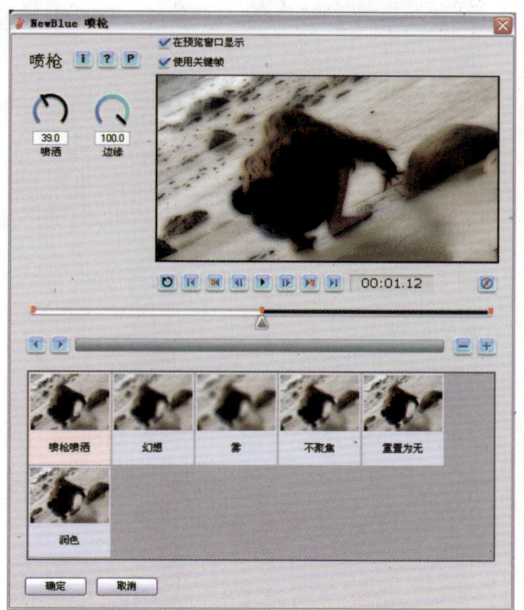


图 6-58 【喷枪】滤镜对话框

图 6-59 【喷枪】滤镜效果对比

- 喷洒：设置喷枪喷嘴的宽度。向右拖动可增大喷洒量，使色彩在更大区域内混合。向左拖动可减小喷洒量，各种色彩细节显示得更为明显。
- 边缘：设置明显不同的色彩之间界限的清晰度。此操作模拟喷枪技术向剪切块喷洒色彩，以此创建清晰边缘。

## 6.2.32 频闪动作

模拟在频闪光线下视频画面出现的幻影效果，滤镜的对话框如图 6-60 所示。

图 6-60 【频闪动作】滤镜的对话框

- 步骤边框：调整由于幻影而产生的边框的重复数量，数值越大重复数量越多。
- 步骤偏移量：调整幻影边框的偏移程度，数值越大偏移程度越明显。
- 缩放：设置画面的缩放变化效果。100 为原始尺寸的标准值。输入小于 100 的数值画面收缩显示；输入大于 100 的数值画面放大显示。
- 透明度：调整幻影画面与原始画面的透明叠加程度。增大数值将透出更多的幻影画面。
- 重测时间：设置频闪的重测时间间隔，从而使指定区间的画面重复。

## 6.2.33 平均

【平均】是一个模糊滤镜，它可以查找图像或选定范围中的平均色，并将其填充到当前图像中。【平均】滤镜的对话框如图 6-61 所示。

图 6-61 【平均】滤镜的对话框

- ❑ 方格大小：设置查找平均色的范围，数值越大，画面的模糊程度越明显。

## 6.2.34 气泡

用于在视频中添加动态的气泡效果，滤镜对话框如图 6-62 所示。

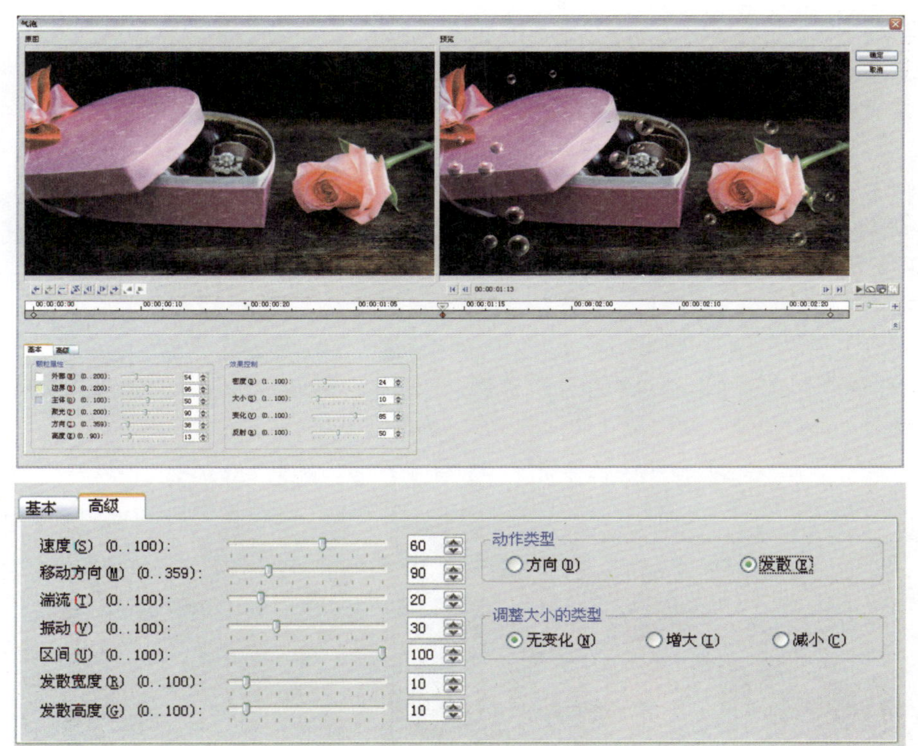


图 6-62 【气泡】滤镜的对话框

### 1. 颗粒属性

- ❑ 颜色方框：右侧的三个颜色方框用于设置气泡高光、主体以及暗部的颜色。
- ❑ 外部：控制外部光线。

- ❑ 边界：设置边缘或边框的色彩。
- ❑ 主体：设置内部或主体的色彩。
- ❑ 聚光：设置聚光的强度。
- ❑ 方向：设置光线照射的角度。
- ❑ 高度：调整光源相对于 Z 轴的高度。

### 2. 效果控制

- ❑ 密度：控制气泡的数量。
- ❑ 大小：设置最大的气泡的尺寸上限。
- ❑ 变化：控制气泡大小的变化。
- ❑ 反射：调整强光在气泡表面的反射方式。

### 3. 动作类型

- ❑ 方向：选中该选项，气泡随机地运动。
- ❑ 发散：选中该选项，气泡从中央区域向外发散运动。

### 4. 其他参数

- ❑ 速度：控制气泡的加速度。
- ❑ 移动方向：指定气泡的移动角度。
- ❑ 湍流：控制气泡从移动方向上偏离的变化程度。
- ❑ 振动：控制气泡摇摆运动的强度。

以下参数在【动作类型】中选中【发散】选项，才处于可调整状态。

- ❑ 区间：为每个气泡指定动画周期。
- ❑ 发散宽度：控制气泡发散的区域宽度。
- ❑ 发散高度：控制气泡发散的区域高度。
- ❑ 调整大小类型：用于指定发散时，气泡大小的变化。

## 6.2.35 去除马赛克

【去除马赛克】滤镜可以通过调整压缩比例，让画面呈现较“柔和”的状态。如果故意将压缩率调到最高，则会使整个画面呈现油画的感觉，如图 6-63 所示。

图 6–63 【去除马赛克】滤镜对话框

- 压缩比例：调整画面压缩的程度，增大数值使画面变得柔和。
- 修复程度：设置去除马赛克的程度，数值越大画面越柔和。

### 6.2.36 去除雪花

在光线较暗的环境下拍摄影片，画面上会出现明显的杂点，【去除雪花】滤镜可改善并减少动态杂点，去除锯齿噪声使画面呈现出细腻的影像，如图 6-64 示。

图 6–64 【去除雪花】滤镜对话框

- 程度：调整减少雪花的程度，数值越大去除雪花的效果越明显。
- 遮罩大小：设置对于雪花的识别程度，数值越大，越多的杂点被识别为雪花并在画面上消除。

### 6.2.37 锐化

【锐化】使画面细节变得更为清晰，滤镜的对话框如图 6-65 所示。

图 6–65 【锐化】滤镜的对话框

- 程度：数值越大，锐化的效果越明显。

### 6.2.38 色彩偏移

色彩偏移是一种独特的视觉效果。在正常状态画面效果是红色、绿色、蓝色的信息重叠在一起，最终合成画面。色彩偏移则是某一种颜色发生错位，而没有使它们红色、绿色、蓝色重叠在一起而产生的效果。【色彩偏移】滤镜的对话框如图 6-66 所示。

图 6-66 【色彩偏移】滤镜的对话框

在对话框中，左侧红色、绿色、蓝色的圆点分别对应画面中的红、绿、蓝，在 X、Y 中输入数值，调整对应的色彩的偏移量。选中【环绕】选项，使画面中偏移出的色彩延伸并填充到另外一侧未定义的空白区域。

### 6.2.39 色彩平衡

【色彩平衡】滤镜可改变图像中颜色混合的情况。在调整过程中，使用如图 6-67 所示的色轮来预测一个颜色成分的更改如何影响其他颜色。例如，在画面中增加一种颜色的数量，色轮中相反颜色的数量将减少。

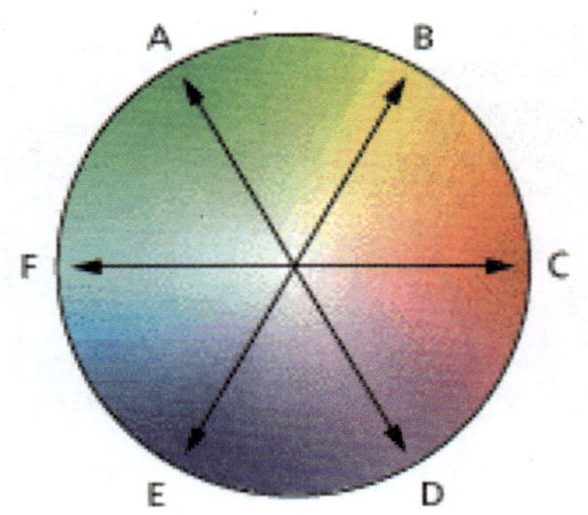


A. 绿 B. 黄 C. 红 D. 洋红 E. 蓝 F. 青

图 6-67 色轮中的颜色分布

【色彩平衡】滤镜的对话框如图 6-68 所示。

图 6-68 【色彩平衡】滤镜的对话框

在对话框中向右拖动红、绿、蓝下方的滑块分别增强图像中的红色、绿色和蓝色；向左拖动滑块，分别增强图像中的青色、洋红和黄色。

### 6.2.40 色调和饱和度

用于调整画面的颜色以及色彩饱和度，滤镜的对话框如图 6-69 所示。

图 6-69 【色调和饱和度】滤镜的对话框

- 色调：按色轮改变画面中每个像素的色调值。例如，指定的值为 180 时，黄色的像素将成为蓝色。
- 饱和度：将色彩添加到图像或从图像中删除色彩。全面地减少图像的饱和度，可以将图像变为灰度；全面地增加图像的饱和度，则图像的色彩将异常地丰富。

### 6.2.41 闪电

用于在相片中添加闪电照射的效果，滤镜的对话框如图 6-70 所示。

图 6-70 【闪电】滤镜的对话框

**【基本】选项卡**

- 原图：拖动【原图】窗口中的十字标记，可以调整闪电的中心位置和方向。
- 光晕：设置闪电发散出的光晕大小。
- 频率：设置闪电旋转扭曲的次数。较高的值产生更多的分叉。
- 外部光线：设置闪电对周围环境的照亮程度，数值越大，环境光越强。
- 随机闪电：选中该选项，将随机地生成动态的闪电效果。
- 区间：以【帧】为单位设置闪电的出现频率。
- 间隔：以【秒】为单位设置闪电的出现频率。

**【高级】选项卡**

- 闪电色彩：单击色彩方框，在弹出的对话框中设置闪电的颜色（默认色彩是白色）。
- 因子：拖动滑块随机改变闪电的方向。
- 幅度：调整闪电振幅，从而设置分支移动的范围。
- 亮度：向右拖动滑块可以增强闪电的亮度。
- 阻光度：设置闪电混合到图像上的方式。较低的值使闪电更透明。
- 长度：设置闪电中分支的大小。选取较高的值可以增加其尺寸。

### 6.2.42　视频摇动和缩放

模拟在拍摄时镜头的拉伸和摇动的效果，增强画面的动感。滤镜的对话框如图 6-71 所示。

图 6–71 【视频摇动和缩放】滤镜的对话框

- 原图：拖动选取框的控制点，控制画面的缩放率，放大主题；移动选取框可设置需要缩放的画面位置。
- 网格线：选中该选项，将在原图画面显示网格线，以便于对画面缩放精确定位。
- 网格大小：拖动滑块可以调整显示的网格尺寸。
- 靠近网格：选中该选项，将使选取框贴齐网格。
- 无摇动：要放大或缩小静止区域而不摇动图像，请选中该选项。
- 停靠：单击相应的按钮，以静止的位置移动图像窗口中的选取框。
- 缩放率：调整画面的缩放比率，与拖动选取框的控制点的作用相同。
- 透明度：如果要应用淡入或淡出效果，需增加【透明度】中的数值。这样，图像将淡化到背景色。
- 背景色：单击色彩框，可以选择背景色。

### 6.2.43 双色调

【双色调】相当于用不同的颜色来表示画面的灰度级别，其深浅由颜色的浓淡来实现。运用这种方式，得到特别的艺术化颜色效果。【双色调】滤镜的对话框如图 6-72 所示。

- 启用双色调的色彩范围：选中该选项，将把双色调效果应用到画面中，否则，将为画面去色，应用黑白效果。
- 色彩方框：定义双色调所使用的颜色及密度。
- 保留原始色彩：向右拖动滑块，在画面中应用双色调的同时，更多地保留原始画面中的色彩，形成原始色彩与双色调混合的效果。
- 红色 / 橙色滤镜：模拟红色 / 橙色滤光镜加装在镜头前的效果，向右拖动滑块，滤镜效果更加明显。

图 6-72 【双色调】滤镜的对话框

### 6.2.44 水彩

会声会影 X4 提供了两种类型的【水彩】滤镜，使画面呈现出类似于水彩画的效果，第一种滤镜的对话框以及应用前后的效果对比如图 6-73 所示。

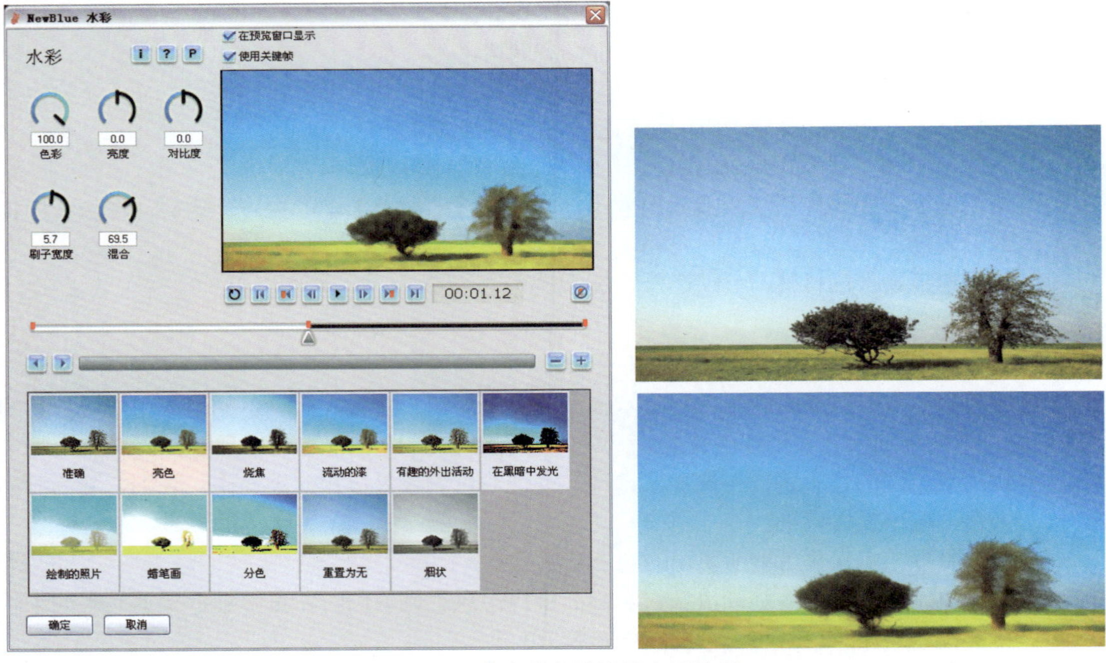


图 6-73 【水彩】滤镜及应用效果

- ❑ 色彩：调节画面的色彩浓度或饱和度。向左旋转滑块可减弱色彩；向右旋转滑块可增强色彩。
- ❑ 亮度：设置画面的整体亮度。向左旋转滑块画面变暗；向右旋转滑块画面变亮。

- 对比度：设置画面的对比度。向左旋转滑块对比度减弱，向右旋转滑块对比度增强。
- 刷子宽度：设置绘制图像的笔触大小，数值越小画面越精细。
- 混合：设置原始画面与绘制后的画面的混合程度。向左旋转滑块可以更多地保持画面的原貌，向右旋转滑块则更多地表现出水彩画的效果。

会声会影 X4 提供的另一种【水彩】滤镜，同样可以丰富图像中的色彩，模仿水彩画的外观。滤镜的对话框如图 6-74 所示。

图 6-74 【水彩】滤镜的对话框

- 笔划：选择【小】则笔划较短；选择【大】则笔划较长。
- 湿度：设置的值越高，添加的笔划含水量越多。

## 6.2.45 水流

用于在画面上添加流水效果，使画面产生变形，好像通过流动的水面查看图像。滤镜的对话框如图 6-75 所示。

图 6-75 【水流】滤镜的对话框

- 程度：调整水流对画面的影响程度。数值越大，画面的扭曲变形越明显。

### 6.2.46 缩放动作

使图像产生显出由于镜头运动而产生的缩放效果。滤镜的对话框如图 6-76 所示。

图 6–76 【缩放动作】滤镜的对话框

- 模式：设置运动的方式。选中【相机】选项，模拟镜头运动的效果；选中【光线】选项，模拟自然光源运动的效果。
- 速度：设置动态效果的强烈程度。数值越大，效果越明显。

### 6.2.47 炭笔

【炭笔】滤镜可在画面中创建炭笔涂抹的效果。画面中主要的边缘用粗线重绘，中间色调用对角线条重绘。【炭笔】滤镜的对话框如图 6-77 所示。

图 6–77 【炭笔】滤镜的对话框

- 平衡：调节绘制区域与原始画面之间的明暗平衡。
- 笔划长度：调节碳笔的程度，从而调节绘制的画面的细致程度。
- 程度：调节炭笔绘制对画面的影响程度。

### 6.2.48 万花筒

【万花筒】滤镜用于模拟通过万花筒看图像的拼贴效果，滤镜的对话框如图 6-78 所示。

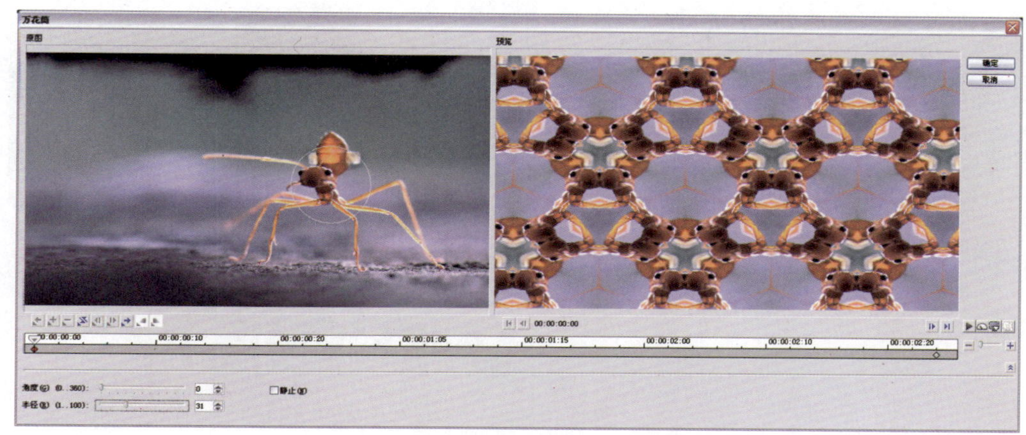

图 6-78 【万花筒】滤镜的对话框

- 原图：拖动预览窗口中的控制点，可以调整图像中的反射位置。
- 角度：设置反射图形的角度。
- 半径：设置反射图形的取样半径。
- 静止：选中该选项，反射区域将被静止，不能拖动【原图】窗口中的控制点调整位置。

### 6.2.49 微风

用于产生画面被风吹动的感觉。滤镜的对话框如图 6-79 所示。

图 6-79 【微风】滤镜的对话框

- 方向：选择风吹的方向。
- 模式：选择风的类型。【强烈】产生的感觉是从微风到强风；而【狂风】则是飓风大作的感觉。
- 程度：设置的值越高，产生的风吹效果就越强烈。

### 6.2.50 细节增强

【细节增强】滤镜可以强化画面中的线条和边缘，从而突显沉闷或模糊场景中的细节，生成更加清晰的图片。【细节增强】滤镜的对话框如图 6-80 所示。

- ❑ 强度：转动滑块可以调节细节增强的程度，直到获得满意的细节增强效果。向右转动滑块调整的细节更精细；向左转动滑块旋转可粗调强度。

图 6-80 【细节增强】滤镜对话框

### 6.2.51 肖像画

用于在画面上添加柔和的边缘效果，从而更加突出主体。滤镜的对话框如图 6-81 所示。

图 6-81 【肖像画】滤镜的对话框

- ❑ 镂空罩色彩：单击色彩方框，在弹出的对话框中可以设置主体边缘被透空后的填充色彩。
- ❑ 形状：单击三角按钮，从下拉列表中可以选择椭圆、正方形以及矩形等不同的形状。
- ❑ 柔和度：设置边缘的柔化程度，数值越高柔化效果越明显。

### 6.2.52 星形

【星形】滤镜用于在画面上添加动态的星光效果，滤镜的对话框如图 6-82 所示。

图 6-82 【星形】滤镜的对话框

- 添加 / 删除星形：单击按钮，在画面上添加新的星形；在预览窗口中选中一个星形，单击按钮，将它删除。
- 星形色彩：单击色彩方框，在弹出的对话框中定义星形的中央色彩。
- 太阳大小：调整中央区域的大小和色彩。
- 光晕大小：调整外部光晕的大小和色彩。
- 星形大小：调整射线的大小和色彩。
- 星形宽度：调整射线的相对大小。
- 阻光度：调整整个星形的透明程度。此选项可以用于控制星形的亮度。

### 6.2.53 修剪

用于修剪视频画面，用指定的色彩遮挡局部区域。它的典型应用就是把 4 : 3 标准模式拍摄的影片，模拟出 16 : 9 的影片效果。【修剪】滤镜的对话框如图 6-83 所示。在对话框中，拖动【原图】窗口中的十字标记，可以调整修剪框的位置。其他各项参数设置如下。

图 6-83 【修剪】滤镜的对话框

- 宽度：以百分比设置修剪宽度。100% 为原始宽度表示不修剪。输入小于 100% 的数值，则按比例修剪画面。
- 高度：以百分比设置修剪高度。100% 为原始高度表示不修剪。输入小于 100% 的数值，则按比例修剪画面。想制作 16 : 9 的影片效果，将【高度】设置为 75% 即可。
- 填充色：选中该选项，以指定的色彩覆盖被修剪的区域。单击右侧的颜色方框，定义覆盖被修剪的区域的颜色。
- 静止：选中该选项，修剪区域将被静止，不能拖动【原图】窗口中的十字标记调整修剪框的位置。

### 6.2.54 修剪边界

【修剪边界】滤镜能够快速、轻松地修整影片的边缘，避免出现黑边等情况，滤镜对话框如图 6-84 所示。

- 水平修剪：拖动滑块调整画面左右两侧的修剪宽度。
- 垂直修剪：拖动滑块调整画面上下两侧的修剪宽度。
- 羽毛：将它与【修剪样式】中的【覆叠】或者【透明】结合运用，能够使修剪的画面边缘变得平滑流畅。

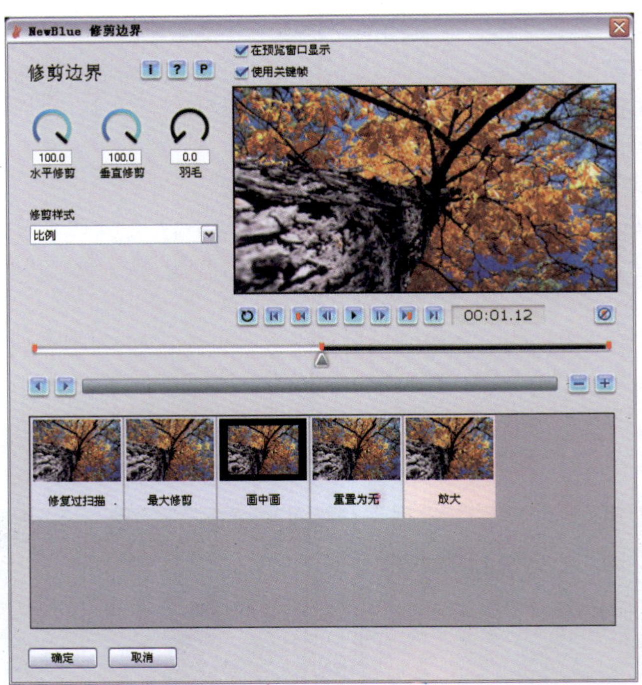


图 6-84 【修剪边界】滤镜的对话框

在【修剪样式】下拉菜单中选择以下的边缘处理方式：

- 比例：按比例伸展画面，使其覆盖整个边界。
- 覆叠：在修剪的画面下方放置一个伸展后的画面，这样边界内就会填充有相同的内容。
- 延伸：修剪画面的同时向外延伸，避免边界出现空白。
- 透明：修剪画面时保持边界透明，这样能够显示下方覆叠轨上的图像。

### 6.2.55 旋转

【旋转】滤镜可以使画面产生旋转变化，滤镜的对话框如图 6-85 所示。

图 6-85 【旋转】滤镜的对话框

- ❑ 角度：拖动滑块或者输入数值，调整画面的旋转角度。
- ❑ 背景色：单击色彩方框，在弹出的对话框中指定画面旋转后空白区域填充的背景色。
- ❑ 调到窗口大小：选中该选项，旋转后的画面将完整地在窗口中显示。

### 6.2.56 旋转草绘

【旋转草绘】滤镜用于将画面转换为手绘的效果，滤镜对话框如图 6-86 所示。

图 6-86 【旋转草绘】滤镜的对话框

- ❑ 精确度：拖动滑块可调整画面的精细程度，数值越大越精细。
- ❑ 宽度：拖动滑块调整绘制的笔触粗细程度，数值越大笔触越粗。
- ❑ 阴暗度：设置绘制的笔触轻重程度，数值越大线条的色彩越浓重。
- ❑ 色彩：单击色彩方框，在弹出的对话框中可以指定用于绘制的色彩。

### 6.2.57 油画

【油画】滤镜通过丰富图像的色彩来模拟油画的外观效果。滤镜的对话框如图 6-87 所示。

图 6–87 【油画】滤镜的对话框

- 笔划长度：设置笔划的细节，数值越高，笔划就越大。
- 程度：控制效果的阻光度。设置的程度越高，产生的效果越明显。

### 6.2.58 鱼眼

通过模拟使用鱼眼镜头拍摄的视频扭曲效果，使观众感觉通过一个玻璃球在观看画面。【鱼眼】滤镜对话框如图 6-88 所示。

图 6–88 【鱼眼】滤镜的对话框

- 光线方向：单击右侧的三角按钮，从下拉列表中可以指定光源照射图像的角度，包括【无】、【从中央】和【从边界】3 个选项。

### 6.2.59 雨点

用于在画面上添加雨丝的效果，滤镜的对话框如图 6-89 所示。

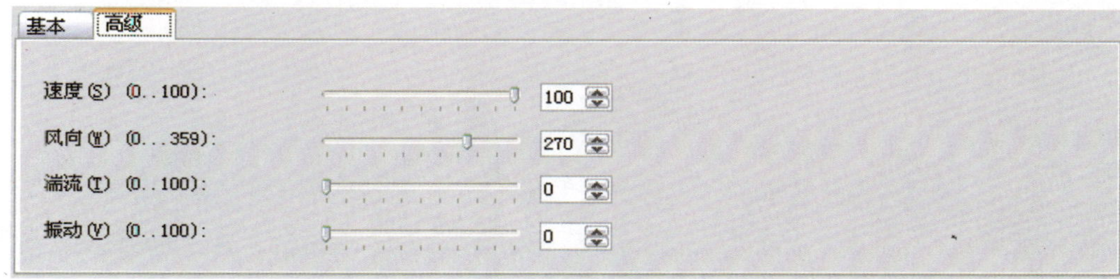


图 6-89 【雨点】滤镜的对话框

### 【基本】选项卡

#### 1. 效果控制

- ❑ 密度：调整雨滴的个数。
- ❑ 长度：设置雨丝的长度。
- ❑ 宽度：设置雨丝的宽度。
- ❑ 背景模糊：控制背景图像被雨滴模糊的程度。
- ❑ 变化：控制颗粒大小的变化。

#### 2. 颗粒属性

- ❑ 主体：确定雨滴的色彩以及打在图像上的重量。
- ❑ 阻光度：设置图像透过雨幕的可见度。

#### 3.【高级】选项卡

- ❑ 速度：控制雨滴的加速度。
- ❑ 风向：控制变化率，或使雨滴倾斜的风向。
- ❑ 湍流：控制雨滴从移动方向上偏离的变化程度。
- ❑ 振动：控制雨滴摇摆运动的强度。

### 6.2.60 云彩

用于在视频画面上添加流动的云彩效果，【云彩】滤镜对话框如图 6-90 所示。

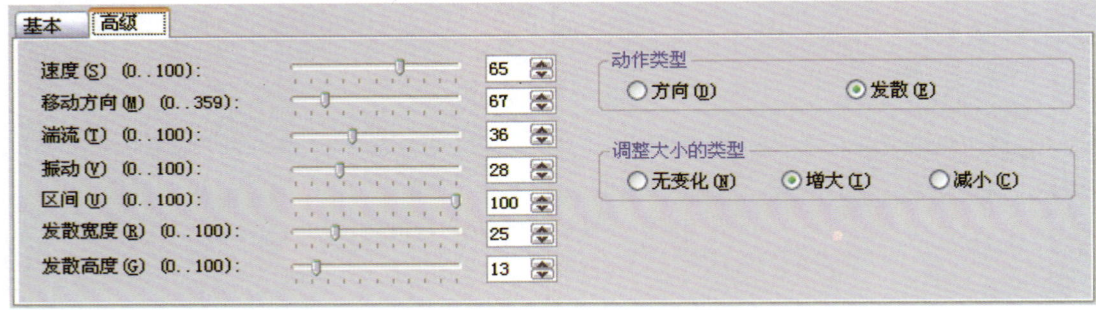


图 6-90 【云彩】滤镜的对话框

### 1. 效果控制

- 密度：确定云彩的数目。
- 大小：设置单个云彩大小的上限。
- 变化：控制云彩大小的变化。
- 反转：选中该选项，使云彩的透明和非透明区域反转。

### 2. 颗粒属性

- 阻光度：控制云彩的透明度。
- X 比例：控制水平方向的平滑程度。设置的值越低，图像显得越破碎。
- Y 比例：控制垂直方向的平滑程度。设置的值越低，图像显得越破碎。
- 频率：设置破碎云彩或颗粒的数目。设置的值越高，破碎云彩的数量就越多；设置的值越低，云彩就越大越平滑。

【高级】选项卡中的参数设置请参考【气泡】滤镜的相关参数。

## 6.2.61 自动草绘

【自动草绘】滤镜将影片立即转化为自然的素描绘画效果，效果非常出色。【自动草绘】滤镜的对话框及应用效果，如图 6-91 所示。

图 6-91 【自动草绘】滤镜的对话框及应用效果

- 精细度：调整绘制的笔触的精细程度，数值越大线条越精细，效果越接近于原始画面。
- 宽度：调整绘制的线条宽度，数值越大线条越粗。
- 阴暗度：调整画面的线条明暗比例，数值越大，暗色区域越多，阴影越浓重。
- 色彩：单击色彩方框，在弹出的对话框中可以选择使用的画笔色彩。

### 6.2.62 自动调配

与【自动曝光】滤镜类似，【自动调配】滤镜也可以对视频进行自动校正。【自动调配】滤镜除了对亮度对比度进行调整，对视频的色彩也会同时自动修正视频的色彩。自动调配也没有可调整的参数，应用前后的效果对比如图 6-92 所示。

图 6-92 自动调配应用效果对比

### 6.2.63 自动曝光

【自动曝光】滤镜可以自动分析并调整画面的亮度和对比度，改善视频的明暗对比。【自动曝光】没有可调整的参数，应用前后的效果对比如图 6-93 所示。

图 6–93　自动曝光应用效果对比

### 6.2.64　漩涡

用于使画面扭曲变形，产生漩涡般的效果，滤镜的对话框如图 6-94 所示。

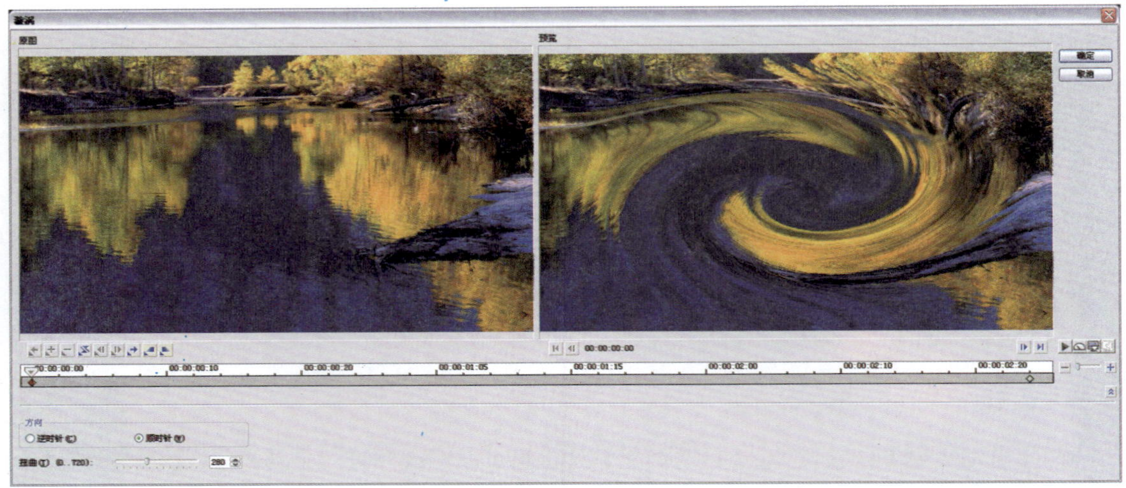

图 6–94 【漩涡】滤镜的对话框

- 方向：选择顺时针漩涡或逆时针旋涡。
- 扭曲：设置要使用的旋转量。设置的值越高，扭曲的程度也越高。

# 7

# 为影片添加转场效果

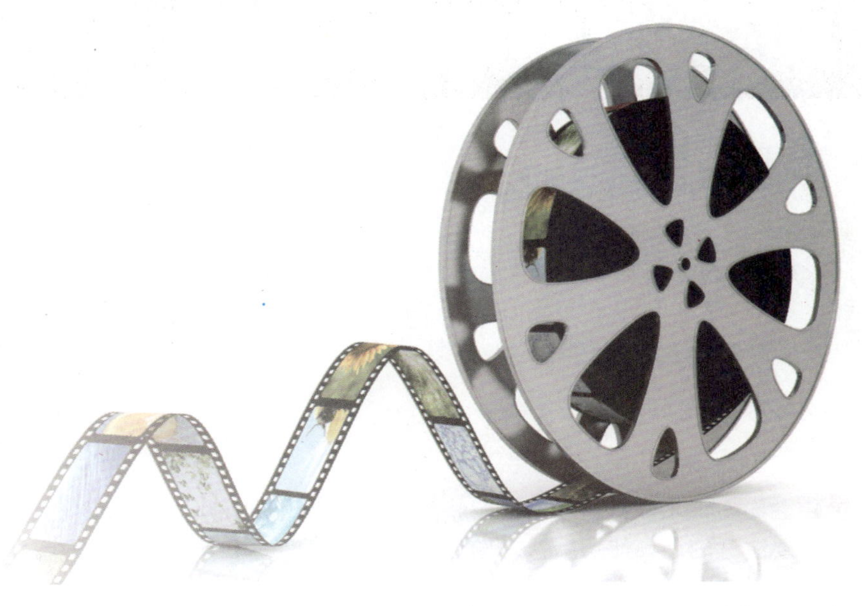

## 7.1 转场效果简介

在视频编辑中常常需要从一个视频场景切换到另外一个视频场景，最简单的连接方式就是直接跳转，也就是一段视频结束后直接切换到另一段视频。在会声会影中，可以使用多种转场效果实现视频素材之间的自然切换，比如常见的转帘式、百叶窗式、淡入淡出等都属于转场效果。使用会声会影还可以在选项面板上修改转场的属性，为影片添加专业化的效果。

会声会影提供了 16 大类一百多种转场效果，单击素材库左侧的按钮，在素材库下拉菜单中就可以看到所有的转场效果，如图 7-1 所示。使用这一百多种转场效果，基本能够满足您的要求。正是由于会声会影中丰富的转场样式与效果，我们可以在普通的计算机上将家庭或个人的影片制作出具有专业水准的生动外观。

图 7-1　会声会影提供的 16 大类效果

**提示　合理运用转场**

如果转场效果运用得当，可以增加影片的观赏性和流畅性，提高影片的艺术档次。但是如果运用不当，会使观众产生错觉，或者画蛇添足，大大降低影片的观赏价值。在影片制作过程中，即使只有很少的几种转场，善加利用也可以产生很棒的效果。

## 7.2 自动添加转场效果

会声会影提供了默认转场功能，将素材添加到项目中时，会自动在两段素材之间添加转场效果。需要注意的是，使用默认转场效果主要是帮助初学者快速方便地添加转场，想要灵活地手工控制转场添加工作，可取消选中【参数选择】对话框中的【使用默认转场效果】复选框，手工添加转场。自动添加转场效果的方法如下。

原始素材：chap07 \ 01 自动添加转场 \01.jpg~08.jpg
完成效果：chap07 \ 01 自动添加转场 \ 7_1end\7_1end.VSP

## 操作步骤

**01** 启动会声会影，选择【设置】/【参数选择】命令或者按快捷键 F6 打开【参数选择】对话框，如图 7-2 所示。

**02** 在对话框中选择【编辑】选项卡，并勾选【自动添加转场效果】复选框，如图 7-3 所示。

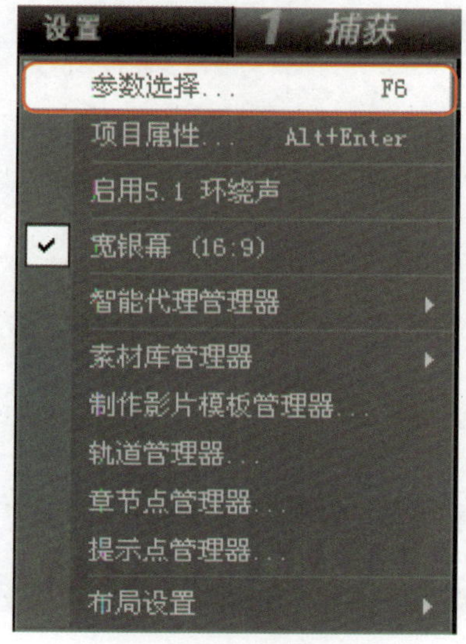

图 7-2 选择【参数选择】命令

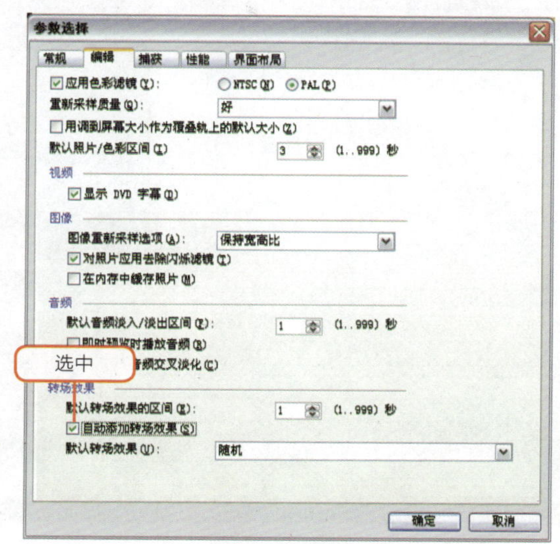


图 7-3 勾选【使用默认转场效果】复选框

**03** 单击【默认转场效果】右侧的三角按钮，从弹出菜单中选择转场效果，如图 7-4 所示。在列表中如果选择一种转场效果，所有素材之间将会统一添加所选择的转场。如果选择【随机】则会由系统随机选择转场并添加到素材之间。建议选择【随机】选项，使影片的效果更加丰富。

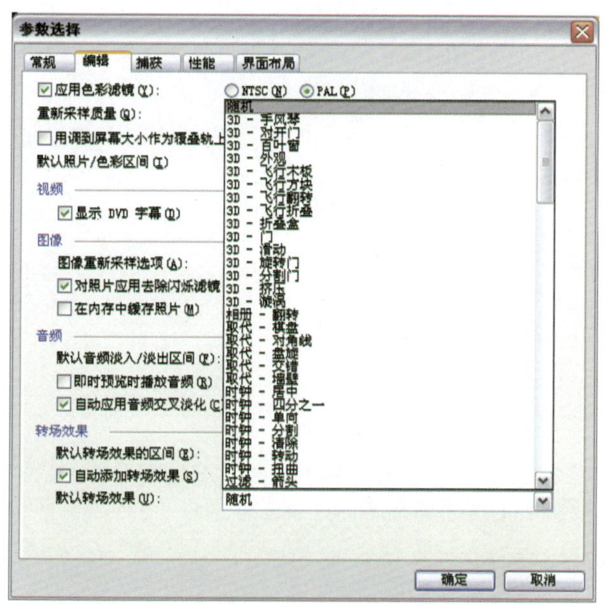


图 7-4 选择想要使用的预设转场效果

**04** 设置完成后，单击［确定］按钮。将配套光盘上的相片01.jpg~08.jpg拖动到故事板上，会声会影自动在素材之间添加转场效果，如图7-5所示。添加完成后，单击【播放项目】按钮［项目/素材］，查看影片中添加的转场效果。

图7-5　在素材之间自动添加转场效果

## 7.3 转场效果的基本应用

使用预定义的转场效果虽然非常方便，但是约束太多，不能够很好地控制效果，下面，介绍应用转场效果的方法。

### 7.3.1 添加转场效果

在项目中添加转场效果与添加视频素材相似，因此，也可以将转场当作一种特殊的视频素材。下面，介绍在项目中添加转场效果的方法。

原始素材：chap07 \ 02 添加转场效果 \ 7_2\7_2.VSP
完成效果：chap07 \ 02 添加转场效果 \ 7_2end\7_2end.VSP

**操作步骤**

**01** 启动会声会影，选择【设置】/【参数选择】命令或者按快捷键F6打开【参数选择】对话框。在【编辑】选项卡中取消选中【自动添加转场效果】复选框。

**02** 打开配套光盘上提供的项目文件7_2.VSP，如图7-6所示。也可以在视频轨上自行添加影片中所需要的素材。

图 7-6　打开项目文件

**03** 单击素材库左侧的【转场】按钮AB，然后单击素材库右侧的三角按钮，从图 7-7 所示的下拉列表中选择转场效果的类别。选中其中的一个类别，可以在素材库中预览当前类别中包含的各种转场。

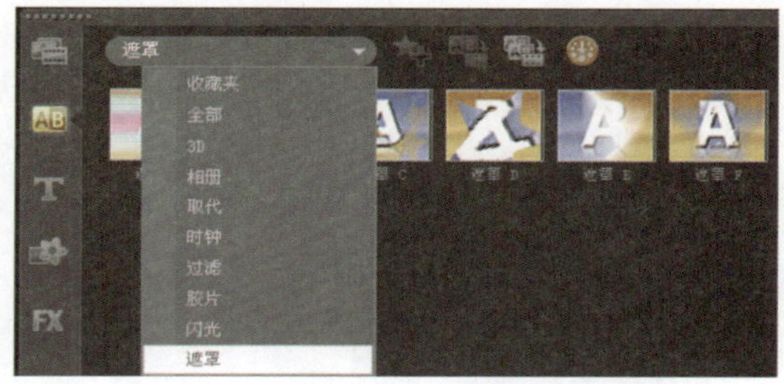


图 7-7　选择要使用的转场效果的类别

**04** 在素材库中单击鼠标选中一个转场略图，单击预览窗口下方的【播放素材】按钮，在窗口中预览转场效果。预览窗口中的 A 和 B 分别代表转场效果所连接的两个素材，如图 7-8 所示。

图 7-8　预览转场效果

**05** 将需要使用的转场效果拖曳到故事板上的两个素材之间，完成添加转场的工作，如图 7-9 所示。注意：由于转场是用于素材之间的过渡，因此，必须把它添加到两段素材之间。

图 7-9　将转场拖曳到故事板上的两个素材之间

**06** 添加完成后，在视频轨上单击鼠标选中要查看的转场。然后单击预览窗口下方的【播放素材】按钮，查看转场在影片中的效果，如图 7-10 所示。这样，可以实现两个素材之间的自然切换。

图 7-10　查看转场在影片中的效果

**07** 用同样的方式，也可以在其他素材之间添加新的转场或者打开配套光盘上的项目文件 7_2.VSP 查看添加转场后的效果。

## 7.3.2　将转场效果应用到整个项目

将转场效果应用到整个项目，包括【对视频轨应用随机效果】以及【对视频轨应用当前效果】两种方式。选择【对视频轨应用随机效果】命令，程序将随机挑选转场效果，并应用到当前项目的素材之间。选择【对视频轨应用当前效果】命令，把当前选中的转场效果应用到当前项目的素材之间。

原始素材：chap07\03 应用到整个项目\7_3\7_3.VSP
完成效果：chap07\03 应用到整个项目\7_3end\7_3a\. 7_3a.VSP
chap07\03 应用到整个项目\7_3end\7_3b\. 7_3b.VSP

**操作步骤**

**01** 启动会声会影，打开配套光盘上提供的项目文件 7_3.VSP，如图 7-11 所示。

图 7-11　打开项目文件

**02** 单击素材库左侧的【转场】按钮，在素材库中选择一个转场类别，单击鼠标选中要使用的转场略图，我们在这里选择【NewBlue 样品转场】类别中的【涂抹】转场，如图 7-12 所示。

图 7-12　单击【对视频轨应用随机效果】按钮

**03** 单击素材库上方的【对视频轨应用当前效果】按钮，当前选择的转场效果被应用到视频轨上的所有素材，如图 7-13 所示。添加完成后，单击【播放项目】按钮，查看添加转场的效果。

**04** 单击素材库上方的【对视频轨应用随机效果】按钮按钮，由于先前已经应用了随机转场效果，因此，将弹出图 7-14 所示的信息提示窗口。

图 7–13　单击【对视频轨应用当前效果】按钮

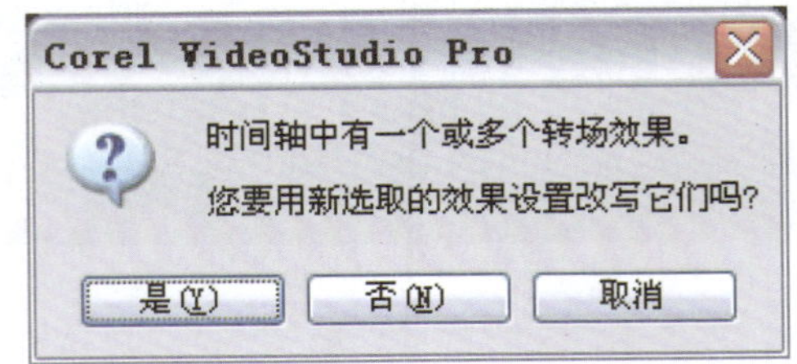


图 7–14　信息提示窗口

05 单击 是(Y) 按钮，程序随机挑选转场效果，并应用到当前项目的素材之间，如图 7–15 所示。

图 7–15　随机应用转场效果

### 7.3.3 调整转场效果的持续时间

将转场效果添加到项目中后，可以非常方便地调整转场效果的持续播放时间。下面，介绍具体的操作方法。

原始素材：chap07 \ 04 调整转场时间 \ 7_4\7_4.VSP
完成效果：chap07 \ 04 调整转场时间 \ 7_4end\7_4end.VSP

**操作步骤**

**01** 启动会声会影，打开配套光盘上提供的项目文件 7_4.VSP，如图 7-16 所示。

图 7-16　打开项目文件

**02** 单击鼠标选择要调整的转场略图，程序自动切换到【转场】素材库。然后单击选项面板上的 选项 按钮，查看当前转场效果可以调整的参数，如图 7-17 所示。

图 7-17　显示转场效果的选项面板

03 选项面板的【区间】以“时 : 分 : 秒 : 帧”的形式显示转场效果的播放时间。在需要修改的时间上单击鼠标，然后输入新的数值，通过修改时间码的值调整转场的播放时间，如图 7–18 所示。

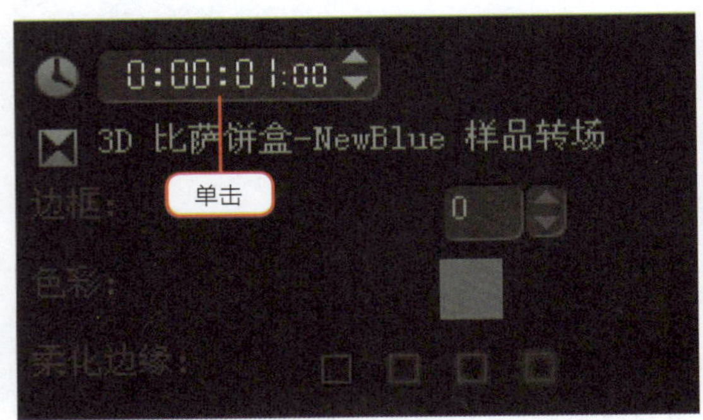


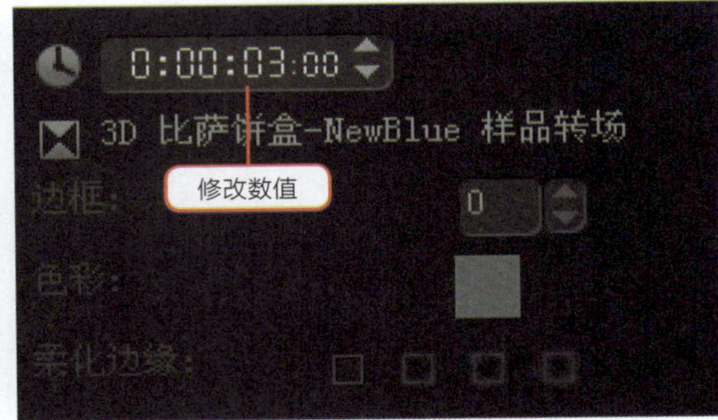


图 7–18　改变【区间】的数值

**提示　转场时间的限制**

转场是被应用到两个素材之间，因此，转场的持续时间必须短于素材的播放时间。

04 用另一种方法调整转场的播放时间。单击故事板上方的按钮，切换到时间轴视图，单击鼠标选中要调整播放时间的转场，如图 7–19 所示。

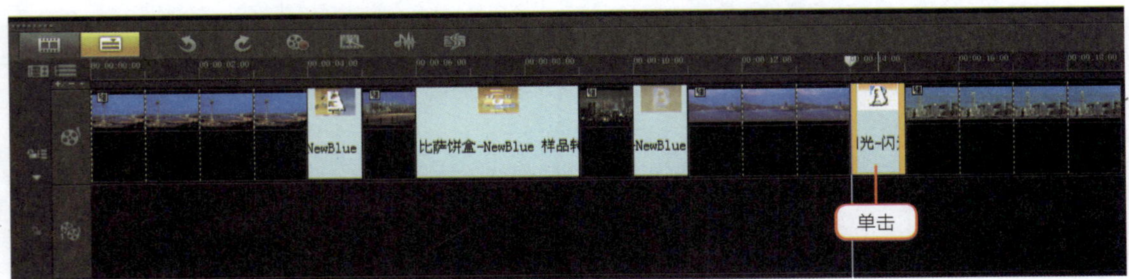


图 7–19　切换到时间轴视图

05 拖动转场略图两侧的黄色标记改变它的长度，如图 7–20 所示。

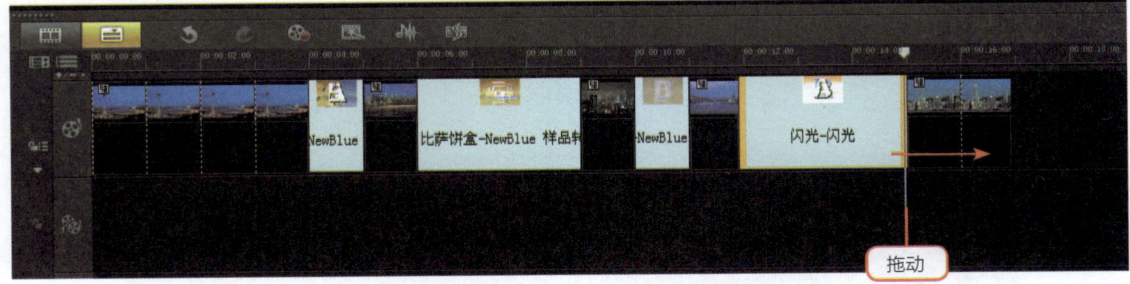


图 7–20　在时间轴模式下调整转场长度

06 调整完成后，单击【播放项目】按钮，查看改变转场时间长度后的效果。

### 7.3.4 删除转场效果

删除转场效果非常容易，可以使用以下三种方法删除转场。

#### 1. 按 Delete 键删除转场

在故事板上单击鼠标选中一个转场效果，按 Delete 键即可完成删除操作，如图 7-21 所示。

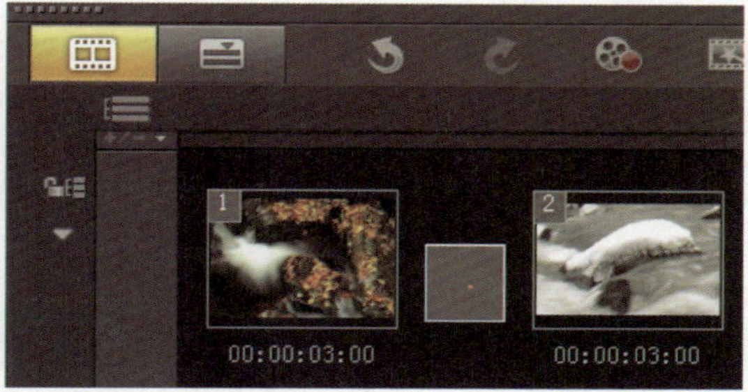


图 7-21　按 Delete 键删除转场

#### 2. 选择【删除】命令删除转场

在转场上单击鼠标右键，从弹出菜单中选择【删除】命令删除转场，如图 7-22 所示。

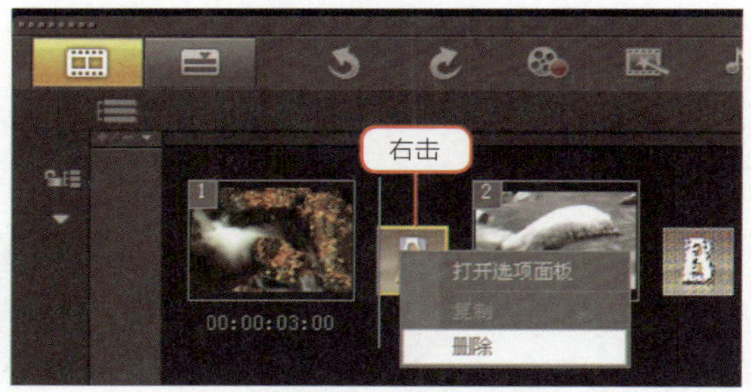


图 7-22　删除转场

#### 3. 删除与转场相邻的素材

选中与转场相邻的一个素材片断，按 Delete 键删除素材，此时，与选中的素材相邻的转场也同时被删除，如图 7-23 所示。

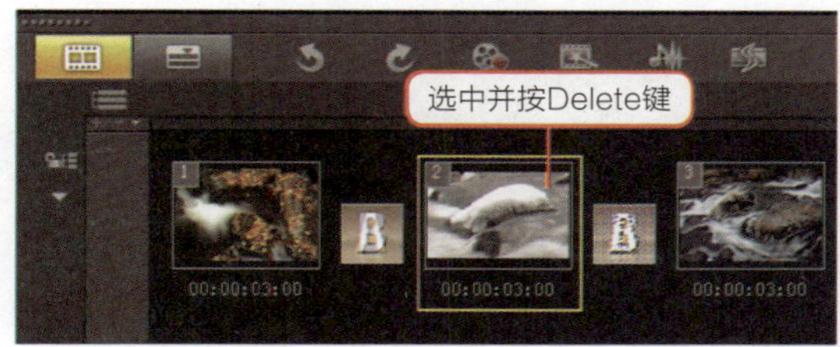


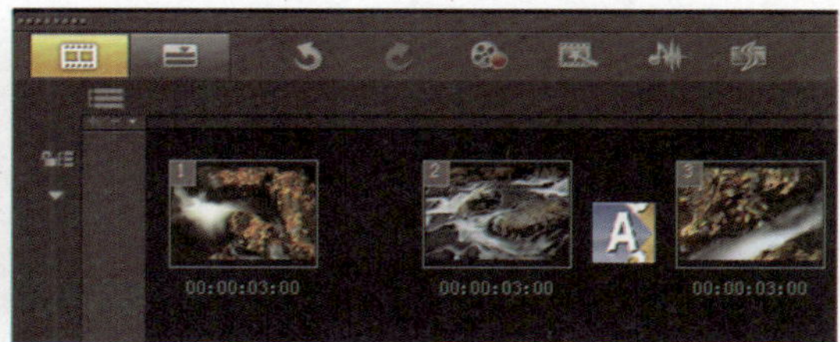

图 7-23　以删除素材的方式删除转场

## 7.4 收藏和使用收藏转场

收藏夹是会声会影一个非常方便的功能，由于会声会影提供了上百种转场效果，而根据个人习惯，常用的转场效果的数量是有限的。在素材库的转场略图上单击鼠标右键，将喜欢的转场添加到收藏夹。需要使用时，在“收藏夹”中就可以快速找到自己常用的转场。

### 操作步骤

**01** 启动会声会影，单击素材库左侧的AB按钮显示转场素材库。

**02** 单击素材库右侧的三角按钮，从下拉列表中选择一个转场类别，如图 7-24 所示。

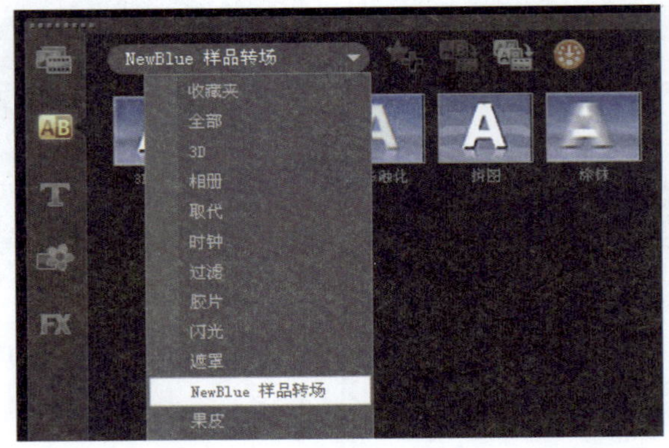


图 7-24　选择转场类别

**03** 在需要收藏的转场略图上单击鼠标右键，从弹出菜单中选择【添加到收藏夹】命令，或者单击素材库上方的【添加到收藏夹】按钮，将选中的转场添加到收藏夹中，如图 7-25 所示。

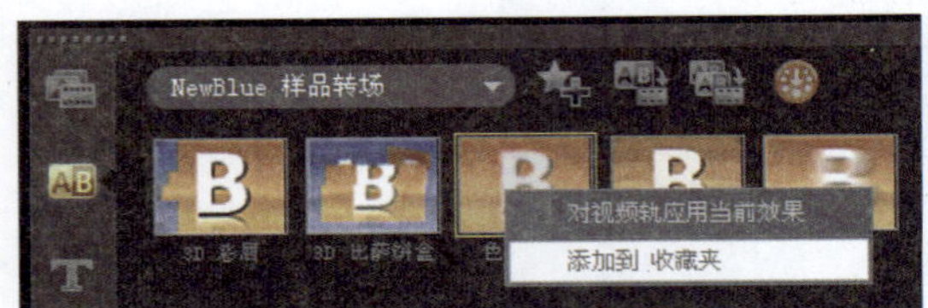

图 7-25　把喜爱的转场添加到收藏夹

**04** 用同样的方式将其他常用转场效果添加到收藏夹中。添加完成后，在素材库列表中选择【收藏夹】，就可以查看并选择所收藏的转场效果，如图 7-26 所示。

图 7-26　收藏夹中的常用转场效果

**05** 在收藏夹中选中要使用的转场效果，单击素材库上方的【对视频轨应用当前效果】按钮，就可以把选中的转场效果应用到当前项目的素材之间。

## 7.5 典型转场运用与设置详解

在会声会影中，转场效果的种类繁多，某些转场效果独具特色，可以为影片添加非凡的视觉体验。下面介绍各类转场效果的参数设置以及典型应用。

### 7.5.1 【3D】转场

【3D】转场包括手风琴、对开门、百叶窗、飞行木板等 15 种转场类型，在【3D】转场类型中，最具特色的包括飞行折叠、飞行盒以及【漩涡】转场中将【形状】设置为球形和点的效果。这类转场的特征是将素材 A 转换为一个三维对象，然后融合到素材 B 中。

在素材之间添加【3D】转场效果后，单击视频轨上的转场，通过选项面板修改转场属性。【3D】转场的典型设置如图 7-27 所示。

图 7–27 【3D】转场的典型设置

#### 1. 边框

调整边框宽度。在选项面板上，【边框】的数值设置为 0 时，不显示边框。调整【边框】的数值，使边框显示出来，数值越大边框越宽，如图 7-28 所示。

图 7–28 调整边框宽度

#### 2. 色彩

用于设置转场效果边框或两侧的颜色，单击右侧的颜色方框，在弹出菜单中自定义要使用的颜色，如图 7-29 所示。

图 7-29 改变边框颜色

### 3. 柔化边缘

选项面板上的【柔化边缘】用于指定转场效果和素材的融合程度，如图 7-30 所示。包括（无柔化边缘）、（弱柔化边缘）、（中等柔化边缘）和（强柔化边缘）。按下相应的按钮可得到不同程度的柔化效果。强柔化边缘可以使转场不明显，从而在素材之间创建平滑的过渡。

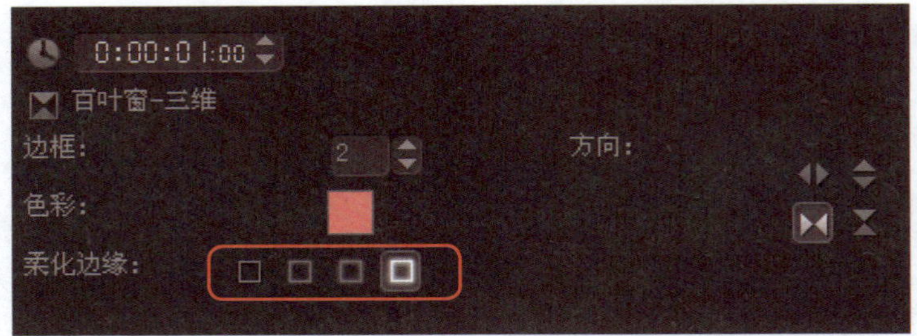


图 7-30 调整边缘柔化效果

### 4. 方向

在选项面板上，按下【方向】中相应的按钮，指定转场效果的运动方向，如图 7-31 所示。注意：所选择的转场类型不同，调整方向的形式也有所不同，如图 7-32 所示。

图 7-31 指定转场效果的运动方向

图 7-32 不同类型的方向调整

在【3D】转场中，【漩涡】转场具有特别的参数设置。在素材之间应用【漩涡】转场后，素材 A 将爆炸碎裂，后融合到素材 B 中，如图 7-33 所示。

图 7-33 【漩涡】转场的应用效果

【漩涡】转场的选项面板如图 7-34 所示。单击选项面板上的 自定义 按钮，将弹出图 7-35 所示的对话框。

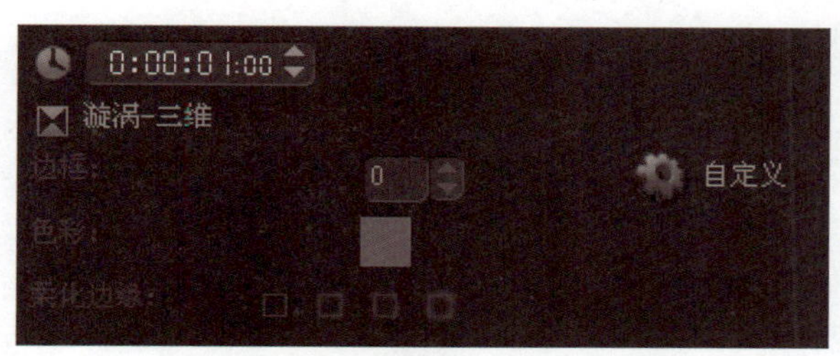


图 7-34 【漩涡】转场的选项面板

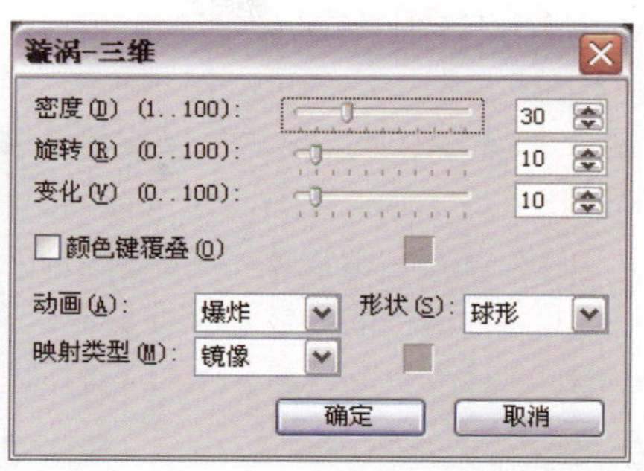


图 7-35 【漩涡】转场的参数设置对话框

- 密度：调整碎片分裂的数量，数值越大，分裂的碎片数量越多。
- 旋转：调整碎片旋转运动的角度，数值越大，碎片旋转运动越明显。
- 变化：调整碎片随机运动的变化程度，数值越大，运动轨迹的随机性越强。
- 颜色键覆叠：选中该选项，然后单击右侧的颜色方框，将弹出图 7-36 所示的对话框。单击【选取图像色彩】右侧的颜色方框，指定透空的色彩。遮罩色彩，则用于在略图上显示透空区域的颜色；【色彩相似度】用于控制指定的透空色彩的范围。设置完成后，单击【确定】按钮，使指定的透空色彩区域透出素材 B 相应区域的颜色。

图 7-36 颜色键覆叠对话框

- 动画：选择碎片的运动方式，包括爆炸、扭曲和上升 3 种不同的类型，如图 7-37 所示。
- 形状：设置碎片的形状，可以选择三角形、矩形、球形和点等不同的类型，如图 7-38 所示。

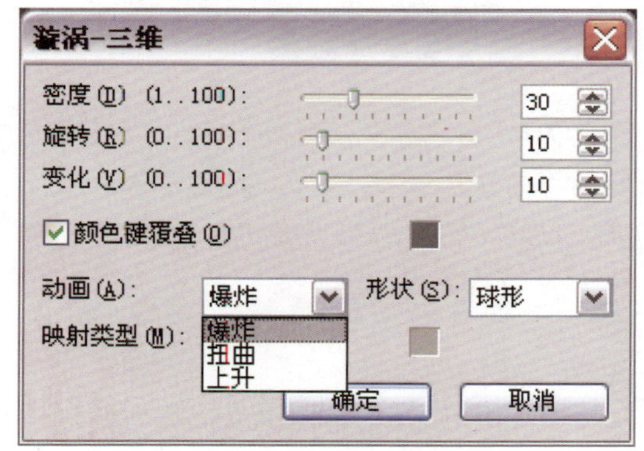


图 7-37 选择碎片的运动方式

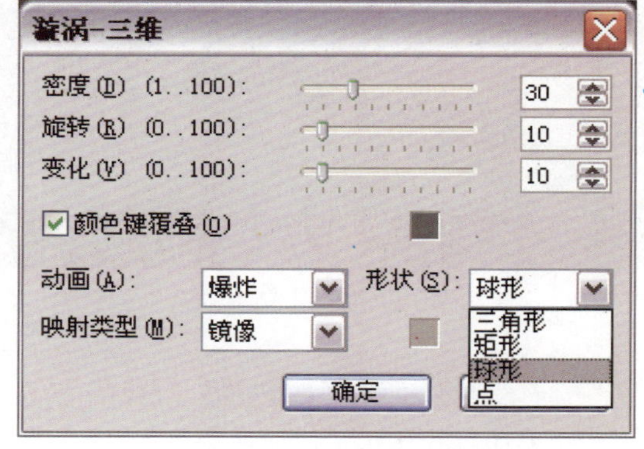


图 7-38 设置碎片的形状

❑ 映射类型：设置碎片边缘的反射类型，包括镜像和自定义色彩两种方式。

### 7.5.2 【相册】转场

【相册】转场功能可以用相册翻动的方式来展现美好回忆，如图 7-39 所示。【相册】转场对于显示卡的内存要求较高，在使用时容易出现显示器“花屏”的问题。遇到这种情况，建议使用 64MB 以上显存的显示卡。如果显示卡内存较低，可以尝试使用以下方法解决：

❑ 在设置和调整【相册】转场时尽量不要运行其他程序。

❑ 在计算机的【显示属性】对话框中，将【颜色质量】设置为 16 位。

❑ 在计算机的【显示属性】对话框中，将桌面背景设置为【无】。

图 7-39 【相册】转场

相册转场的参数设置较为复杂，可以选择多种相册布局、修改相册封面、背景、大小和位置等。在素材之间添加【相册】转场效果后，单击视频轨上的转场，通过选项面板修改转场属性。【相册】转场的选项面板如图 7-40 所示，单击选项面板上的 自定义 按钮，将弹出图 7-41 所示的对话框。

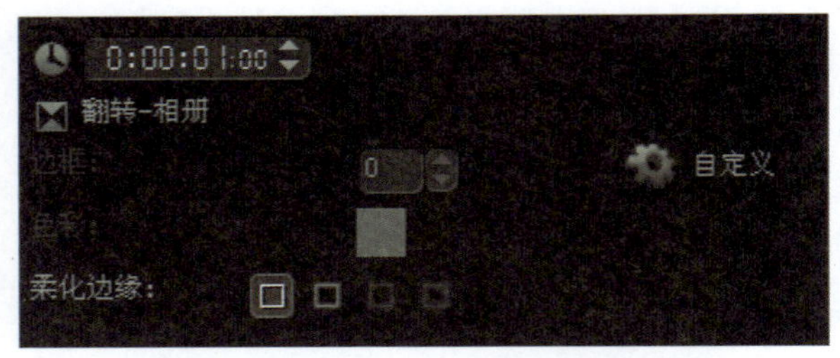


图 7-40 【相册】转场的选项面板

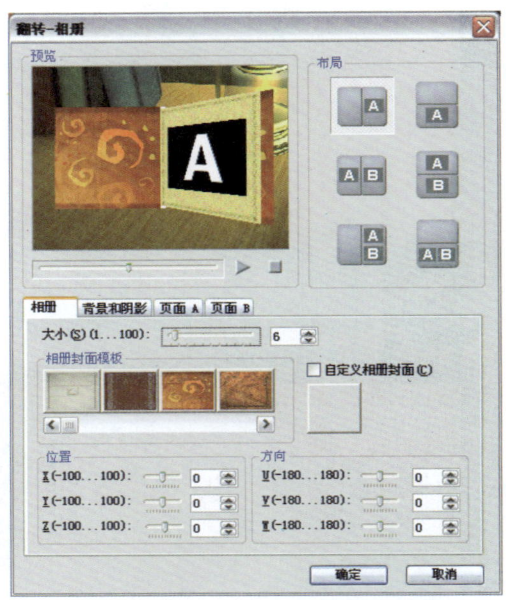


图 7-41 【相册】转场的属性设置

#### 1.【布局】

单击相应的按钮为相册选取期望的外观，如图 7-42 所示。

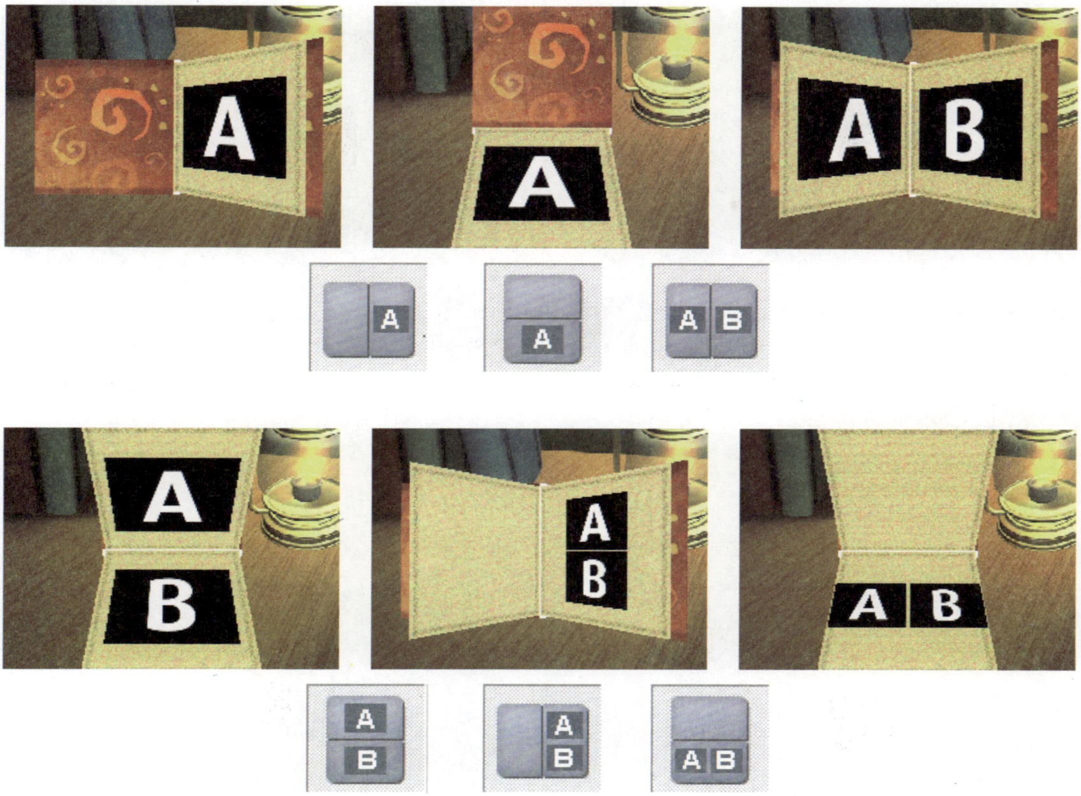

图 7-42　不同布局的效果示意图

### 2.【相册】选项卡

设置相册的大小、位置和方向等参数。如果要改变相册封面，可以从【相册封面模板】中选取一个预设略图，或者选中【自定义相册封面】选项，导入需要使用的封面图像，如图 7-43 所示。

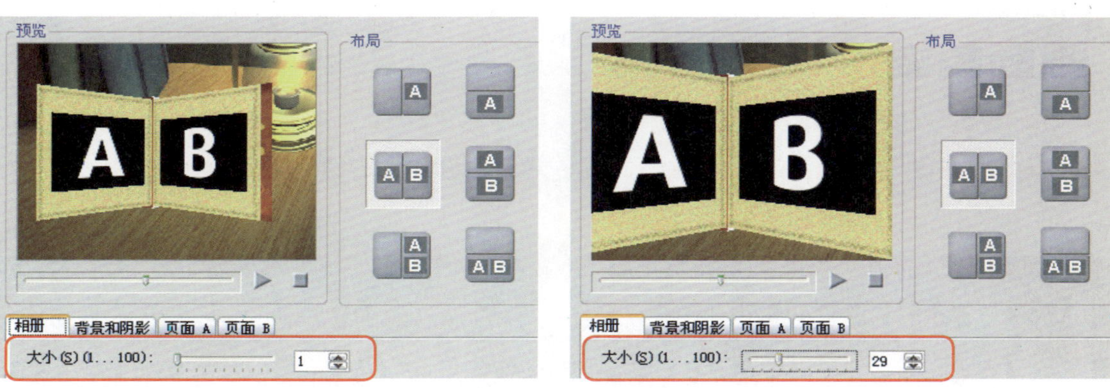


调整相册的显示大小

图 7-43　设置相册的基本属性（一）

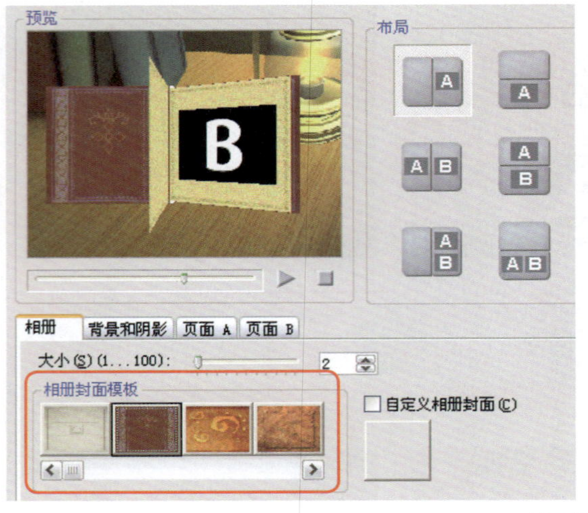


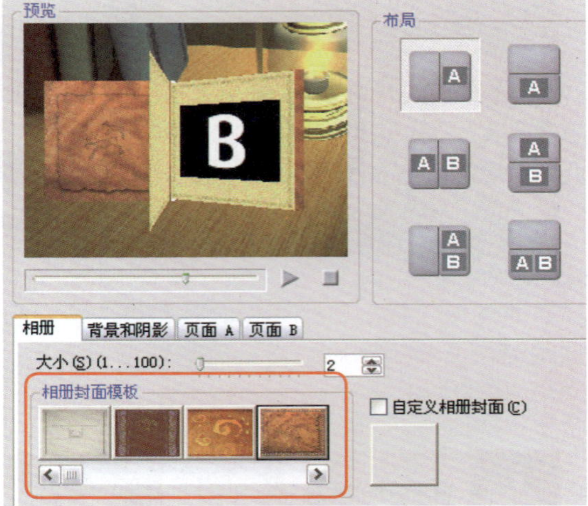


设置相册封面

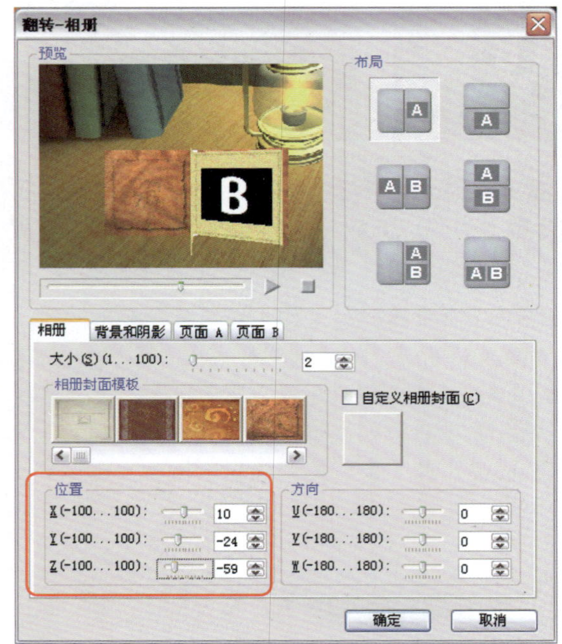


调整相册位置

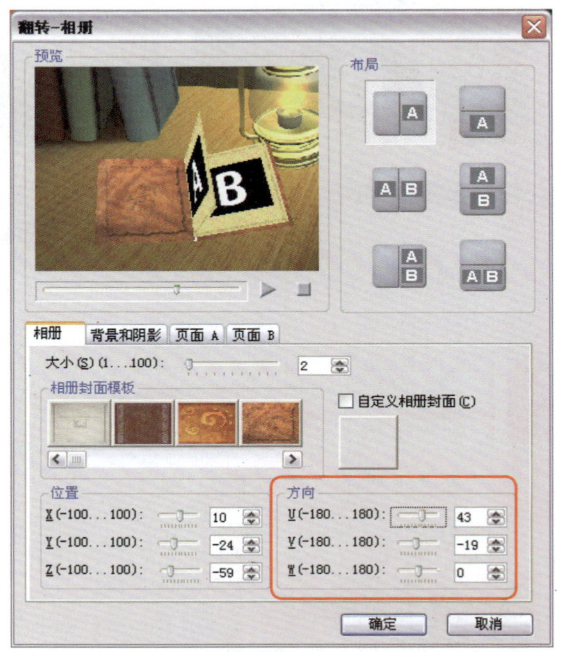


设置相册的旋转方向

图 7-43　设置相册的基本属性（二）

### 3.【背景和阴影】选项卡

可以自定义相册背景或者给相册添加阴影效果，如图 7-44 所示。如果要修改相册的背景，在【背景模板】栏中选取一个预设略图，或者选中【自定义模板】复选框，然后导入需要使用的背景图像。

如果要添加阴影，选中【阴影】复选框。然后调整【X- 偏移量】和【Y- 偏移量】框中的数值，设置阴影的位置。如果想要使阴影看上去柔和一些，则可以增大【柔化边缘】框中的数值。

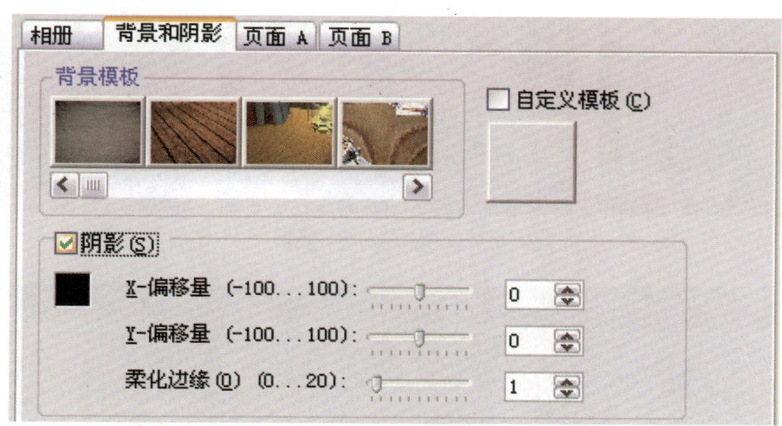


图 7-44 【背景和阴影】选项卡

### 4.【页面 A】选项卡

在参数设置区中设置相册第 1 页的属性，如图 7-45 所示。如果要修改此页上的图像，在【相册页面模板】中选取预设略图，或者选中【自定义相册页面】复选框，导入需要使用的图像。

如果要调整此页上素材的大小和位置，分别拖动【大小】以及【X】和【Y】右侧的滑块改变数值即可。

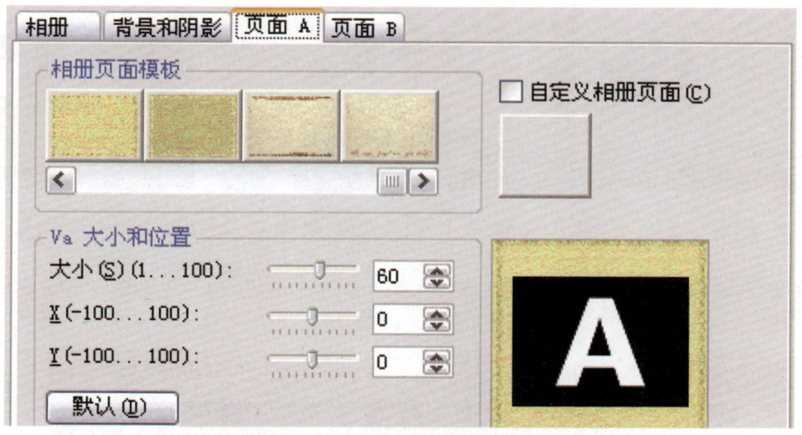


图 7-45 【页面 A】选项卡

### 5.【页面 B】选项卡

用同样的方式设置相册第 2 页的属性。

## 7.5.3 【取代】转场

【取代】转场包括棋盘、对角线、盘旋等 5 种转场类型，这类转场的特征是素材 A 以棋盘、对角线、盘旋等方式逐渐被素材 B 取代，如图 7-46 所示。

在素材之间添加【取代】转场效果后，单击视频轨上的转场，通过图 7-47 所示的选项面板修改转场属性。【取代】转场的典型设置与【3D】转场类似，请参见本章 7.5.1 中的相关内容。

图 7-46 【取代】转场

图 7-47 【取代】转场的选项面板

## 7.5.4 【时钟】转场

【时钟】转场包括 7 种转场类型，如图 7-48 所示。这类转场的特征是素材 A 以时钟转动的方式逐渐被素材 B 取代。

图 7-48 【时钟】转场

在素材之间添加【时钟】转场效果后，单击视频轨上的转场，通过选项面板修改转场属性。【时钟】转场的选项面板上只能设置边框、色彩和柔化边缘，如图 7-49 所示。具体的调整方法请参见本章 7.5.1 中的相关内容。

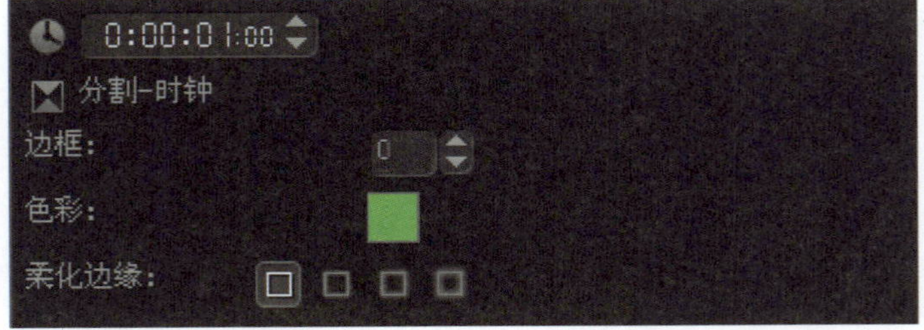


图 7-49 【时钟】转场的选项面板

## 7.5.5 【过滤】转场

【过滤】转场包括 20 种转场类型，是影片应用中一类重要的转场类型，它们的特征是素材

A 以自然过渡的方式逐渐被素材 B 取代。在【过滤】转场类型中，最具特色的包括燃烧、淡化到黑色、交叉淡化、遮罩以及溶解效果等。图 7-50 分别展示了它们的应用效果。

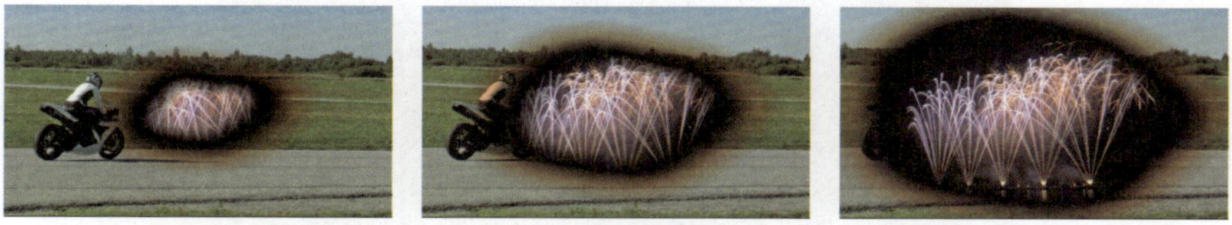

【燃烧】效果

【淡化到黑色】效果

【交叉淡化】效果

【溶解】效果

图 7-50 【过滤】转场典型应用

在【过滤】转场中，【箭头】、【喷出】、【燃烧】、【淡化到黑色】等多种类型都没有可调整的参数;【门】、【虹膜】、【镜头】等类型的参数设置于【3D】类似，参见本章 7.5.1 中的相关内容。下面介绍一些特殊的【遮罩】转场的设置。

在【过滤】转场中，【遮罩】转场是一个独特的类型，它可以将不同的图案或对象（如形状、树叶和球等）作为过滤透空的模板，应用到转场效果中，如图 7-51 所示。选择预设遮罩或导入 BMP 文件，并将它用作转场的遮罩。

图 7-51 【遮罩】—【过滤】转场

【遮罩】—【过滤】转场的选项面板如图 7-52 所示。

图 7-52 【遮罩】—【过滤】转场的选项面板

在选项面板上【遮罩预览】中显示当前所使用的遮罩效果。单击打开遮罩按钮，将打开图 7-53 所示的对话框。

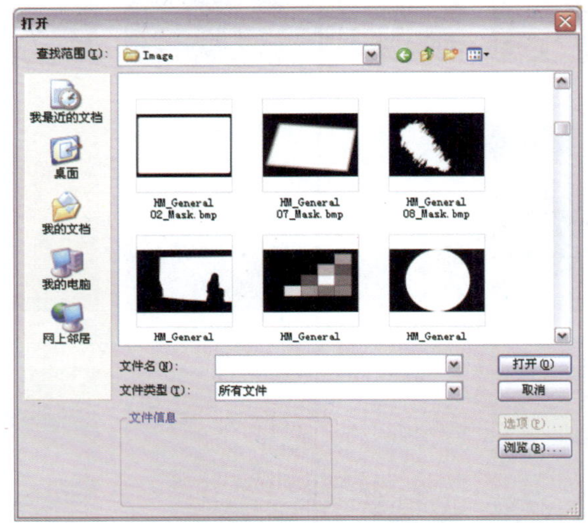


图 7-53 选取遮罩对话框

在默认安装路径下，C:\Program Files\Corel\Corel VideoStudio Pro X4\Samples\Image 中为用户提供了多种类型的遮罩，可以使用任意 BMP 格式的图像作为遮罩，也可以在 Photoshop 等图像编辑软件中自制遮罩。需要注意的是，在【遮罩】—【过滤】转场中，遮罩黑色的区域表示透出素材 B 的区域，遮罩白色的区域表示保留素材 A 的区域。选中一个新的遮罩图像后，单击【打开】按钮，即可应用到【遮罩】—【过滤】转场中。在选项面板上可以查看它的略图效果，如图 7-54 所示。

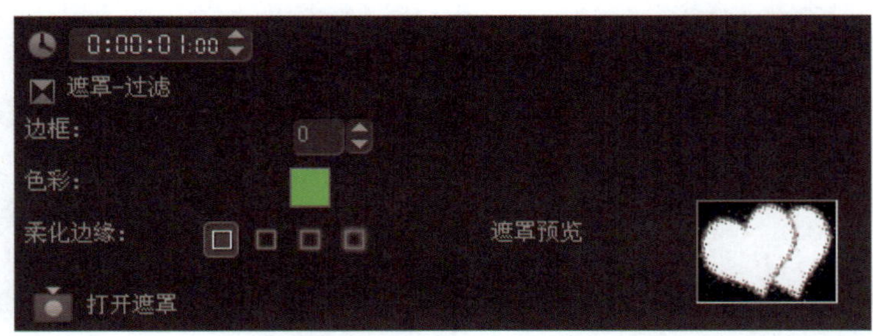


图 7-54 更换遮罩后的选项面板

设置完成后，在视频轨上单击鼠标选中要查看的转场。然后单击预览窗口下方的【播放素材】按钮，即可查看新的遮罩在影片中应用的效果，如图 7-55 所示。

图 7–55　自定义遮罩的效果

## 7.5.6 【胶片】转场

【胶片】转场包括横条、对开门、交叉等 13 种转场类型，这类转场的特征是素材 A 以对开门、横条等方式逐渐被素材 B 取代，但是素材 A 是以翻页或者卷动的方式运动。【胶片】转场没有特殊的参数设置。在【胶片】转场中，常用的包括交叉、翻页和对开门，如图 7-56 所示。

【翻页】效果

【交叉】效果

【对开门】效果

图 7–56　典型的【胶片】转场应用

## 7.5.7 【闪光】转场

【闪光】转场是一种重要的转场类型，它可以添加到融解的场景的灯光，创建梦幻般的画面效果，如图 7-57 所示。

【闪光】转场的选项面板如图 7-58 所示。单击选项面板上的【自定义】按钮，将弹出图 7-59 所示的对话框。

图 7–57 【闪光】转场

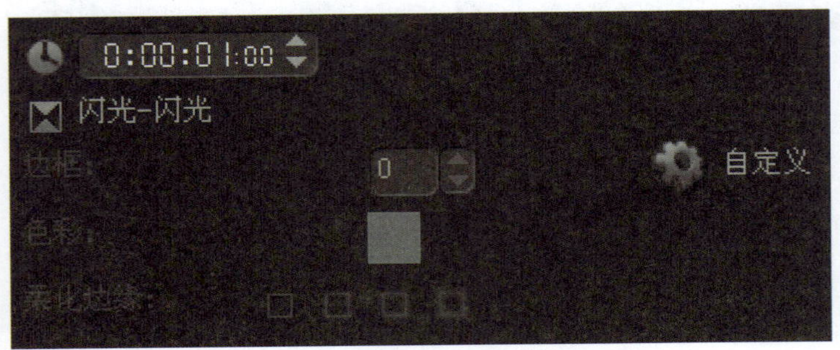


图 7–58 【闪光】转场的选项面板

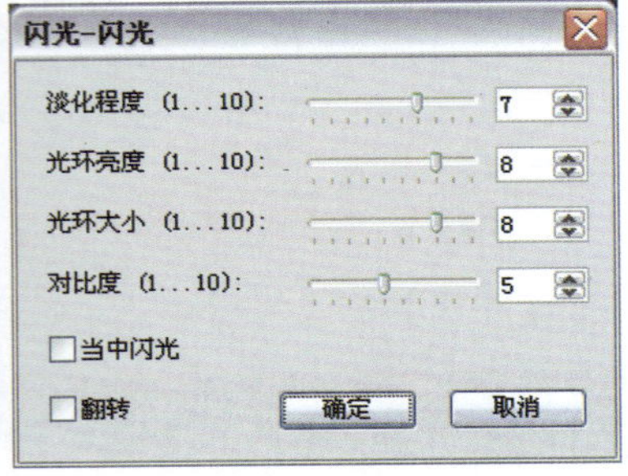


图 7–59 【闪光】转场的属性设置

- 淡化程度：设置遮罩柔化边缘的厚度。
- 光环亮度：设置灯光的强度。
- 光环大小：设置灯光覆盖区域的大小。
- 对比度：设置两个素材之间的色彩对比度。
- 当中闪光：选中该选项，为融解遮罩添加一个灯光。
- 翻转：选中该选项，翻转遮罩的效果。

### 7.5.8 【遮罩】转场

【遮罩】转场将不同的图案或对象（如：形状、树叶、球等）作为遮罩应用到转场效果中。选择预设遮罩或导入 BMP 文件，并将它用作转场的遮罩。在【遮罩】转场中，遮罩会沿着一定的路径运动，效果非常绚丽而独特，挑选喜好的类型应用到影片中，图 7-60 展示了几种不同类型的遮罩转场的应用效果。

图 7–60 【遮罩】转场的典型应用

【遮罩】转场的选项面板如图 7-61 所示。单击选项面板上的【自定义】按钮，将弹出图 7-62 所示的对话框。

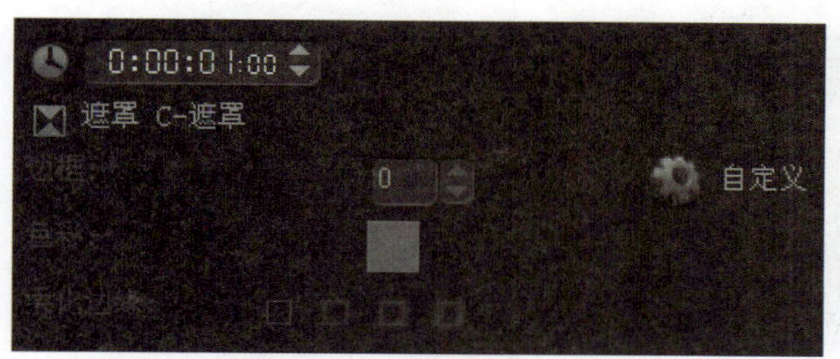

图 7-61 【遮罩】转场的选项面板

图 7-62 【遮罩】转场的属性设置

- 遮罩：为转场选择用作遮罩的预设模板。
- 当前：单击略图将打开一个对话框，您在对话框中选择用作转场遮罩的 BMP 文件。
- 路径：选择转场期间遮罩移动的方式，包括波动、弹跳、对角、飞向上方、飞向右边、滑动、缩小以及漩涡等多种不同的类型。
- X- 颠倒 /Y- 颠倒：翻转遮罩的路径方向。
- 翻转：翻转遮罩的效果。
- 旋转：指定遮罩旋转的角度。
- 间隔：将素材的动画与遮罩的动画相匹配。
- 大小：设置遮罩的大小。

### 7.5.9 【果皮】转场

【果皮】转场与【胶片】转场类似，包括对开门、交叉、翻页等 6 种转场类型，如图 7-63 所示。它与【胶片】转场的区别在于，【胶片】转场的翻卷部分使用素材的映射图案，而【果皮】转场则使用色彩填充翻卷部分。

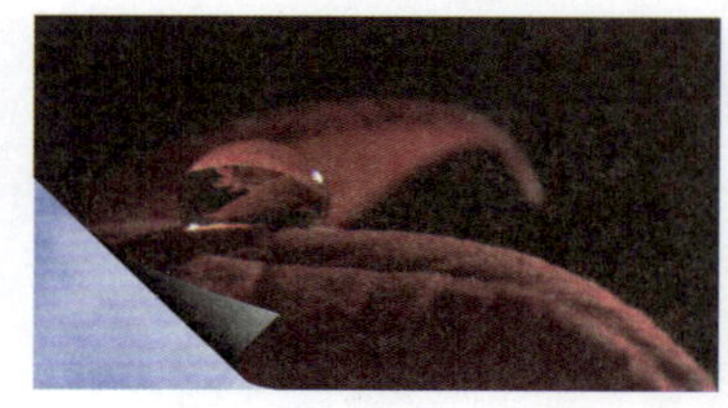
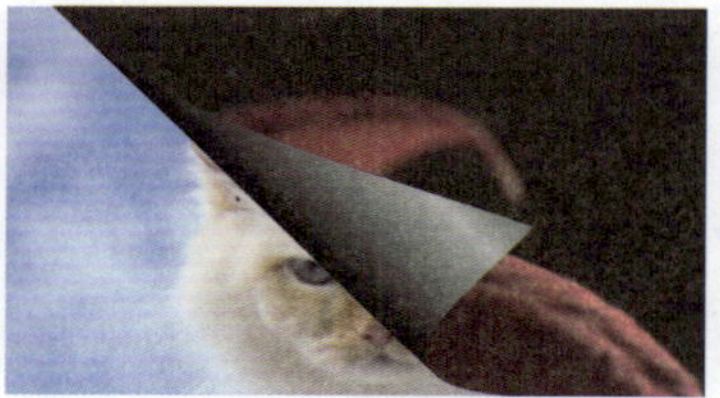

图 7-63 【果皮】转场

【果皮】转场没有特殊的参数设置，常规参数的设置方法参见 7.5.1 中的相关内容。需要特别注意的是，在选项面板上可以自定义卷动区域的色彩。

### 7.5.10 【推动】转场

【推动】转场包括横条、网孔、运动和停止等5种转场类型，如图7-64所示。这类转场的特征类似于【取代】转场，是素材A以所选择的方式被素材B取代，它比【取代】转场具有更为强烈的运动性。其中，较为独特的是【网孔】转场以及【运动和停止】转场。【推动】转场没有特殊的参数设置。

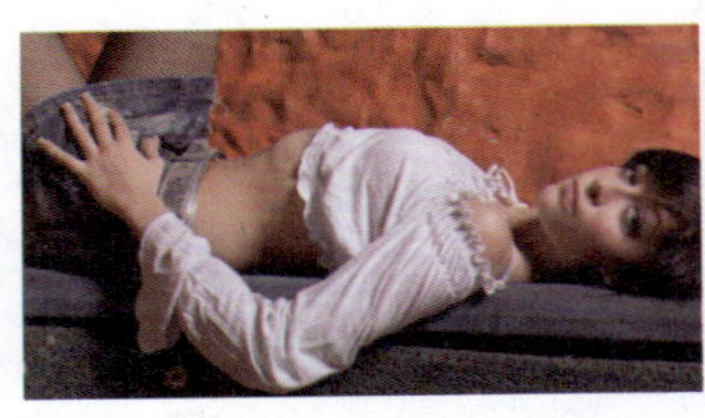
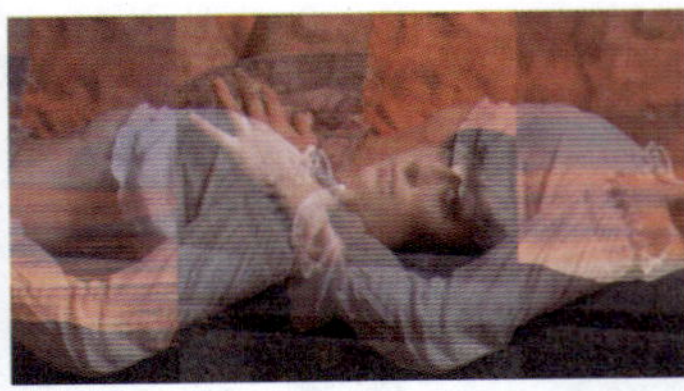

图7-64 【推动】转场

### 7.5.11 【卷动】转场

【卷动】转场包括横条、渐进、侧面等7种转场类型。这类转场的特征是素材A以滚动的方式被素材B取代，如图7-65所示。【卷动】转场没有特殊的参数设置。

图7-65 【卷动】转场

### 7.5.12 【旋转】转场

【旋转】转场包括拍打、盖板、旋转等4种转场类型，如图7-66所示。这类转场的特征是素材A以旋转、运动、缩放的方式被素材B取代。其中最为常用的是【旋转】转场。【旋转】转场没有特殊的参数设置。

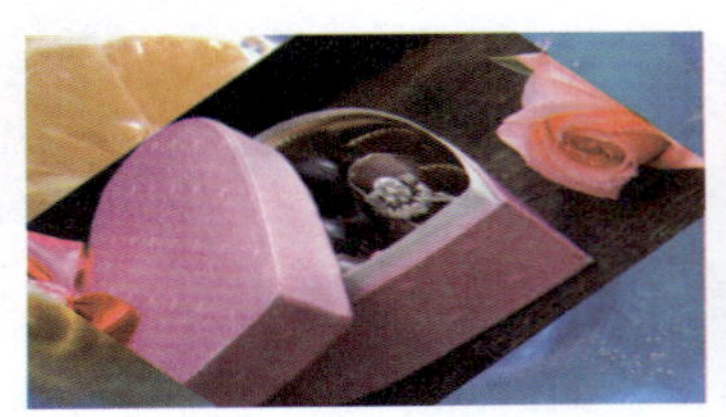

图7-66 【旋转】转场

### 7.5.13 【滑动】转场

【滑动】转场包括对开门、横条、交叉等 7 种转场类型，如图 7-67 所示。这类转场的特征类似于【取代】转场，是素材 A 以滑行运动的方式被素材 B 取代。【滑动】转场没有特殊的参数设置。

 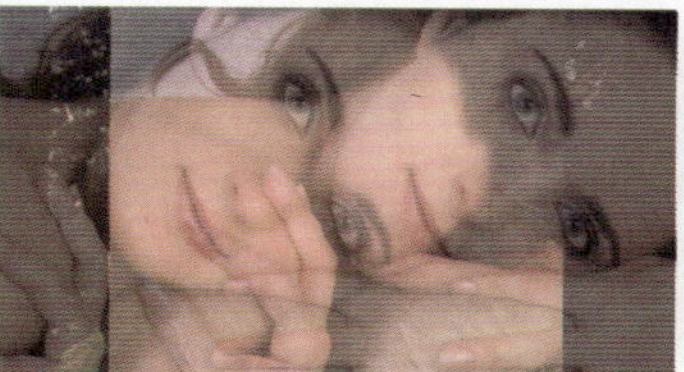 

图 7–67 【滑动】转场

### 7.5.14 【伸展】转场

【伸展】转场包括对开门、方盒、交叉缩放等 5 种转场类型，如图 7-68 所示。这类转场的特征在于素材 A 运动的同时发生缩放变化，并逐渐被素材 B 取代。其中【交叉缩放】是一种独特而常用的效果。【伸展】转场没有特殊的参数设置。

 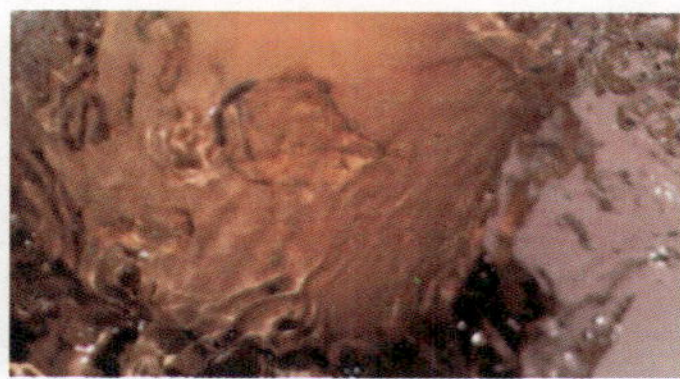 

图 7–68 【伸展】转场

### 7.5.15 【擦拭】转场

【擦拭】转场包括横条、百叶窗、棋盘等 19 种转场类型，如图 7-69 所示。这类转场的特征类似于【取代】转场，是素材 A 以所选择的方式被素材 B 取代。区别在于 B 出现的区域 A 以擦拭的方式被清除。其中，较为独特的是【流动】、【搅拌】、【百叶窗】和【网孔】转场。【擦拭】转场没有特殊的参数设置。

  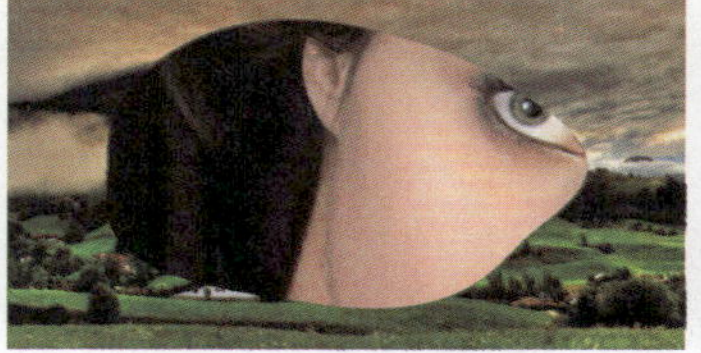 

图 7–69 【擦拭】转场

## 7.5.16 【NewBlue 样品】转场

【NewBlue 样品转场】包括【3D 彩屑】、【3D 比萨饼盒】、【色彩融化】、【拼图】和【涂抹】5 种转场。下面详细介绍设置方法。

### 1.【3D 彩屑】转场

【3D 彩屑】转场用于将第一个画面转变为多片三维彩屑，然后该彩屑飘散而去，进而展现第二个画面，转场应用效果如图 7-70 所示。

图 7–70 【3D 彩屑】转场应用效果

单击选项面板上的自定义按钮，弹出的对话框如图 7-71 所示。

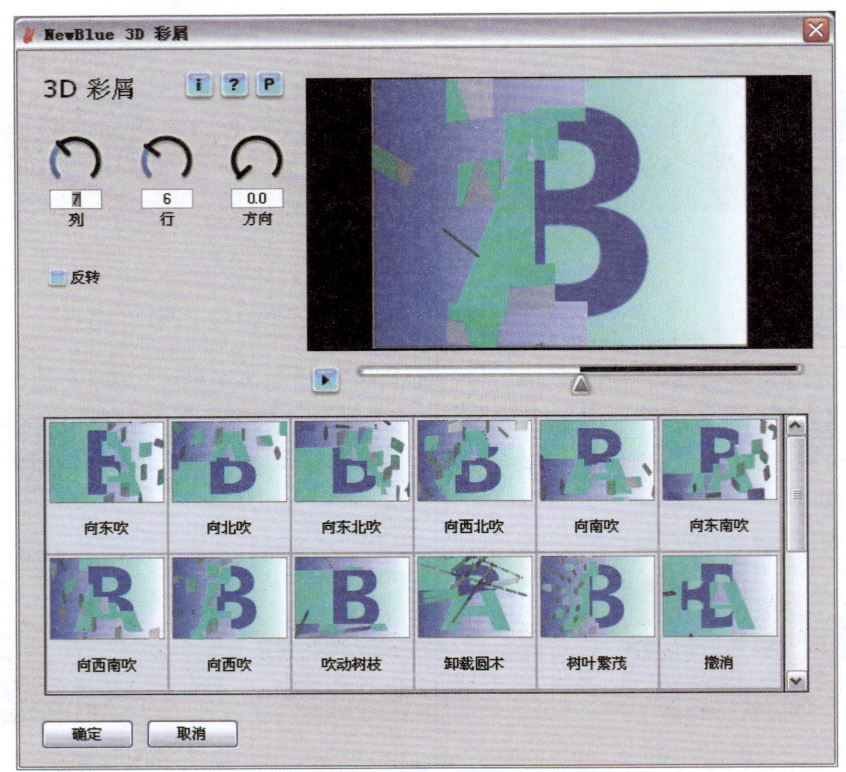


图 7–71 【3D 彩屑】对话框

- 列：调整垂直方向显示的碎片列数。向右旋转滑块可减少列数，向左则增加列数。
- 行：调整水平方向显示的碎片行数。向右旋转滑块可减少行数，向左则增加行数。
- 方向：调整彩屑行和列在飞离屏幕时的角度。
- 反转：选中该复选框可使第二个画面先变为彩屑。

### 2.【3D 比萨饼盒】转场

【3D 比萨饼盒】转场用于将第一个画面切割成旋转叠加在一起的盒子，然后这些盒子相互组合成第二个画面，转场应用效果如图 7-72 所示。

图 7–72 【3D 比萨饼盒】转场应用效果

单击选项面板上的 自定义 按钮，弹出的对话框如图 7-73 所示。

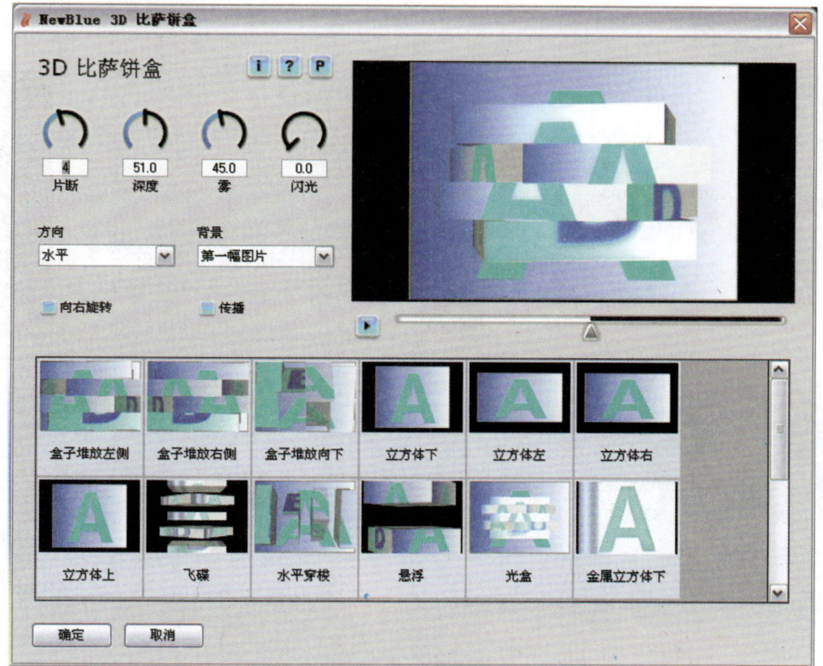


图 7–73 【3D 比萨饼盒】对话框

- 片断：决定要创建的盒子数目。向右旋转滑块可增加数量，向左则减少数量。
- 深度：调整盒子开始旋转时与摄影机的距离。向左旋转滑块可从距摄影机较远的位置开始旋转盒子；向右旋转则从距摄影机较近的位置开始。
- 雾：为画面增添一层白色光晕。向右旋转滑块光晕变大，向左旋转则光晕变得不明显或无光晕。
- 闪光：在画面上增添一层金属光泽，把他与“雾”结合应用，效果更为明显。
- 方向：设置盒子的切割方向，选择【水平】或者【垂直】方向。
- 背景：设置背景画面。
- 向右旋转：选中复选框盒子向右旋转；取消勾选则可使盒子向左旋转。
- 传播：选中复选框可保留分割的盒子之间的间距。取消其选择，盒子之间将无间距。

### 3.【色彩融化】转场

【色彩融化】转场通过色彩的扩展和柔化实现两个素材间的转换，转场应用效果如图 7-74 所示。

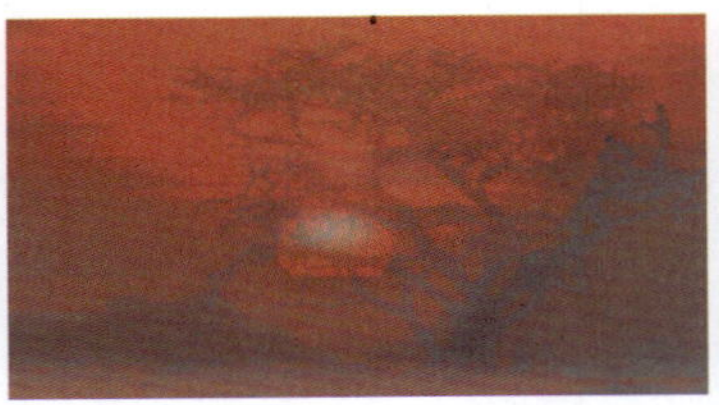

图 7–74 【色彩融化】转场应用效果

单击选项面板上的 自定义 按钮，弹出的对话框如图 7-75 所示。

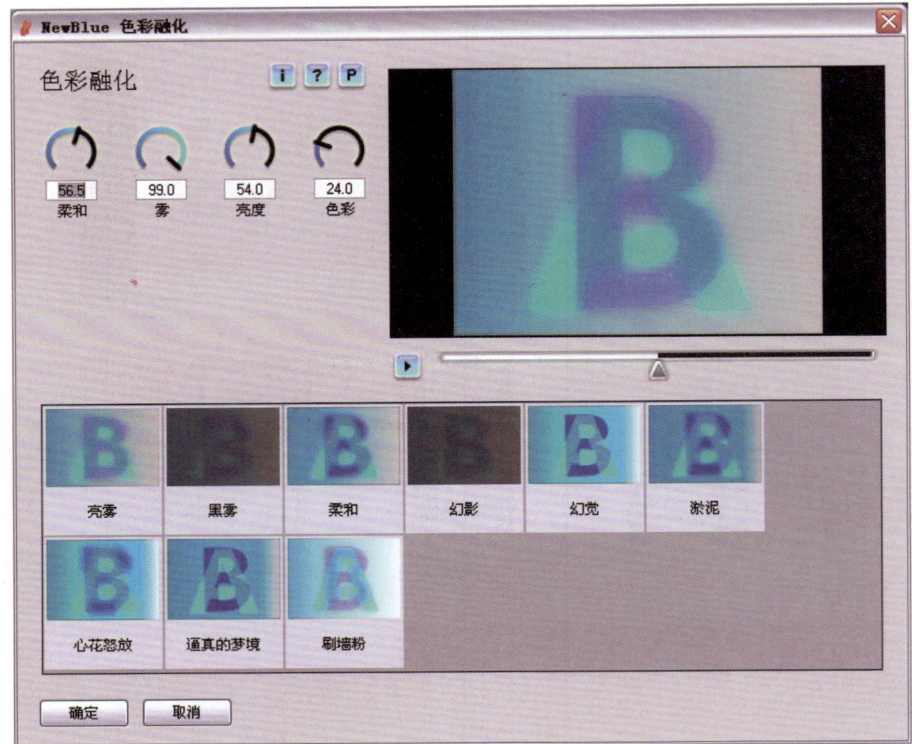


图 7–75 【色彩融化】对话框

- 柔和：设置画面的色彩在融合过程中的模糊程度。向左旋转可保留更多的画面细节。向右旋转会促使色彩凝结成胶状团块。
- 雾：使画面形成雾状灰色梯度，并显示在进入的图片上方。向右旋转可增强该效果；向左旋转则减弱该效果。
- 亮度：设置画面的整体亮度。向右旋转可将转场过程中的色彩变亮。向右旋转可使转场过程中的色彩变暗。
- 色彩：设置色彩在转场过程中的饱和度。向右旋转可增强饱和色。向左旋转可减弱色彩的鲜明度。

### 4.【拼图】转场

【拼图】转场拼图可以将画面转换为手绘的效果，并在两个素材之间混合，转场应用效果如图 7-76 所示。

图 7–76 【拼图】转场应用效果

单击选项面板上的自定义按钮，弹出的对话框如图 7-77 所示。

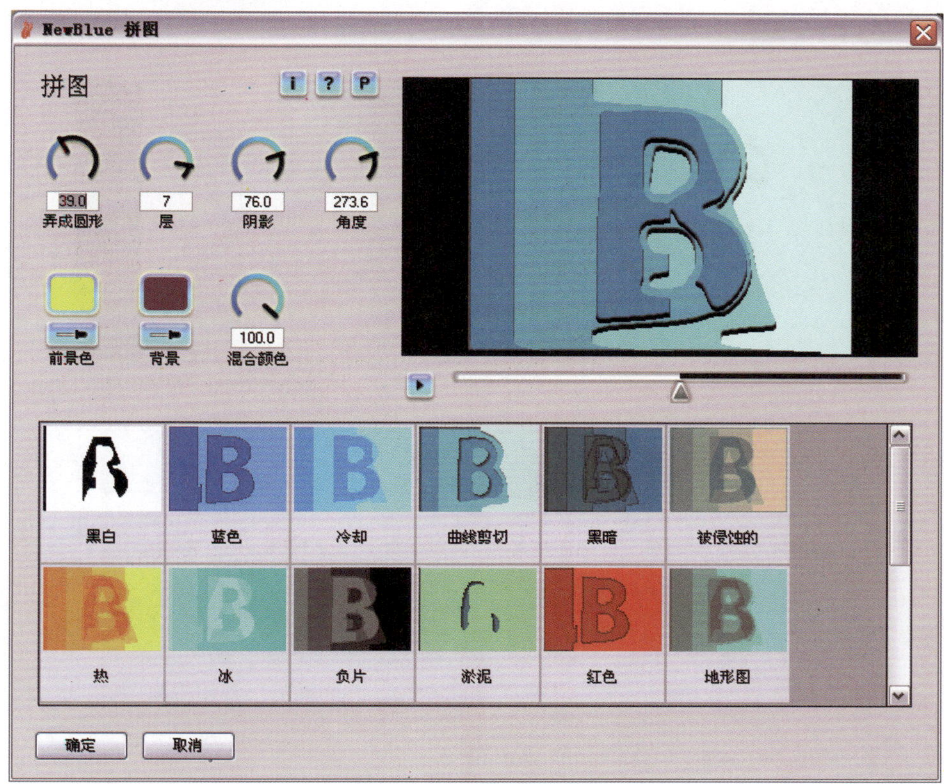


图 7–77 【拼图】对话框

- 弄成圆形：设置转换后线条的平滑度。
- 层：确定画面的突起程度。
- 阴影：设置阴影的明显程度。
- 角度：调整滑块改变光照角度，从而改变阴影在画面上的位置。
- 前景色：设置最亮的区域所用的色彩，该色彩用于拼图的顶部。
- 背景：设置最暗的区域所用的色彩，该色彩用于拼图的底部。
- 混合颜色：调整前景色、背景色与画面本身颜色的混合程度。

### 5.【涂抹】转场

【涂抹】转场按指定的方向模糊画面，实现两个视频素材之间的转场，转场应用效果如图7-78所示。

图7–78 【涂抹】转场应用效果

单击选项面板上的自定义按钮，弹出的对话框如图7-79所示。

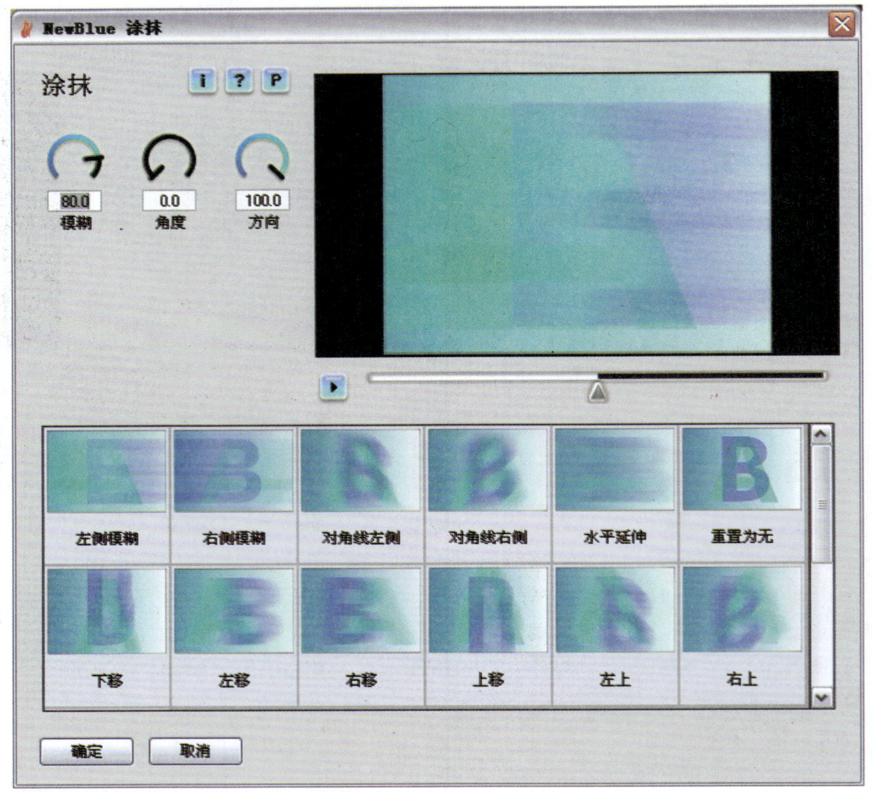


图7–79 【涂抹】对话框

- 模糊：设置模糊化的强烈程度。向右旋转可增强模糊效果，向左旋转则减弱模糊效果。
- 角度：拖动滑块可以调整模糊的方向。
- 方向：设置模糊区域相对于原始画面的位置。将它与【角度】结合运用，改变模糊化区域的形状。【方向】的默认设置是0，表示原始画面位于模糊化区域的中心位置。向左旋转滑块可以将模糊区域调整到画面左侧。向右旋转则将模糊区域调整到画面右侧。

# 影片中的覆叠与透空运用

## 8.1 【覆叠】功能简介

在会声会影中，影片中叠加画面被称为【覆叠】，也就是在屏幕上同时展示多个画面效果。使用【覆叠】功能，在覆叠轨上插入图像或视频，使素材产生叠加效果。同时，还可以调整视频窗口的尺寸或者使它按照指定的路径移动。在影片制作中，最为常见的覆叠应用包括以下几种类型。

### 1. 多画面

多画面就是画中画效果，是指一个母画面（窗口）中包括一个或多个子画面，子画面可以有各种各样的变形、缩放和运动，如图 8-1 所示。多画面可以在同一窗口中表现完全不同的时空、动作和不同的内容。

图 8–1　多画面效果

一般来说，两个画面的制作较为简单，复杂的多画面效果需要依赖专业的编辑或者效果合成器实现。会声会影 X4 中，也可以轻松实现多画面叠加效果。

### 2. 画面叠加

画面叠加是指两个以上镜头叠加在一个画面上，形成一个新的镜头画面，常用来表现回忆、联想、梦境、幻觉，以及时光流逝的感觉等。画面叠加分为单层画面叠加、双层画面叠加和多层画面叠加，多层画面叠加常用来表现混乱、繁杂的效果，如图 8-2 所示。

图 8–2　画面叠加

### 3. 抠像

抠像是一种非常有用的特效，它使用特殊色彩（通常是蓝色或绿色）作为背景来衬托前景的人或物。如蓝屏抠像，前景画面的蓝背景被新画面替换而不影响前景画面的主体，如图 8-3 所示。典型的实例是气象预报员站在卫星运图前，就是利用抠像实现的。

### 4. 遮罩

遮罩的作用是遮住画面某一部分，分为动态遮罩和静态遮罩。其原理就是把具有 Alpha 通道的（也就是背景为空的）图形或视频，叠加在某个画面上，利用 Alpha 通道抠像实现遮罩的效果。遮罩的主要作用是重点突出和修饰被显示的部分，或者遮住某部分以便添加其他对象，如图 8-4 所示。

图 8–3　抠像叠加

图 8–4　遮罩叠加

## 8.2 【覆叠】功能应用基础

会声会影提供了 1 个视频轨、6 个覆叠轨和 2 个标题轨，增强了多画面叠加与运动的方便性。首先，介绍如何将素材添加到覆叠轨中。

### 8.2.1　使用轨道管理器

轨道管理器用于创建和管理多个覆叠轨，可以根据影片的需要来增加或者减少操作界面上显示的覆叠轨的数量。

#### 操作步骤

01 单击视频轨上方的按钮，切换到时间轴模式，在默认设置下，界面上只显示一条覆叠轨，如图 8–5 所示。

02 单击时间轴上方的按钮，打开【轨道管理器】，如图 8–6 所示。

03 根据影片编辑的需要选中覆叠轨 #2、覆叠轨 #3、覆叠轨 #4 等，单击 确定 按钮，在预设的覆叠轨 #1 下方添加新的覆叠轨，以便于进行多轨的视频叠加和编辑操作，如图 8–7 所示。

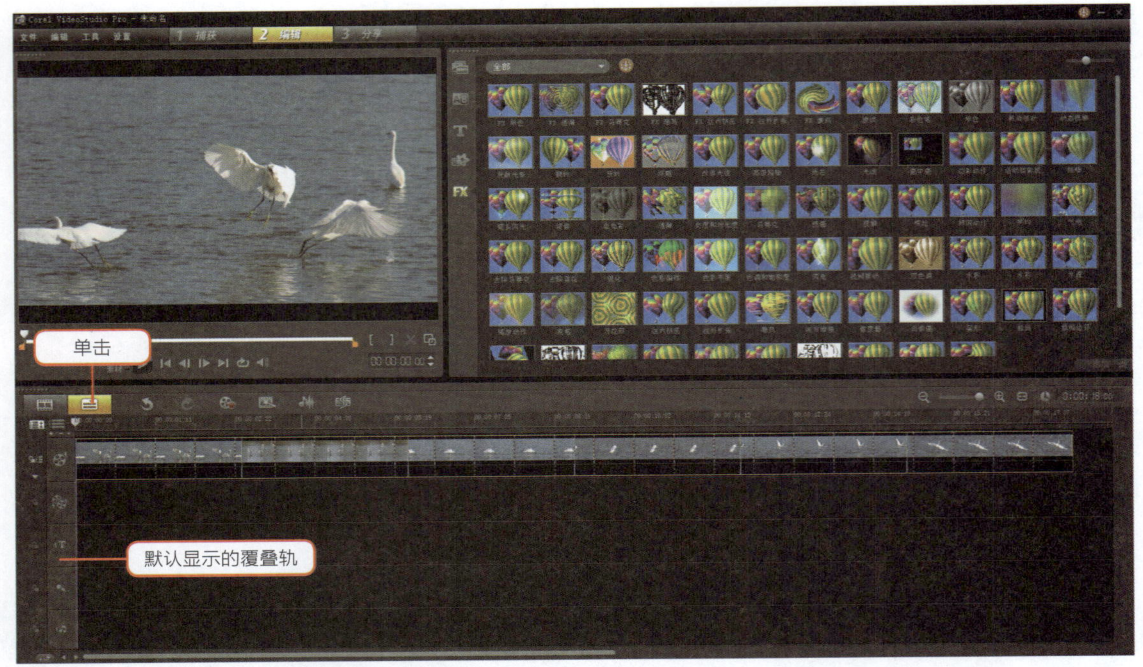


图 8-5　切换到时间轴模式

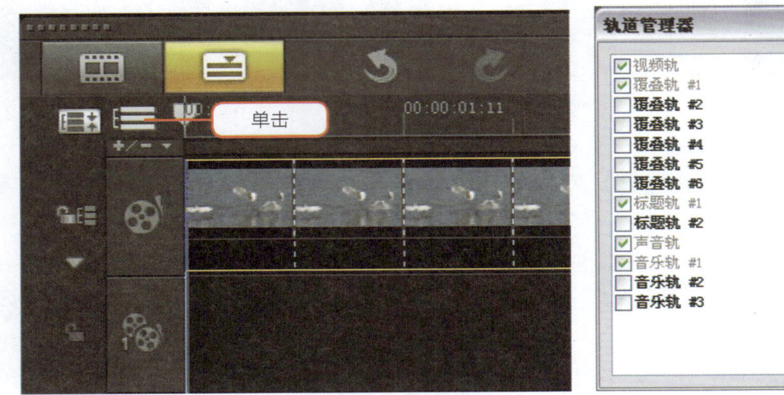


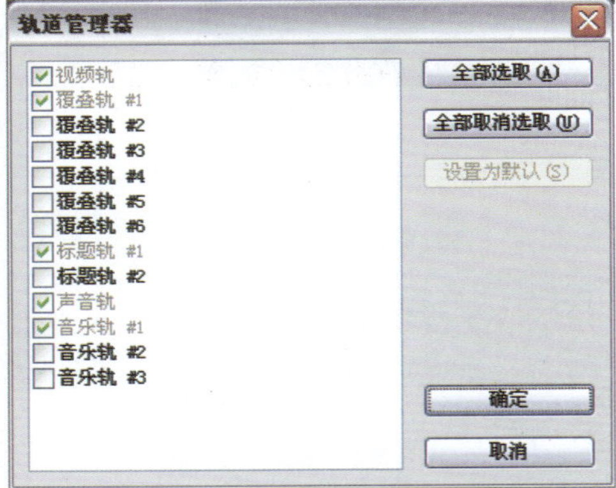

轨道管理器

- ☑ 视频轨
- ☑ 覆叠轨 #1
- ☐ 覆叠轨 #2
- ☐ 覆叠轨 #3
- ☐ 覆叠轨 #4
- ☐ 覆叠轨 #5
- ☐ 覆叠轨 #6
- ☑ 标题轨 #1
- ☐ 标题轨 #2
- ☑ 声音轨
- ☑ 音乐轨 #1
- ☐ 音乐轨 #2
- ☐ 音乐轨 #3

全部选取(A)
全部取消选取(U)
设置为默认(S)
确定
取消

图 8-6　打开轨道管理器

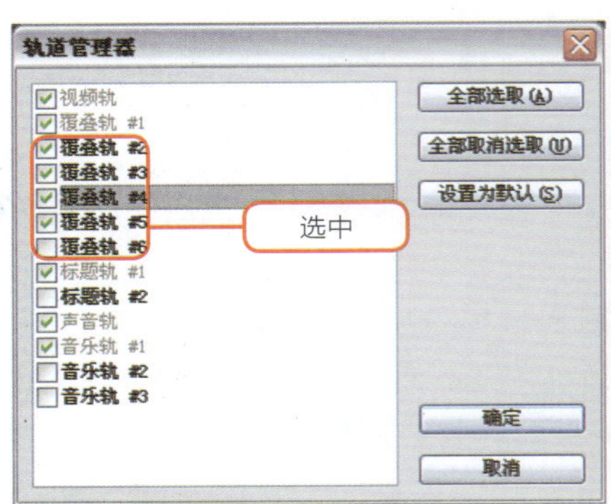

轨道管理器

- ☑ 视频轨
- ☑ 覆叠轨 #1
- ☑ 覆叠轨 #2
- ☑ 覆叠轨 #3
- ☑ 覆叠轨 #4
- ☑ 覆叠轨 #5
- ☐ 覆叠轨 #6
- ☑ 标题轨 #1
- ☐ 标题轨 #2
- ☑ 声音轨
- ☑ 音乐轨 #1
- ☐ 音乐轨 #2
- ☐ 音乐轨 #3

全部选取(A)
全部取消选取(U)
设置为默认(S)
确定
取消



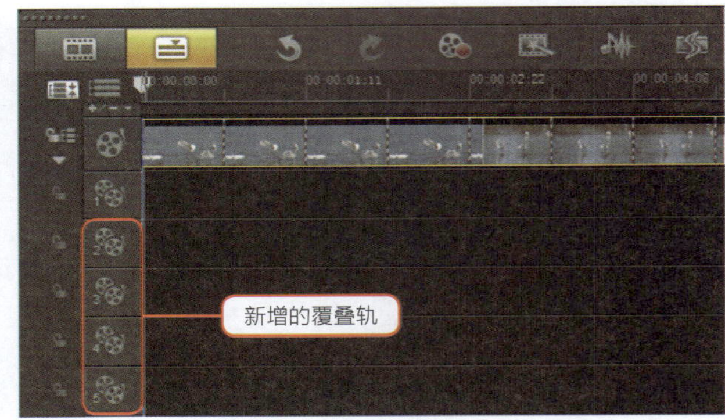


图 8-7　添加多个覆叠轨

## 8.2.2 把素材添加覆叠轨上

在会声会影中可以将保存到硬盘上的视频素材、图像素材、色彩素材或者 Flash 动画添加到覆叠轨上，也可以将对象和边框添加到覆叠轨。下面介绍添加最基本的添加方法。

原始素材：chap08 \ 01 添加覆叠素材 \ 8_1\8_1.VSP
完成效果：chap08 \ 01 添加覆叠素材 \ 8_1end\8_1end.VSP

### 操作步骤

**01** 打开配套光盘上提供的项目文件 8_1.VSP，单击视频轨上方的按钮，切换到时间轴模式，如图 8-8 所示。

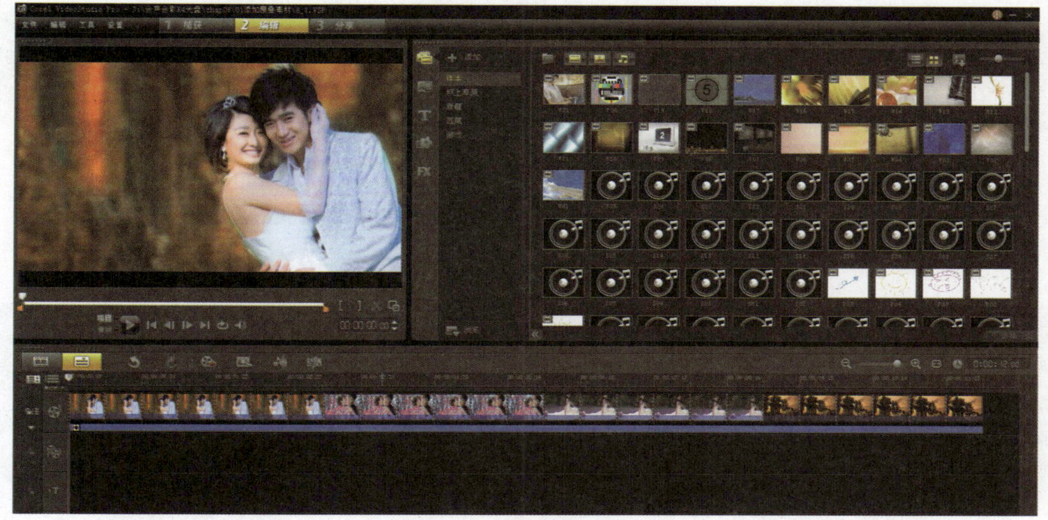

图 8-8　打开项目文件

**02** 单击素材库左侧的按钮，并在素材库下拉列表中选择【边框】，显示边框素材，如图 8-9 所示。

图 8-9　显示素材库中的边框素材

03 在素材库中选中一个边框素材，按住并拖动鼠标，从素材库拖动到覆叠轨上，释放鼠标，即可把素材添加到覆叠轨上，如图 8–10 所示。

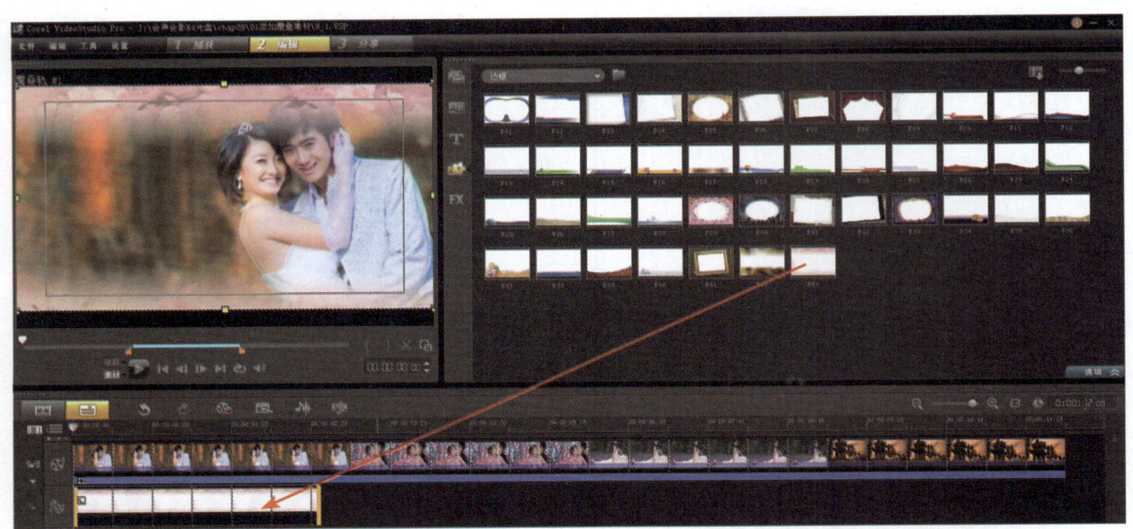

图 8–10　把选中的文件从素材库拖动到覆叠轨上

04 拖动覆叠素材右侧的黄色标记，调整覆叠素材的长度，使它与视频素材相适应，如图 8–11 所示。单击按钮，可以看到在影片中添加覆叠素材的效果。

图 8–11　调整覆叠素材的长度

**提示**

在大多数情况下，素材都保存在硬盘或光盘上。如果希望直接将这些素材添加到覆叠轨上（不添加到素材库）。打开 Windows 资源管理器，单击资源管理器右上角的按钮缩小窗口。保持资源管理器位于会声会影界面窗口的前面，直接将它们拖曳到覆叠轨上，如图 8–12 所示。

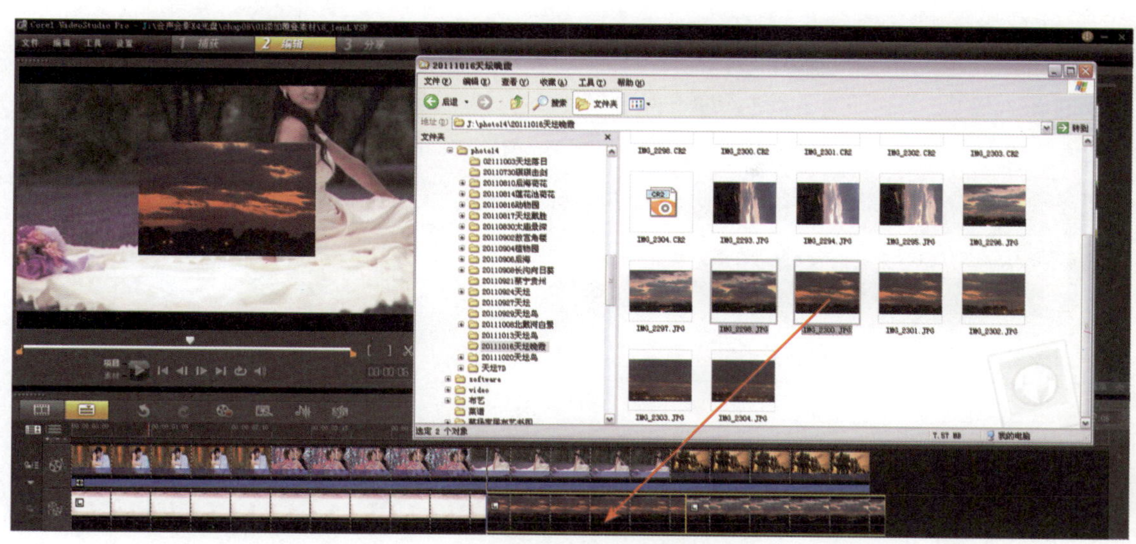

图 8–12 把素材直接拖曳到覆叠轨上

## 8.3 覆叠选项面板功能详解

在会声会影中，想要通过覆叠轨制作出各种不同的效果，可以通过在选项面板上调整参数来实现。在覆叠轨上单击鼠标选中覆叠素材，然后单击 选项 按钮展开选项面板，其中的各项参数如图 8-13 所示。

### 1. 基本覆叠属性设置面板

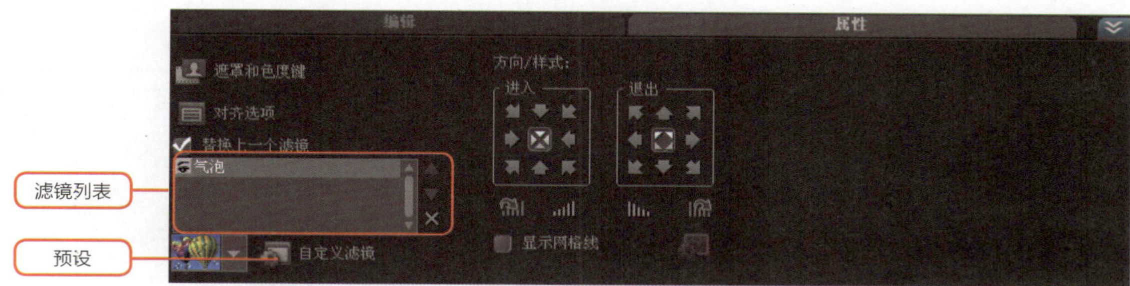


图 8–13 影片覆叠的选项面板

| | |
|---|---|
| 遮罩和色度键 | 单击按钮，在高级覆叠属性设置面板上设置覆叠素材的透明度、透空等属性。 |
| 对齐选项 | 单击按钮，在弹出菜单中选择相应的命令，调整覆叠素材的位置、大小。 |
| 替换上一个滤镜 | 选中该复选框，新的滤镜将替换原先存在的滤镜。取消选中该复选框，可在覆叠素材上应用多个滤镜。 |
| 滤镜列表 | 显示已经应用到覆叠素材上的所有视频滤镜。 |
| 预设 | 单击三角按钮，展开预设列表。 |
| 自定义滤镜 | 单击按钮，在弹出的对话框中可以自定义滤镜属性。 |

| 进入 | 设置素材进入画面的方向。 |
|---|---|
| 退出 | 设置素材离开画面的方向。 |
| 淡入 | 按下按钮，覆叠素材以逐渐清晰显示的方式进入画面。 |
| 淡出 | 按下按钮，覆叠素材以逐渐透明化显示的方式离开画面。 |
| 暂停区间前的旋转 | 按下按钮，在覆叠画面进入画面时应用旋转效果。 |
| 暂停区间后的旋转 | 按下按钮，在覆叠画面离开画面之前应用旋转效果。 |
| 显示网格线 | 选中该复选框，将在预览窗口中显示网格线，精确控制素材变形的位置。 |
| 网格线选项 | 选中【显示网格线】复选框后，单击此按钮，设置网格线的属性。 |

### 2. 高级覆叠属性设置面板

单击【遮罩和色度键】按钮，选项面板如图 8-14 所示，设置覆叠素材的高级属性。

图 8–14　遮罩和色度键设置面板

| 透明度 | 设置覆叠素材的透明度。拖动滑动条或输入数值，调整透明度。 |
|---|---|
| 边框 | 为覆叠素材添加边框并设置边框的宽度。 |
| 边框色彩 | 单击色彩框，选择边框的颜色。 |
| 应用覆叠选项 | 选中该复选框，设置色度键覆叠或者遮罩帧覆叠。 |
| 类型 | 单击右侧的三角按钮，从下拉列表中选择透空素材的方式。 |
| 相似度 | 指定要渲染为透明的色彩的选择范围。单击右侧的色彩框，选择要渲染为透明的颜色。单击按钮，在覆叠素材中选取色彩。 |
| 宽度和高度 | 调整【宽度】和【高度】中的数值，对覆叠素材进行修剪。 |
| 覆叠预览 | 显示覆叠素材调整之前的原貌，方便比较调整后的效果。 |
| 关闭 | 单击按钮，返回到基本覆叠属性设置面板。 |

## 8.4 【覆叠】效果基本运用

视频叠加是影片中常用的一种编辑手法，会声会影提供了很多种叠加方式，如色度键透空叠加、遮罩透空叠加、边框叠加以及动画叠加等。下面介绍覆叠效果在影片中的典型应用方法。

## 8.4.1 调整覆叠素材的位置和尺寸

在覆叠轨上添加素材后，调整覆叠素材在画面上的位置、尺寸，方便灵活地叠加画面。首先，介绍手动调整的方法。

原始素材：chap08 \ 02 调整素材位置尺寸 \ 8_2\8_2.VSP
完成效果：chap08 \ 02 调整素材位置尺寸 \ 8_2end\8_2end.VSP

### 操作步骤

**01** 打开配套光盘上的项目文件 8_2.VSP，预想在项目文件中添加了覆叠素材，如图 8-15 所示。

图 8-15　打开项目文件

**02** 将鼠标指针置于覆叠素材之上，按住并拖动鼠标移动覆叠轨上的素材，调整它与视频轨上素材的对应位置，如图 8-16 所示。

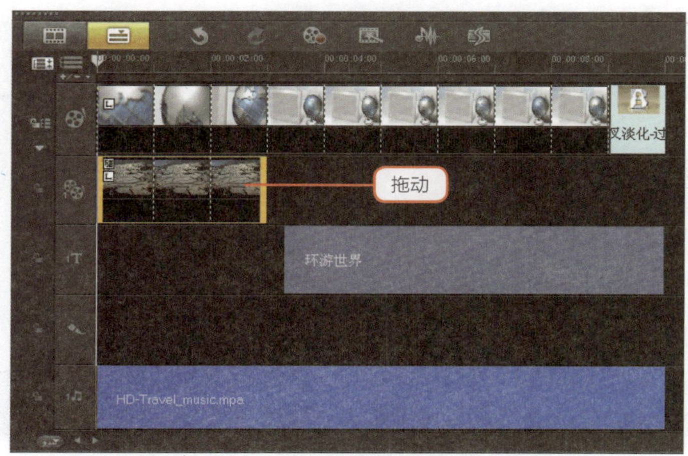


图 8-16　调整覆叠素材的位置

03 拖动覆叠素材右侧的黄色标记，调整覆叠素材的长度，如图 8-17 所示。

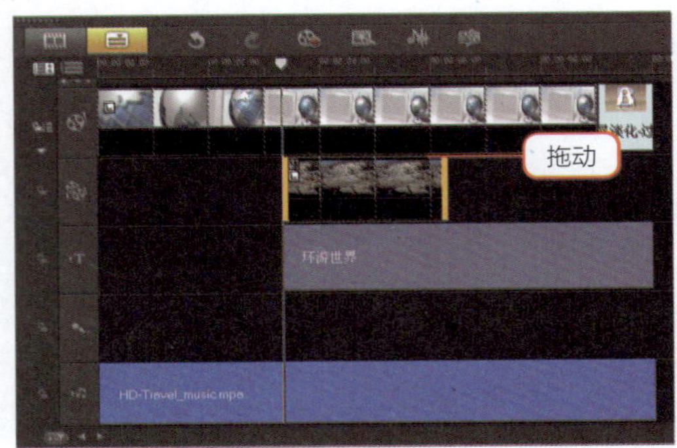


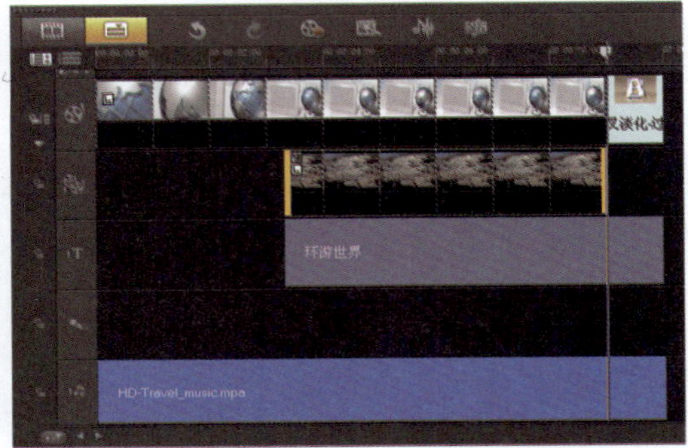


图 8-17　调整覆叠素材的长度

04 在覆叠素材上单击鼠标，使它处于编辑状态。这时，预览窗口的覆叠素材四周显示出控制点，如图 8-18 所示。

05 在预览窗口中，将鼠标指针放置在控制点包围的区域内，按住并拖动鼠标调整覆叠素材的位置，如图 8-19 所示。

图 8-18　覆叠素材处于编辑状态

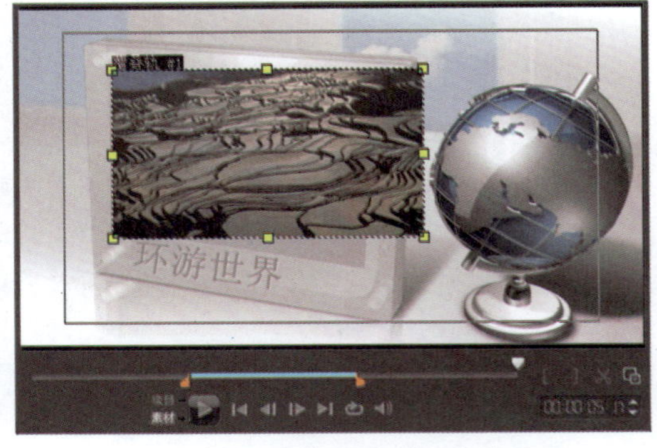


图 8-19　调整覆叠素材的位置

06 在预览窗口中拖动黄色控制点，调整覆叠素材的大小，如图 8-20 所示。

07 在预览窗口中拖动四角的绿色控制点，使覆叠素材产生变形，用这种方式，使它与视频轨上的素材完美地结合在一起，如图 8-21 所示。

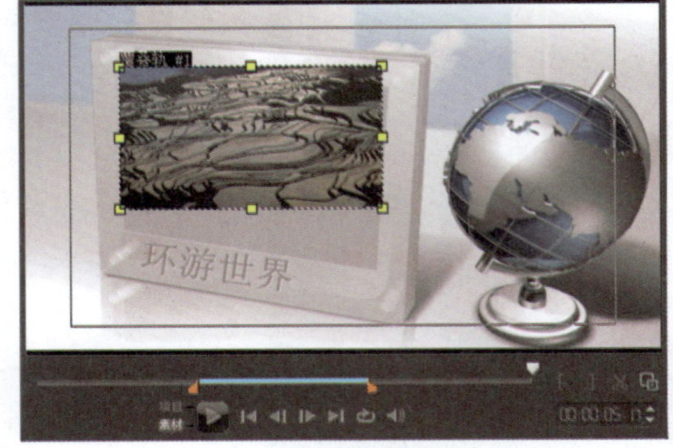


图 8-20　调整覆叠素材的大小

图 8-21　使覆叠素材产生变形

## 8.4.2 使用覆叠素材快捷菜单

除了手动调整覆叠素材的大小和位置，还可以通过右键快捷菜单快速调整。

### 操作步骤

**01** 分别在视频轨和覆叠轨上添加素材，然后单击覆叠轨上的素材，使它处于编辑状态，如图 8-22 所示。

图 8-22　使覆叠素材处于编辑状态

**02** 在预览窗口中拖动覆叠素材四角任意一个绿色控制点，使素材产生变形，然后在覆叠素材上单击鼠标右键，从弹出菜单中选择【重置变形】命令，倾斜变形后的素材被恢复到未变形状态，如图 8-23 所示。

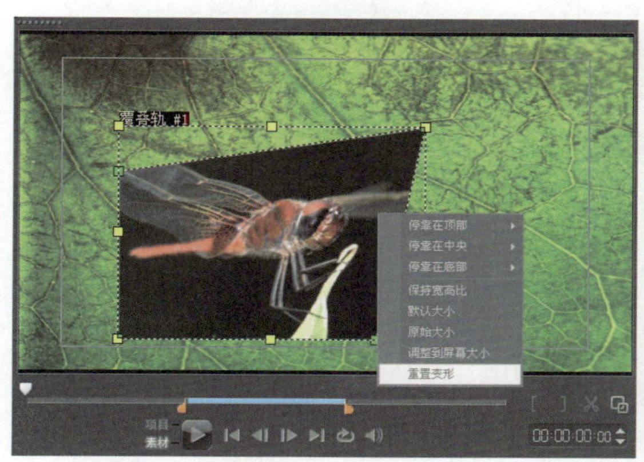


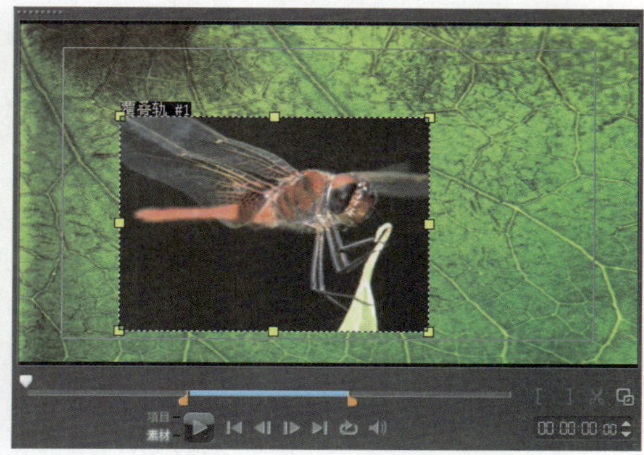

图 8-23　重置变形

**03** 在覆叠素材上单击鼠标右键，从弹出菜单中选择【调整到屏幕大小】命令，覆叠素材自动被调整到屏幕大小，如图 8-24 所示。

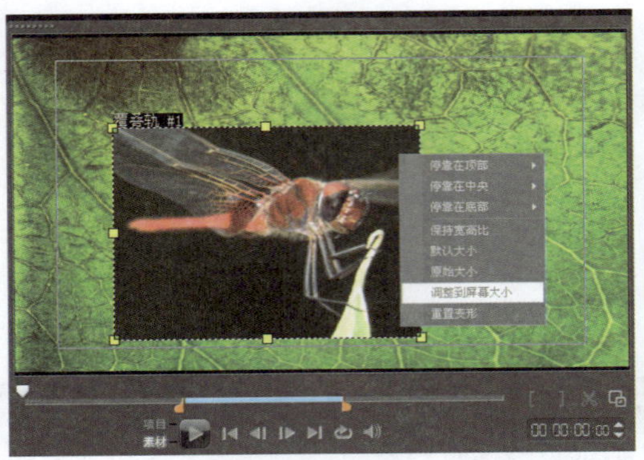


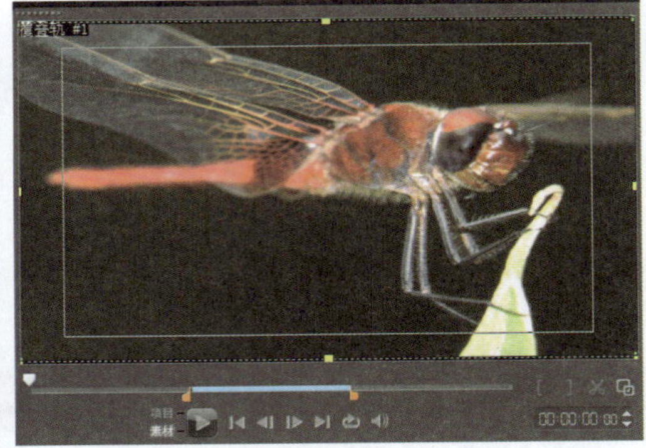

图 8-24　调整到屏幕大小

> **提示　恢复原始素材的宽高比**
>
> 在右键菜单中选择【保持宽高比】命令，素材被恢复到原始的宽高比例。

**04** 在右键菜单中选择【默认大小】命令，覆叠素材被恢复到会声会影默认的尺寸，如图 8-25 所示。

图 8-25　恢复到默认尺寸

**05** 在右键菜单中选择【停靠在底部】/【居右】命令，覆叠素材被移动到整个画面底部居右的位置，如图 8-26 所示。

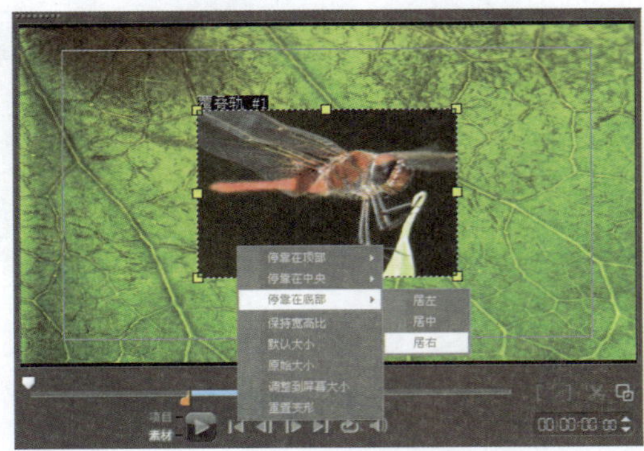

图 8-26　快速调整覆叠素材的位置

**提示 将覆叠素材调整到原始尺寸**

在右键菜单中选择【原始大小】命令，素材将以原始像素尺寸显示。

**提示 其他几种快速定位方式**

在右键菜单中选择【停靠在顶部】、【停靠在中央】或者【停靠在底部】命令，然后从子菜单中选择【居左】、【居中】或者【居右】命令，使覆叠素材快速定位到指定的位置。

### 8.4.3 在影片中叠加透空对象

【对象】是指边缘透空的一些装饰物件，它可以使影片变得有趣而富于变化。在会声会影中可以轻易地添加一些预设对象。

原始素材：chap08 \ 03 对象覆叠 \ 8_3\8_3.VSP
完成效果：chap08 \ 03 对象覆叠 \ 8_3end\8_3end.VSP

**操作步骤**

**01** 打开配套光盘上的项目文件 8_3.VSP，如图 8-27 所示。在视频轨上添加其他视频素材或者图像素材。

图 8-27 打开项目文件

**02** 单击素材库左侧的【图形】按钮，在素材库下拉菜单中选择【对象】，显示【对象】素材库，如图 8-28 所示。

**03** 在素材库中选择一个要使用的对象，将选中的对象拖曳到覆叠轨上，并将它移动的与视频轨上的素材对应的合适位置，然后拖曳两端的黄色标记调整覆叠素材的长度，如图 8-29 所示。

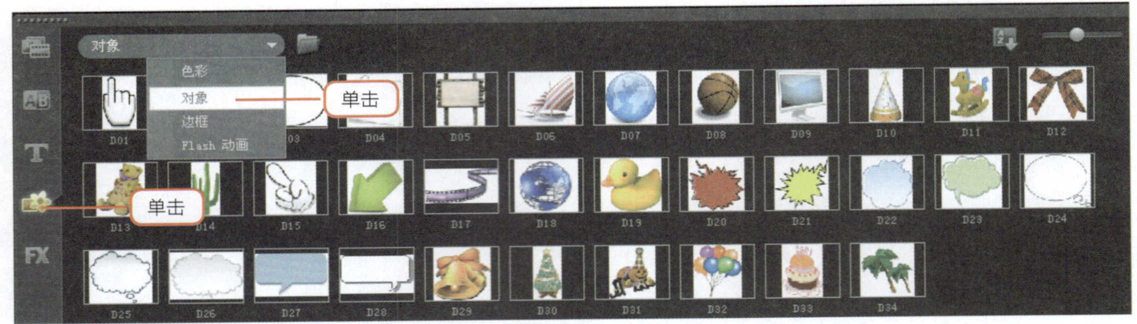


图 8-28　显示【对象】素材库

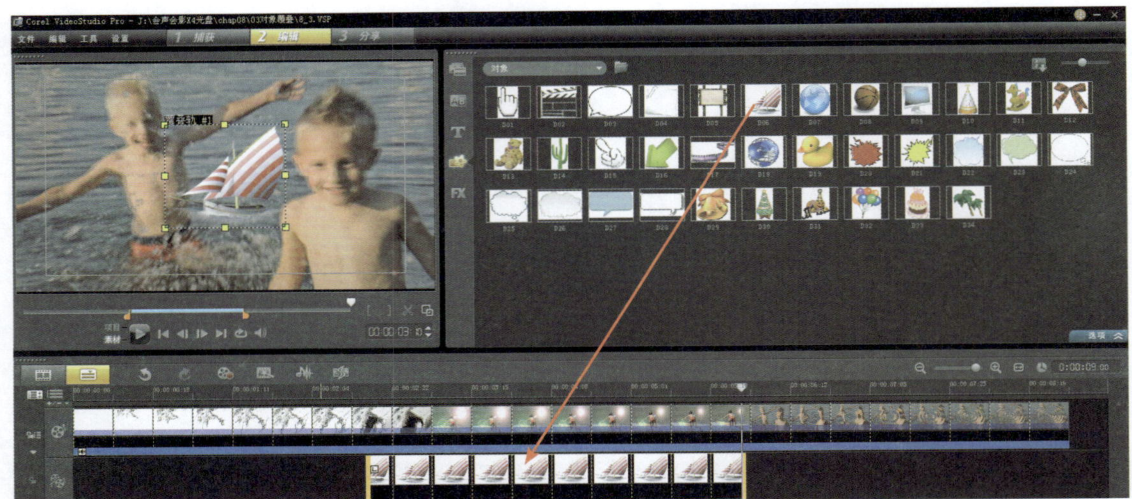

图 8-29　将对象添加到覆叠轨并调整它的位置和长度

**04** 在预览窗口中将对象移动到合适的位置，然后拖动控制点调整它的大小和位置，如图 8-30 所示。

图 8-30　调整覆叠素材的大小和位置

05 在选项面板上，在【方向 / 样式】栏中为添加的对象指定运动属性，使对象在视频中移动，如图 8-31 所示。

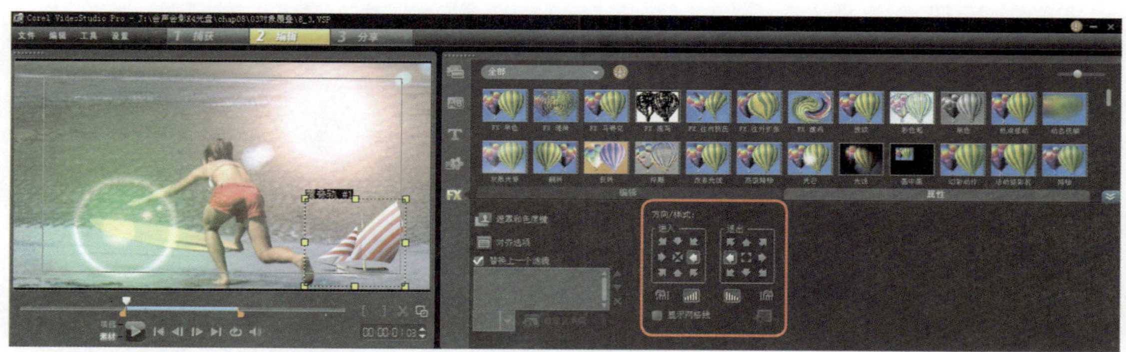

图 8-31　覆叠素材指定运动方式

06 调整完成后，单击预览窗口下方的【播放项目】按钮，查看影片中添加的对象效果。

### 8.4.4　若隐若现的半透明画面叠加

这里所介绍的画面叠加效果，是指视频轨上的素材与覆叠轨上的素材以半透明的形式重叠在一起，显示出若隐若现的画面叠加效果。

光盘路径

原始素材：chap08 \ 04 画面叠加 \ 8_4\8_4.VSP
完成效果：chap08 \ 04 画面叠加 \ 8_4end\8_4end.VSP

**操作步骤**

01 打开配套光盘上的项目文件 8_4.VSP，分别在视频轨和覆叠轨上添加了素材，如图 8-32 所示。

图 8-32　添加覆叠素材

02 在预览窗口的覆叠素材上单击鼠标右键，从弹出菜单选择【调整到屏幕大小】命令，使覆叠素材自动适合屏幕，如图 8–33 所示。

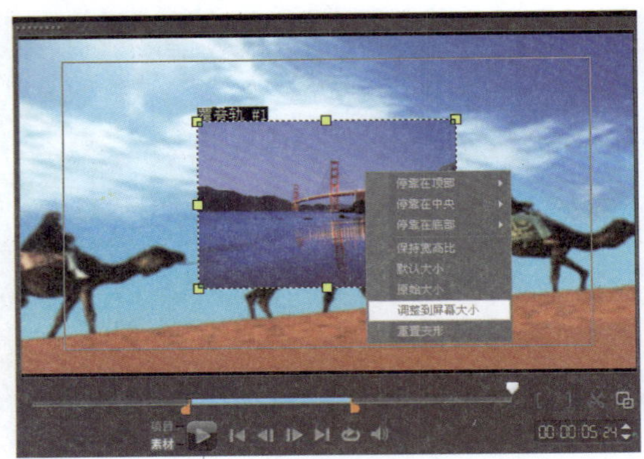

图 8–33　调整覆叠素材尺寸

03 在覆叠轨的素材上单击鼠标，使它处于编辑状态，然后单击【选项】按钮展开选项面板。

04 在选项面板的【属性】选项卡中单击【遮罩和色度键】按钮，打开覆叠选项面板，如图 8–34 所示。

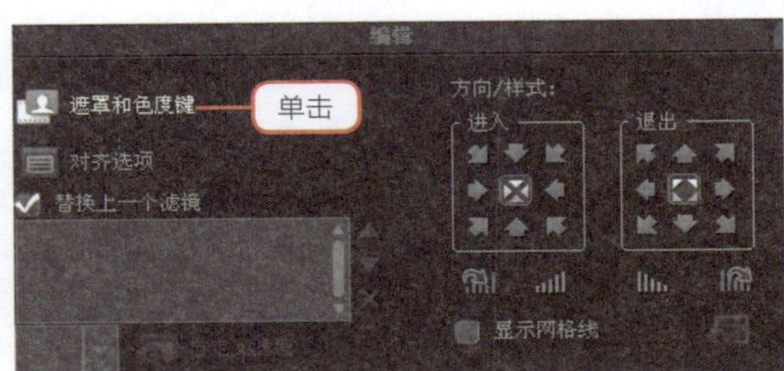

图 8–34　打开覆叠选项面板

05 在选项面板上拖动滑块调整【透明度】，设置为 50，即可看到影片中应用的画面叠加效果，如图 8–35 所示。

图 8–35　在选项面板上设置【透明度】

06 设置完成后，单击右上角的按钮关闭【覆叠选项】面板。然后单击预览窗口下方的【播放项目】按钮，查看半透明叠加的影片效果，如图 8–36 所示。

图 8-36　半透明叠加的影片效果

## 8.4.5 透空叠加 Flash 动画

在会声会影中，可以把以透明方式储存的 Flash 对象或素材添加到视频轨或者覆叠轨上，制作出卡通式的覆叠效果，使影片变得更加生动。

原始素材：chap08 \ 05Flash 透空覆叠 \8_5.VSP
完成效果：chap08 \ 05Flash 透空覆叠 \ 8_5end\8_5end.VSP

### 操作步骤

01 打开配套光盘上的项目文件 8_5.VSP，如图 8-37 所示。

图 8-37　打开项目文件

02 单击素材库左侧的【图形】按钮，在素材库下拉菜单中选择【Flash 动画】，显示【Flash 动画】素材库，如图 8-38 所示。

03 将素材库中需要使用的 Flash 动画拖曳到覆叠轨上，并将它移动到与视频轨上的素材对应的合适位置，然后拖曳两端的黄色标记调整覆叠素材的长度。在这里添加了一个蝴蝶的动画，如图 8-39 所示。

04 调整完成后，单击预览窗口下方的【播放项目】按钮，即可看到影片中添加的透空 Flash 动画效果，如图 8-40 所示。

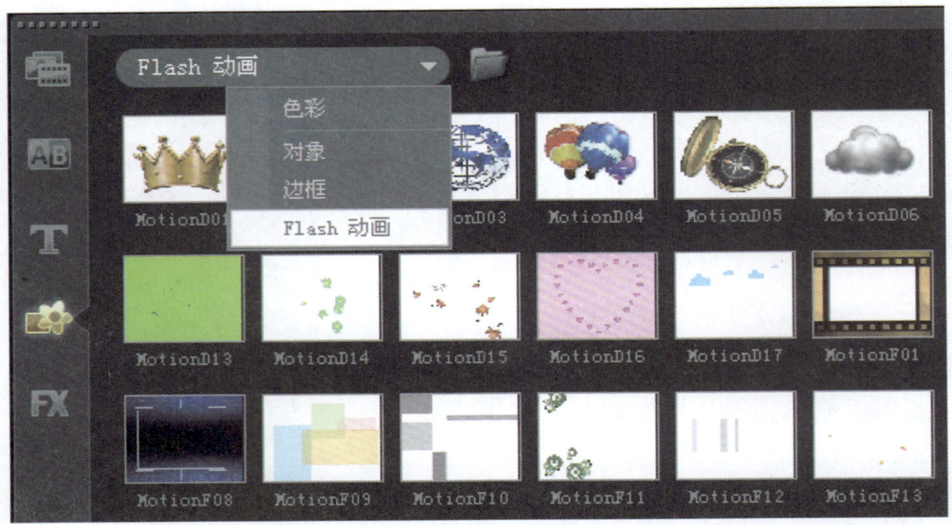


图 8-38　显示【Flash 动画】素材库

图 8-39　将 Flash 动画添加到覆叠轨并调整它的位置和长度

图 8-40　在影片中添加的透空 Flash 动画的效果

### 8.4.6　为覆叠素材添加边框

在制作画中画效果时，为覆叠素材添加边框使素材更加清晰地与背景分离。下面，介绍为覆叠素材添加边框的方法。

光盘路径

原始素材：chap08 \ 06 添加边框 \ 8_6\8_6.VSP
完成效果：chap08 \ 06 添加边框 \ 8_6end\8_6end.VSP

## 操作步骤

**01** 打开配套光盘上的项目文件 8_6.VSP，如图 8-41 所示。

图 8-41　打开项目文件

**02** 单击素材库左侧的【图形】按钮，在素材库下拉菜单中选择【边框】，显示【边框】素材库，如图 8-42 所示。

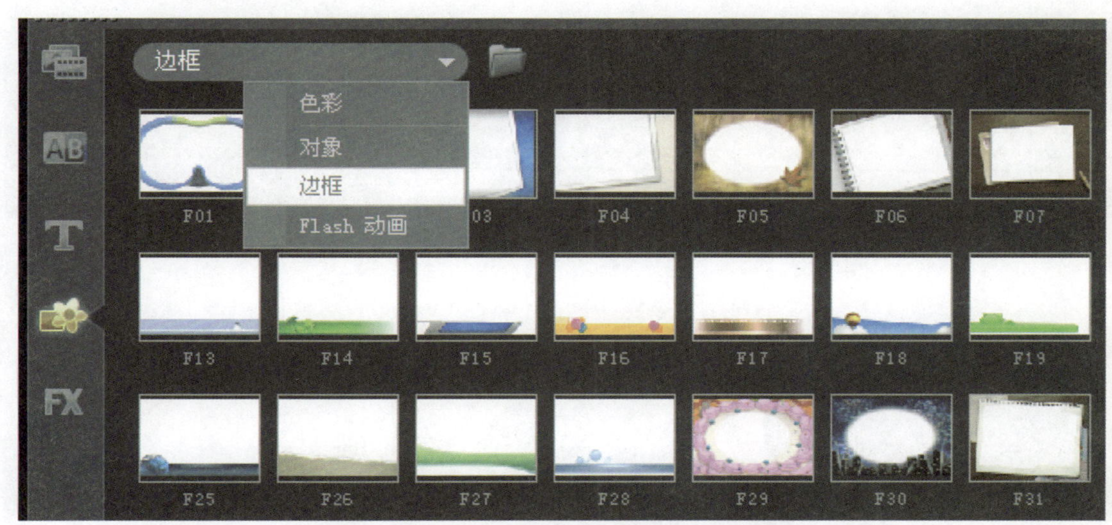


图 8-42　在素材库下拉列表中选择【边框】命令

**03** 将素材库中需要使用的边框拖曳到覆叠轨上，并将它移动到与视频轨上的素材对应的合适位置，然后拖曳两端的黄色标记调整覆叠素材的长度，如图 8-43 所示。

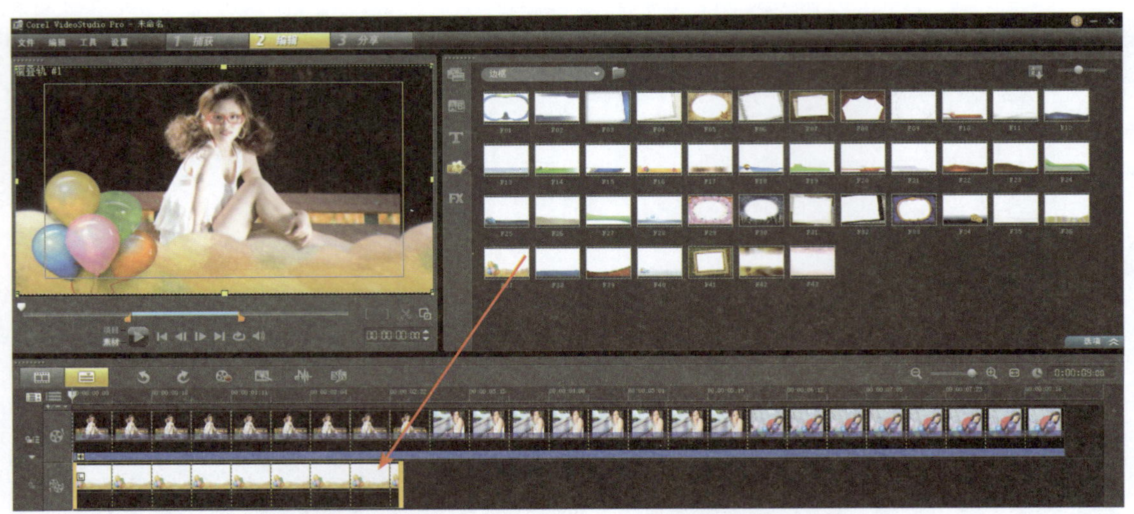

图 8-43　将边框添加到覆叠轨并调整它的位置和长度

**04** 用同样的方式，把其他类型的边框添加到覆叠轨上，如图 8-44 所示。

图 8-44　添加新的边框

**05** 添加完成后，单击预览窗口下方的【播放项目】按钮，查看影片中添加的透空边框的效果，如图 8-45 所示。

图 8-45　在影片中添加透空边框

## 8.5 【覆叠】效果高级运用

下面，将介绍更加高级的覆叠应用，它们将使影片效果更加生动、出色。

### 8.5.1 使用即时项目功能

会声会影 X4 的视频轨上方提供了【即时项目】功能，使用它可调入预设模板，并将它应用到当前项目的片头或者片尾，更加快捷地为影片提供创意。

**操作步骤**

01 启动会声会影，然后单击视频轨上方的【即时项目】按钮，打开【即时项目】对话框，如图 8-46 所示。

图 8-46 开【即时项目】对话框

02 在对话框左上方的下拉列表中，选中一种要使用的模板类型，如图 8-47 所示。

03 在左侧的列表中单击鼠标选中要使用的模板，并在预览窗口中查看效果，如图 8-48 所示。

图 8-47 选中要使用的模板类型

图 8-48 选中并查看模板效果

04 在【插入到时间轴】中，选中模板插入到影片中的位置，如图 8-49 所示。

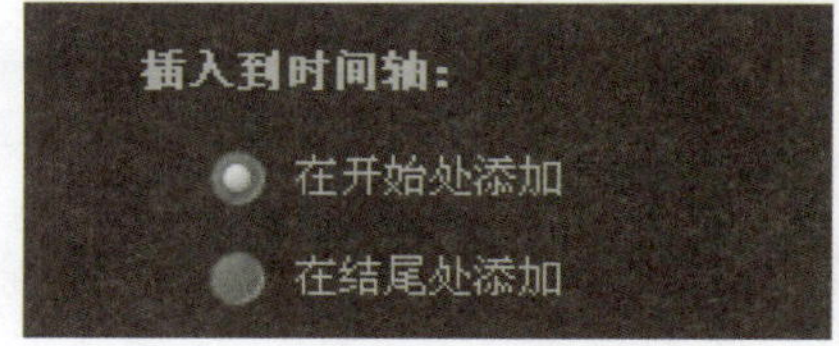


图 8-49 设置插入到影片中的位置

**05** 单击 插入 按钮，将当前所选中的模板插入到会声会影中，如图 8-50 所示。

图 8-50　把模板插入到会声会影中

**06** 接下来，使用替换素材的方法把模板中的素材替换成需要的素材。用鼠标右键单击想要替换的素材，从弹出菜单中选中【替换素材】/【照片】或者【视频】命令，如图 8-51 所示。

**07** 在弹出的对话框中选中配套光盘上提供的用于替换的文件，如图 8-52 所示。

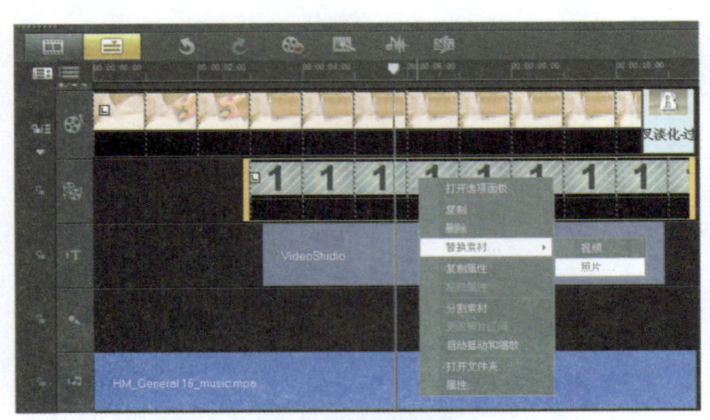


图 8-51　选择需要替换的素材类型

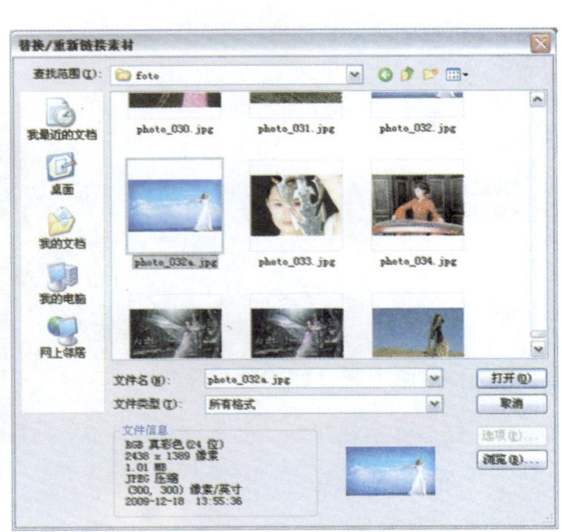


图 8-52　选中用于替换的文件

**08** 单击 打开(O) 按钮，选中的素材就替换了模板中原先的素材，并且保留了项目中应用的变形、特效、转场等其他效果，为影片编辑提供了很大的方便，如图 8-53 所示。用同样的方式替换模板中其他的素材，快速制作出具有专业效果的影片。

图 8-53　选中的素材就替换了模板中原先的素材

## 8.5.2　复制和粘贴素材属性

除了直接替换即时项目中的素材，会声会影也允许用户复制和粘贴覆叠素材的属性，更好地提高影片编辑的效率。

原始素材：chap08 \ 07 复制粘贴素材属性 \ 8_7\8_7.VSP
完成效果：chap08 \ 07 复制粘贴素材属性 \ 8_7end\8_7end.VSP

### 操作步骤

**01** 打开配套光盘上的项目文件 8_7.VSP，项目文件中已经预先添加了视频、照片、声音等素材，如图 8-54 所示。

图 8-54　添加覆叠素材

02 单击鼠标选中覆叠轨上的第一个照片素材，然后单击预览窗口右下角的按钮，将窗口放大，如图 8–55 所示。

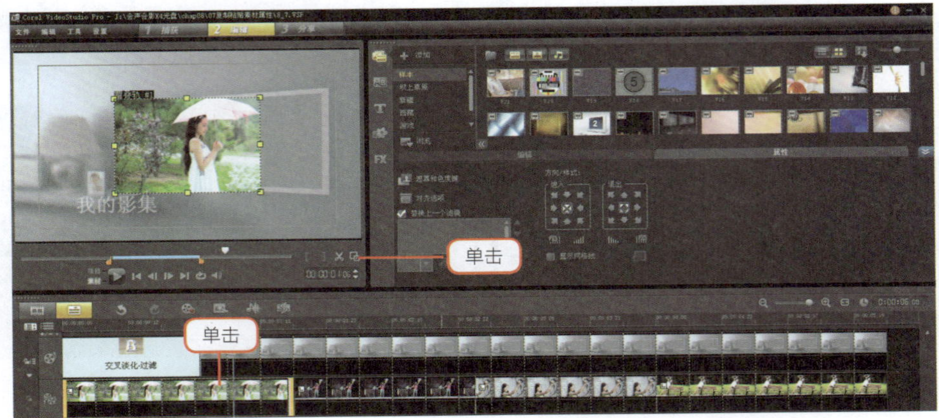

图 8–55　放大视频窗口

03 覆叠素材的每个角落都有绿色的控制点，调整照片的位置，并拖动绿色的控制点使覆叠素材变形，与下方的画面相吻合，如图 8–56 所示。

图 8–56　拖动绿色控制点调整角度

04 单击预览窗口右下角的按钮将窗口恢复到标准状态，再单击素材库左侧的按钮，把【气泡】滤镜拖动到素材上，如图 8–57 所示。单击【播放项目】按钮，查看覆叠素材变形并且添加气泡的效果。

图 8–57　在覆叠素材中添加气泡滤镜

05 在已经应用变形和滤镜效果的覆叠素材上单击鼠标右键，从弹出菜单选择【复制属性】命令，如图 8-58 所示。

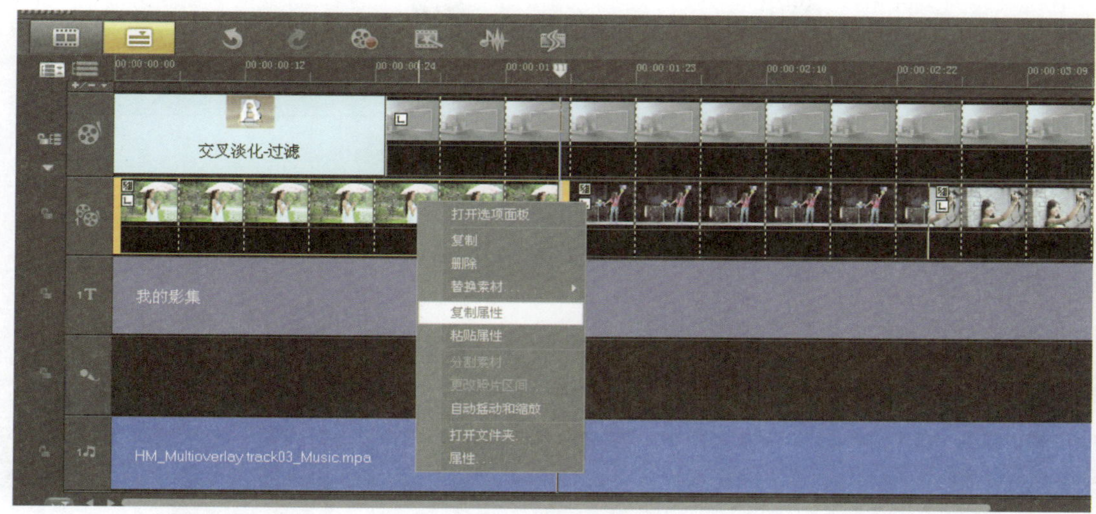


图 8-58　复制素材属性

06 按住 Shift 键单击其他覆叠素材，全部选中。单击鼠标右键，从弹出菜单中选择【粘贴属性】命令，将复制的变形效果、滤镜效果应用到所有选中的素材中，如图 8-59 所示。

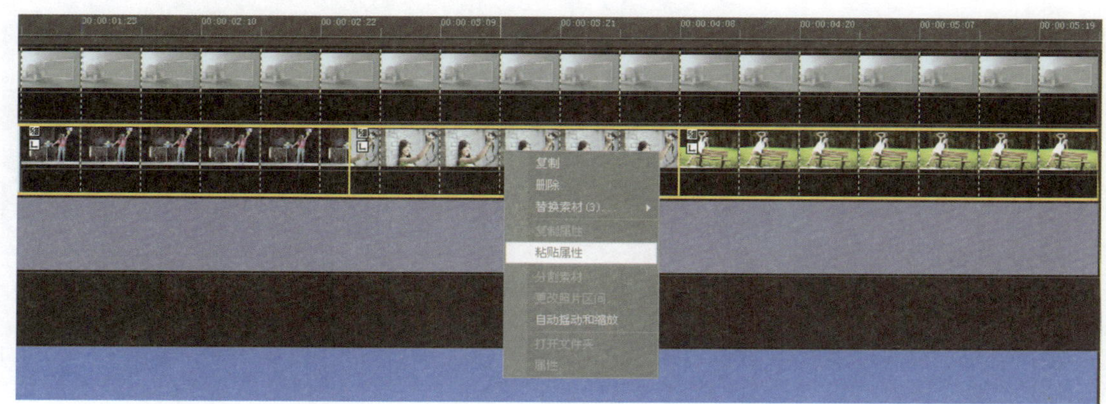


图 8-59　粘贴素材属性

07 粘贴属性后，不需要调整其他覆叠素材，就可以将同样的变形和滤镜效果应用到新的覆叠素材中，如图 8-60 所示。

图 8-60　素材变形叠加的影片效果

### 8.5.3 在覆叠素材上实现抠像功能

色度键功能就是通常所说的蓝屏、绿屏抠像功能，可以使用蓝屏、绿屏或者其他任何颜色来进行视频抠像，虚拟出电视演播室效果，也可以制作出风格独特的 MTV 影片，建立专业的电视作品。

光盘路径

原始素材：chap08 \ 08 色度键透空覆叠 \ 8_08\8_08.VSP
完成效果：chap08 \ 08 色度键透空覆叠 \ 8_08end\8_08end.VSP

#### 操作步骤

**01** 打开配套光盘上的项目文件 8_08.VSP，视频轨上已经预先添加了素材。

**02** 将配套光盘上的绿背景视频素材 08.avi 添加到覆叠轨上，如图 8-61 所示。

图 8-61　添加覆叠素材

**03** 按住 Shift 键拖动覆叠素材右侧的黄色标记，调整它的播放速度，使素材的长度与视频轨上的素材长度一致，如图 8-62 所示。

图 8-62　调整覆叠素材的长度

**04** 在预览窗口中单击鼠标右键，从弹出菜单中选择【调整到屏幕大小】命令，调整覆叠的视频的尺寸，如图 8-63 所示。

05 在预览窗口中单击鼠标右键，从弹出菜单中选择【保持宽高比】命令，避免覆叠素材出现变形，如图 8-64 所示。

图 8-63　调整覆叠的视频的尺寸

图 8-64　避免覆叠素材出现变形

06 单击选项面板上的【遮罩和色度键】按钮，打开覆叠选项面板。选中【应用覆叠选项】复选框，在【类型】下拉列表框中选择【色度键】选项，如图 8-65 所示。

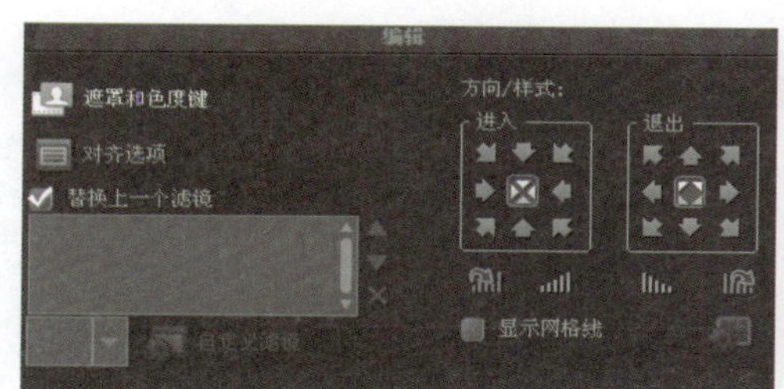


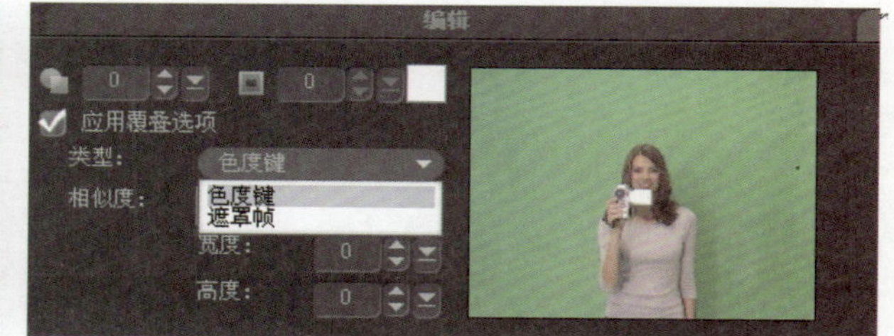


图 8-65　选择【色度键】选项

07 单击【色彩框】，选择要被渲染为透明的颜色，可以看到使用色度键透空背景的效果，如图 8-66 所示。

图 8-66　使用色度键透空背景的效果

**08** 单击预览窗口下方的【播放项目】按钮，可看到色度键透空的覆叠素材在影片中的效果，如图 8–67 所示。

原始覆叠素材

图 8–67　色度键透空的覆叠素材在影片中的效果

## 8.5.4　制作遮罩透空叠加效果

遮罩可以使视频轨和覆叠轨上的视频素材局部透空叠加，下面介绍用遮罩完成透空叠加的方法。

原始素材：chap08 \ 09 遮罩透空叠加 \ 8_09\8_09.VSP
完成效果：chap08 \ 09 遮罩透空叠加 \ 8_09end\8_09end.VSP

### 操作步骤

**01** 打开配套光盘上的项目文件 8_09.VSP，预先在覆叠轨上添加了覆叠素材，如图 8–68 所示。

图 8–68　打开项目文件

**02** 单击【覆叠】轨上的素材，使它处于编辑状态。在预览窗口中单击鼠标右键，从弹出菜单中分别选择【调整到屏幕大小】和【保持宽高比】命令，调整覆叠的素材尺寸，如图 8-69 所示。

图 8-69 调整覆叠素材的尺寸

**03** 单击选项面板上的 选项 按钮展开选项面板。单击 遮罩和色度键 按钮，打开覆叠选项面板。选中【应用覆叠选项】复选框，在【类型】下拉列表框中选择【遮罩帧】选项，如图 8-70 所示。

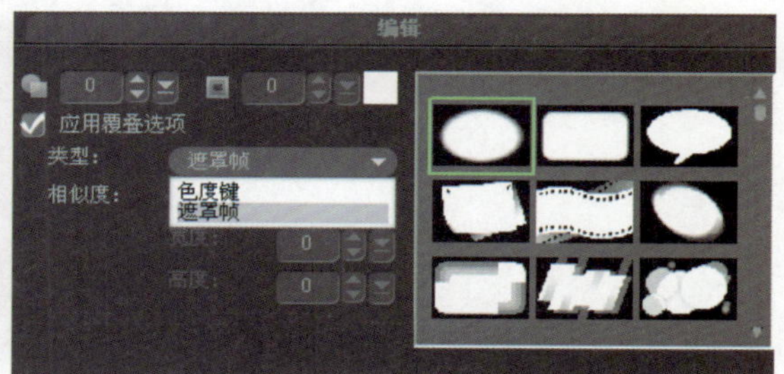


图 8-70 选择【遮罩帧】选项

**04** 在选项面板下方的遮罩略图中选择要使用的遮罩类型，如图 8-71 所示。

图 8-71 选择要使用的遮罩

**05** 用同样的方式为覆叠轨上的其他素材添加遮罩，单击预览窗口下方的【播放项目】按钮，即可看到用遮罩完成透空叠加的效果，如图 8-72 所示。

图 8-72　用遮罩完成透空叠加的效果

## 8.5.5 导出和使用模板

【导出为模板】功能，可以把花费大量时间和精力制作完成的项目文件以模板的形式保存。再次制作类似的影片时，大大减少重复性的工作，通过重复利用模板来提高影片编辑效率。而且，还可以把编辑完成的整个项目文件导出为影片模板，然后进行重复使用或与他人共享。下面，介绍导出和使用模板的方法。

原始素材：chap08 \ 10 导出和使用模板 \ 8_10\8_10.VSP
完成效果：chap08 \10 导出和使用模板 \ 8_10end\ UserTemplateStyle.vpt

### 操作步骤

**01** 打开配套光盘上的项目文件 8_10.VSP，预先对影片进行了编辑，完成了视频、照片、音乐、字幕等素材的编辑工作，如图 8-73 所示。

图 8-73　打开项目文件

02 选择【文件】/【导出为模板】命令，在弹出的信息提示窗口中单击 是(Y) 按钮，保存当前项目文件，如图 8-74 所示。

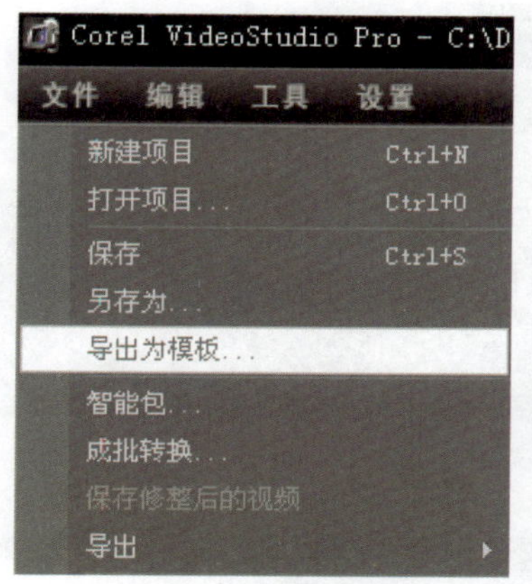


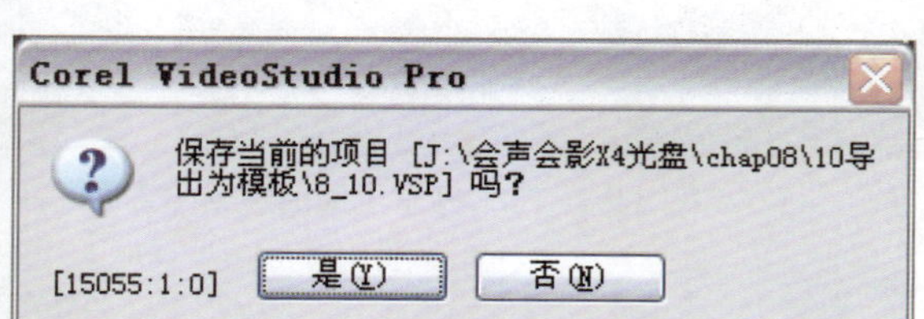


图 8-74 选择【导出为模板】命令并保存项目文件

03 在弹出的对话框中，拖动预览窗口下方的滑块，找到一个画面作为模板略图，然后，单击模板路径右侧的 ... 按钮，在弹出的对话框中指定模板保存的路径。设置模板名称，单击 确定 按钮保存模板，如图 8-75 所示。

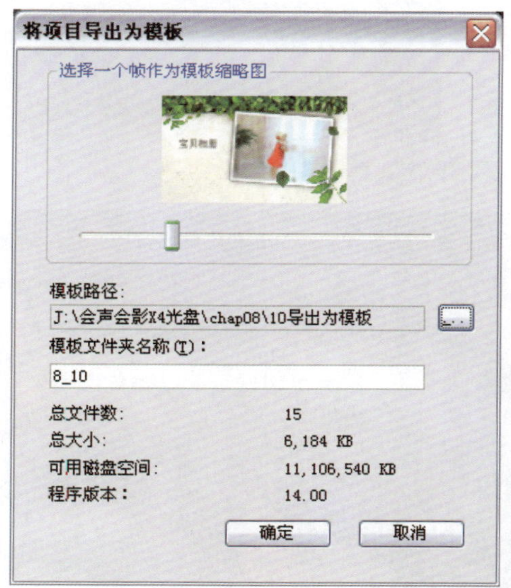

图 8-75 指定模板保存的名称和路径

04 模板保存完成后，按快捷键 Ctrl+N 新建一个项目文件。单击视频轨上方的【即时项目】按钮，打开【即时项目】对话框。在【选择项目】下拉列表中选择【自定义】，如图 8-76 所示。

05 单击对话框上方的【导入一个模板】按钮，在弹出的对话框中选中先前保存的模板文件，单击 打开(O) 按钮，将模板文件添加到自定义模板列表中，如图 8-77 所示。

06 单击 插入 按钮，将选中的自定义模板插入到新建的项目文件中，如图 8-78 所示。替换模板中的素材，应用到全新的影片中。

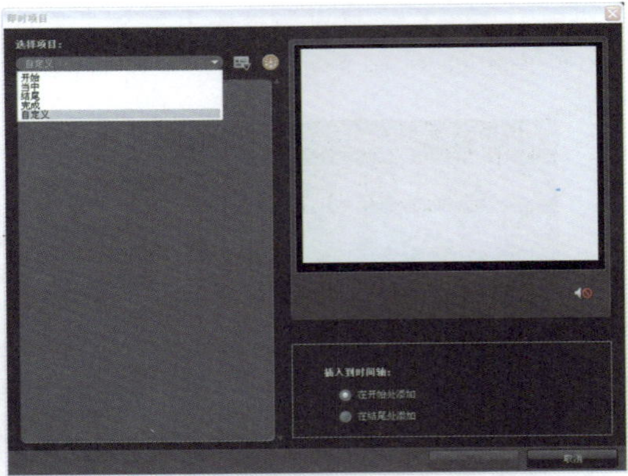

图 8–76　打开【即时项目】对话框并选择【自定义】选项

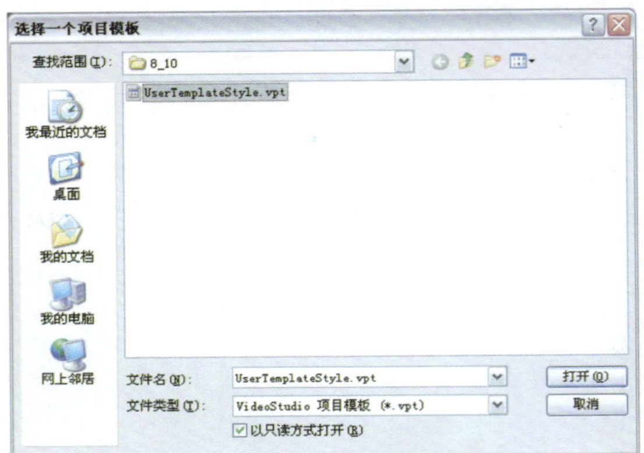

图 8–77　添加自定义模板

图 8–78　打开模板文件

# 9

# 为影片添加标题和字幕

# 9.1 【标题】使用基础

【标题】步骤用于为影片添加文字说明，包括影片的片名、字幕等。影片中的说明性文字能够有效地帮助观众理解影片。在会声会影中可以用很短的时间创建出专业化的字幕。本章，介绍在影片中添加标题的方法。

## 9.1.1 将预设标题添加到影片中

会声会影的素材库中提供了丰富的预设标题，可以直接将它们添加到标题轨上，然后修改标题的内容，使它们与影片融为一体。

原始素材：chap09 \ 01 添加预设标题 \9_1\9_1.VSP
完成效果：chap09 \ 01 添加预设标题 \9_1end\9_1end.VSP

**操作步骤**

**01** 打开配套光盘上提供的项目文件 9_1.VSP，单击素材库左侧的【标题】按钮，在素材库中显示预设标题，如图 9-1 所示。

图 9-1　打开项目文件

**02** 在素材库中选中需要使用的标题模板，拖曳到【标题轨】上，如图 9-2 所示。

**03** 在标题轨上选中已经添加的标题，然后在预览窗口中双击要修改的标题，使它处于编辑状态，并根据需要直接修改文字的内容，如图 9-3 所示。

**04** 在选项面板上设置标题的字体、样式和对齐方式等属性，如图 9-4 所示。

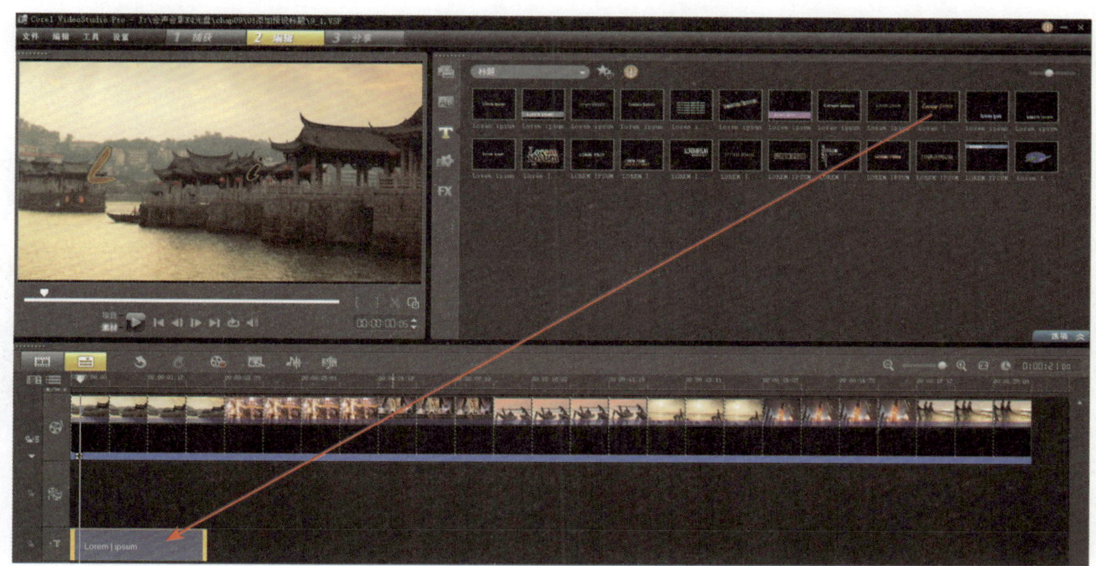


图 9-2　将素材库中的预设标题添加到标题轨

图 9-3　修改标题内容

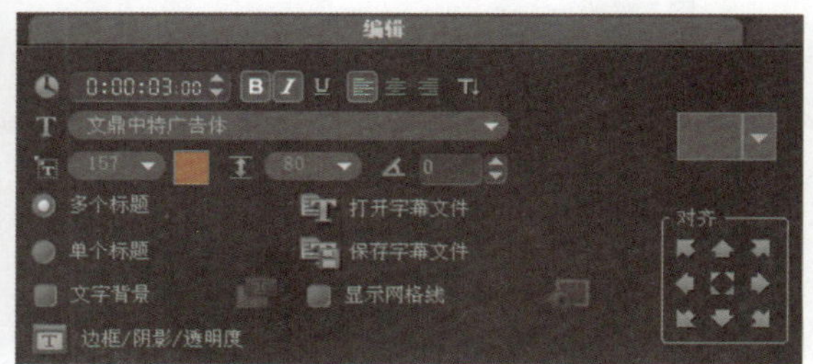


图 9-4　编辑预设标题

**05** 在标题编辑区之外的区域单击鼠标，拖动标题四周的黄色控制点调整标题的大小；将鼠标指针放置在标题的编辑区中，按住并拖动鼠标调整标题的位置。

**提示**

更改标题的字体、大小和颜色等属性时，必须先选中需要修改的字符，然后在选项面板上设置属性。

**06** 在标题的编辑区域之外单击鼠标，结束标题调整工作。然后在标题轨上拖动右侧的黄色标记调整它的长度，制作完成的效果如图 9–5 所示。

图 9–5　调整完成的标题效果

### 9.1.2　基本标题属性设置

在影片中添加标题后，通过选项面板上的各个按钮和选项设置和调整标题的属性。【标题】的选项面板如图 9-6 所示。

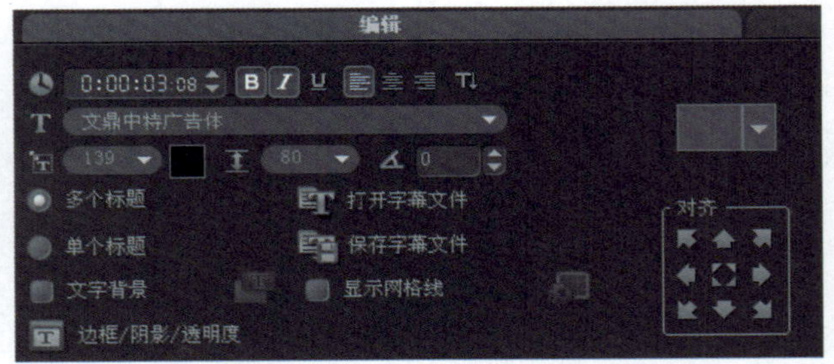


图 9–6　【标题】的选项面板

#### 1. 区间 0:00:03:08

以“时：分：秒：帧”的形式显示标题的播放时间。可以通过修改时间码的值来调整标题在影片中播放时间的长短。

#### 2. B I U 字体样式

为选中的文字设置粗体、斜体或下划线等效果，如图 9-7 所示。按下 B 按钮添加粗体效果，按下 I 按钮添加斜体效果，按下 U 按钮添加下划线效果。当前添加到文字中的字体样式相应的按钮以黄色的标记显示，在按钮上再次单击鼠标，取消应用的字体样式。

会声会影 X4
标准状态

**会声会影 X4**
加粗效果

*会声会影 X4*
斜体效果

会声会影 X4
下划线效果

图 9–7　不同类型的字体字体样式

### 3. 对齐方式

设置多行文本的对齐方式，当前正在使用的对齐方式以黄色按钮显示。将鼠标指针放置于标题区内，单击按钮，文字左对齐；单击按钮，文字居中对齐；单击按钮，文字右对齐，如图 9-8 所示。

左对齐

居中对齐

右对齐

图 9-8　多行文本的对齐方式

### 4. 垂直文字

按下该按钮，使水平排列的标题变为垂直排列，如图 9-9 所示。

图 9-9　横排文字改垂直文字效果

### 5. 字体

在预览窗口中选中需要改变字体的文字，单击右侧的三角按钮，从图 9-10 所示的下拉列表中为预览窗口中选中的文字设置新的字体。也可以先在这里设置字体，然后输入新的文字。

**提示**

将新的字体复制并粘贴到文件夹 C:\WINDOWS\Fonts 中，就可以在会声会影中调用更多的字体。

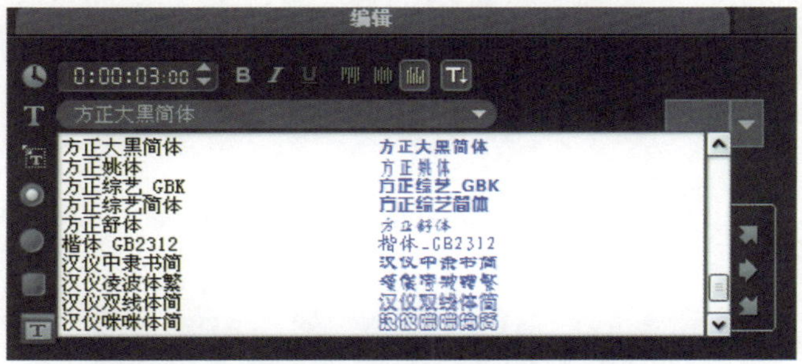


图 9-10　设置字体

### 6. 字体大小

在预览窗口中选中需要调整大小的文字，单击右侧的三角按钮，从下拉列表中指定标题中所选文字的尺寸。也可以直接在文本框中输入数值进行调整。

### 7. 色彩

在预览窗口中选中需要调整色彩的文字，单击右侧的色彩方框，从弹出菜单中可以为选中的文字指定新的色彩。也可以从菜单中选择【Corel 色彩选取器】以及【Windows 色彩选取器】选项，在弹出的对话框中自定义色彩。

### 8. 行间距

调整多行标题素材中两行之间的距离。在预览窗口中选中需要调整行间距的文字（必须是多行文字），单击【行间距】文本框右侧的三角按钮，从下拉列表中选择需要使用的行间距的数值或者在文本框中直接输入数值，即可改变选中的多行文本的行间距，如图 9-11 所示。

图 9-11 改变行间距

### 9. 角度

在后的文本框中输入数值，可以调整文字的旋转角度，如图 9-12 所示。参数设置范围为 −359° ～ 359° 。

图 9-12 调整文字的角度

### 10. 多个标题

选中该单选钮，可以为文字使用多个文字框。多个标题能够更灵活地将文字中的不同单词放到视频帧的任何位置，并允许排列文字的叠放次序。

### 11. 单个标题

选中该单选钮，可以为文字使用单个文字框。在打开旧版本会声会影中编辑的项目文件时，此单选钮会被自动选中。单个标题则可以方便地为影片创建开幕词和闭幕词。

### 12. 文字背景

选中该复选框，可以将文字放在一个色彩栏之上。单击右侧的按钮，在弹出的对话框中可以修改文字背景的属性，如色彩和透明度等，如图 9-13 所示。

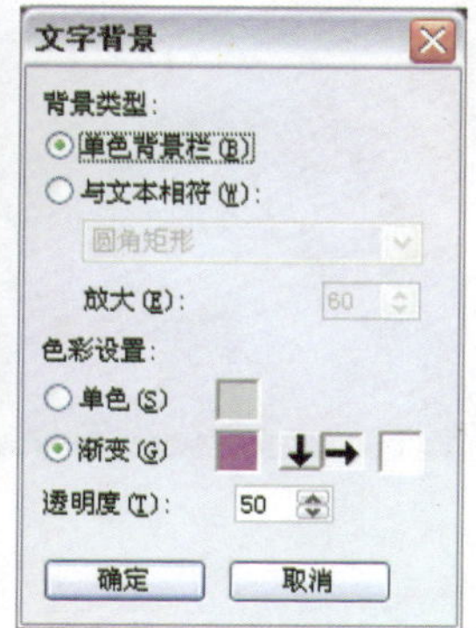


图 9-13　制作文字背景效果

### 13. 打开字幕文件

单击按钮，在弹出的对话框中选中一个 utf 格式的字幕文件，可以一次批量导入字幕。

### 14. 保存字幕文件

单击按钮，在弹出的对话框中将自定义的影片字幕保存为 utf 格式的字幕文件，以备将来使用。也可以修改并保存已经存在的 utf 字幕文件。

### 15. 显示网格线

选中该复选框，显示网格线。单击按钮，在弹出的对话框中设置网格大小、颜色等属性。

### 16. 边框 / 阴影 / 透明度

允许为文字添加阴影和边框，并调整透明度，如图 9-14 所示。在后面的章节中，还将以实例详细介绍【边框 / 阴影 / 透明度】的设置和使用方法。

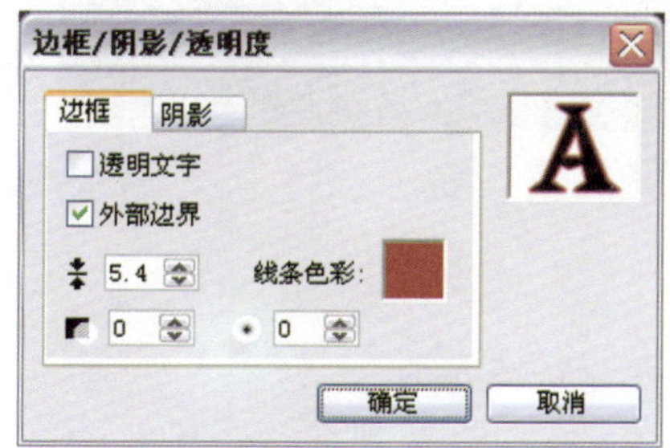


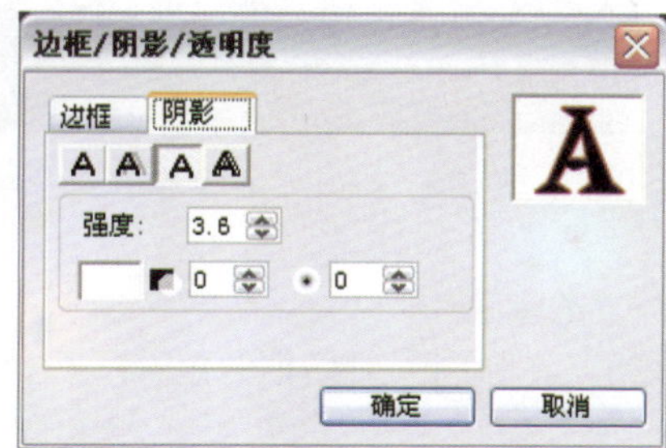


图 9-14　设置边框 / 阴影 / 透明度

### 17. 对齐

设置文字在画面上的对齐方式。单击相应的按钮，可以将文字对齐到左上角、上方中央、居中和右下角等位置。

### 9.1.3 设置动画属性

选择选项面板上的【属性】选项卡，在图 9-15 所示的选项面板上可以设置动画属性。

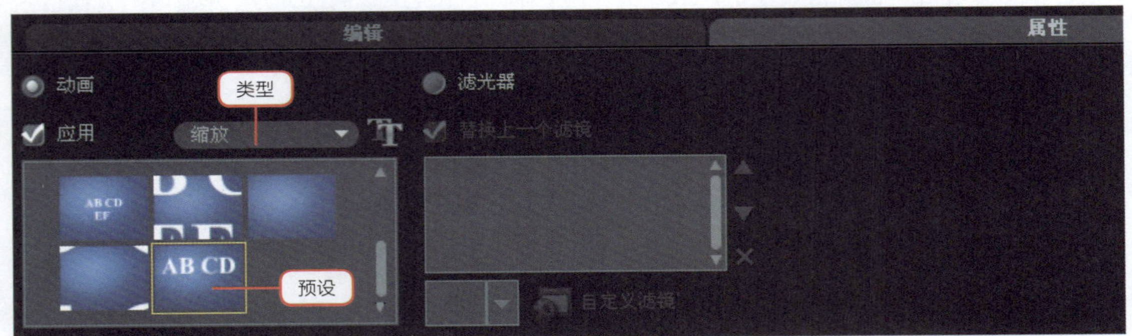


图 9-15 【属性】选项卡

#### 1. 动画

选中该单选按钮，将启用动画标题功能。

#### 2. 应用

选中该复选框，可以选择预设的动画效果，并将它应用到标题上。

#### 3. 类型

单击右侧的三角按钮，从下拉列表中可以选择需要使用的标题运动类型，如图 9-16 所示。

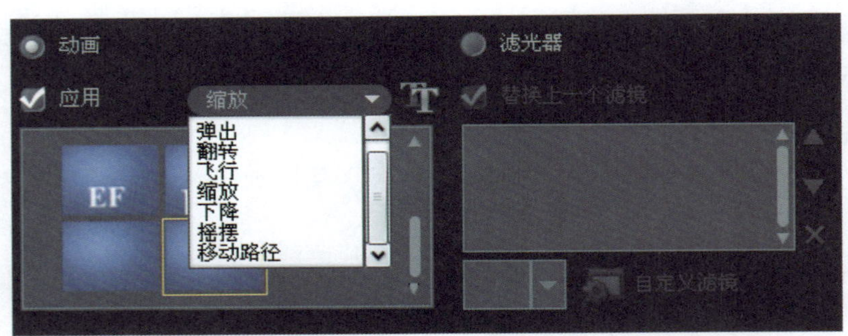


图 9-16 选择应用的标题的类型

#### 4. 自定义动画属性

单击该按钮，在弹出的对话框中定义所选择的动画类型属性。

#### 5. 预设

在列表中选择预设的标题动画。

#### 6. 滤光器

选中该单选按钮，素材库中将显示滤镜。将滤镜拖动到标题上，将相应的滤镜效果应用到标题中，如图 9-17 所示。

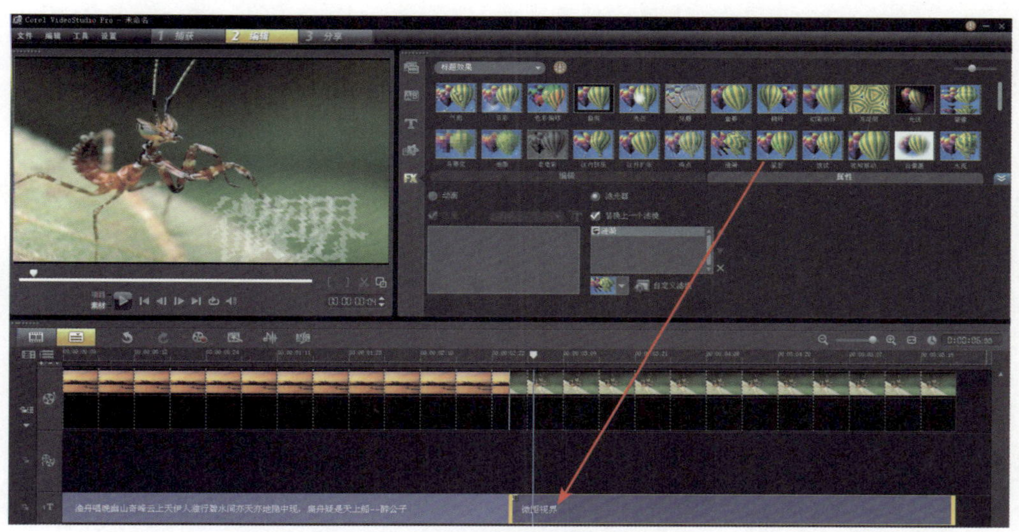

图 9-17　将滤镜应用到标题上

## 9.1.4　在影片中添加单个标题

单个标题可以方便地为影片添加片名以及演员表等内容，下面介绍添加单个标题的方法。

原始素材：chap09 \ 02 添加单个标题 \9_2\9_2.VSP
完成效果：chap09 \ 02 添加单个标题 \9_2end\9_2end.VSP

### 操作步骤

**01** 打开配套光盘上提供的项目文件 9_2.VSP。

**02** 使用导览面板上的播放控制按钮，找到需要添加标题的帧的位置。然后单击素材库左侧的【标题】按钮 T 进入添加和编辑标题步骤，如图 9-18 所示。

图 9-18　用播放控制按钮找到需要添加标题的帧的位置

03 在预览窗口中双击鼠标，进入标题编辑状态，选中选项面板上的【单个标题】单选钮，如图 9-19 所示。

04 再次在预览窗口中双击鼠标，进入标题编辑状态。输入要添加的文字，如图 9-20 所示。

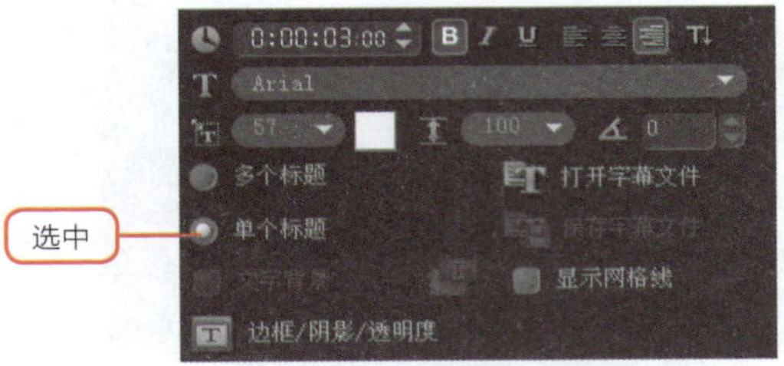


图 9-19　选中【单个标题】选项

图 9-20　在预览窗口中输入要添加的文字

**提示**

在输入文字的过程中，按 Backspace 键可以删除错误输入的文字，按 Enter 键则可以换行输入。将鼠标指针放置在行的最前方，按 Enter 键可以使当前行向下移动。

**提示**

预览窗口中有一个矩形框标出的区域，代表标题安全区。这是程序允许输入标题的范围，在这个范围内输入的文字才会在电视上正确显示。

05 选中输入的文字内容，根据需要在选项面板上设置文字的字体、大小和对齐方式等属性，如图 9-21 所示。

图 9-21　调整文字属性

06 设置完成后，在标题轨上单击鼠标，输入的文字将被添加到第二步中所设置的标题起始位置。

**提示**

标题添加完成后，单击预览窗口下方的【播放项目】按钮，即可查看标题在影片中的效果。如果需要编辑单个标题的属性，在标题轨上选中该标题素材，然后在预览窗口中单击鼠标使标题处于编辑状态。接着，在选项面板上调整标题属性。编辑完成后，在标题轨上单击鼠标即可应用修改。

如果需要在以后的影片中应用同样的标题效果，可以选中标题轨上的标题，按住并拖动鼠标将其拖曳到素材库中。这样，在下次使用时，只需要直接把它拖到标题轨上即可。

## 9.1.5 在影片中添加多个标题

【多个标题】可以更灵活地将不同的标题放到视频帧的任何位置，并以排列文字的叠放次序。

原始素材：chap09 \03 添加多个标题 \9_3\9_3.VSP
完成效果：chap09 \ 03 添加多个标题 \9_3end\9_3end.VSP

### 操作步骤

01 打开配套光盘上提供的项目文件 9_3.VSP。

02 使用导览面板上的【播放素材】按钮，找到需要添加标题的帧的位置，单击素材库左侧的【标题】按钮显示标题素材库，如图 9-22 所示。

图 9-22 显示标题素材库

03 在预览窗口中双击鼠标，进入标题编辑状态，选中选项面板上的【多个标题】单选钮。

04 在预览窗口中再次双击鼠标，进入标题编辑状态，输入要添加的文字，并在选项面板上设置文字的字体、大小和对齐方式等属性，如图 9-23 所示。

图 9-23 输入标题

05 在需要添加标题的新位置双击鼠标，添加新的文字内容，并设置字体、大小和对齐方式等属性，如图 9-24 所示。用同样的方式，在一帧画面上添加更多的标题内容。

图 9-24　添加新的标题内容

06 输入完成后，在标题框上单击鼠标，使它的四周出现控制点。拖动黄色控制点调整标题的大小；将鼠标放置在控制点包围的区域中，按住并拖动鼠标调整标题的位置。

07 在标题轨上单击鼠标，输入的文字将被添加到第二步中所设置的标题起始位置。

**提示**

标题输入完成后，如果需要编辑多个标题属性，可以在标题轨上选中该标题素材，然后在预览窗口中单击鼠标进入标题编辑模式，在要编辑的标题框中双击鼠标，使标题处于编辑状态。在选项面板上调整标题属性。编辑完成后，在标题轨上单击鼠标即可应用修改。

08 在影片中添加多个标题后，分别为它们应用动画效果，让标题的风格更加丰富，如图 9-25 所示。

图 9-25　为标题分别应用动画效果

### 9.1.6　应用预设特效

前面的范例主要是以手工设置的方法调整标题的属性。使用会声会影的预设特效模板，可以快速制作文字特效。本例中，将介绍使用预设特效、调整标题在影片中的对应位置，以及精确控制标题长度的方法。

光盘路径

原始素材：chap09 \ 04 应用预设特效 \9_4\9_4.VSP
完成效果：chap09 \ 04 应用预设特效 \9_4end\9_4end.VSP

## 操作步骤

**01** 打开配套光盘上的项目文件 9_4.VSP，项目文件中已经预先添加了标题，如图 9-26 所示。

图 9-26　打开项目文件

**02** 在标题轨的素材上单击鼠标，然后在预览窗口的标题上单击鼠标，使它处于编辑状态，如图 9-27 所示。

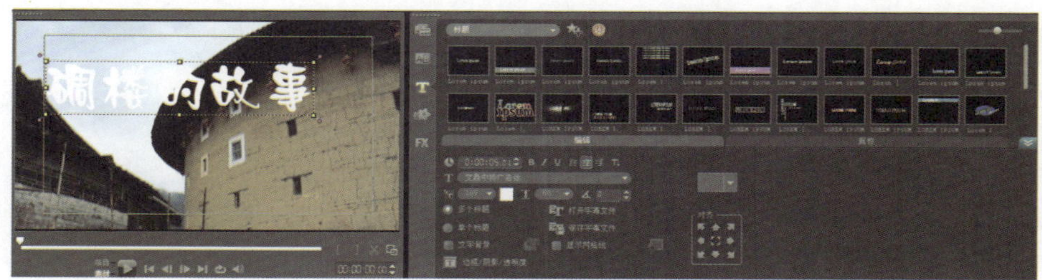


图 9-27　使标题处于编辑状态

**03** 单击选项面板上预设标题右侧的三角按钮，在下拉列表中单击使用的预设特效，将它应用到当前标题中，如图 9-28 所示。

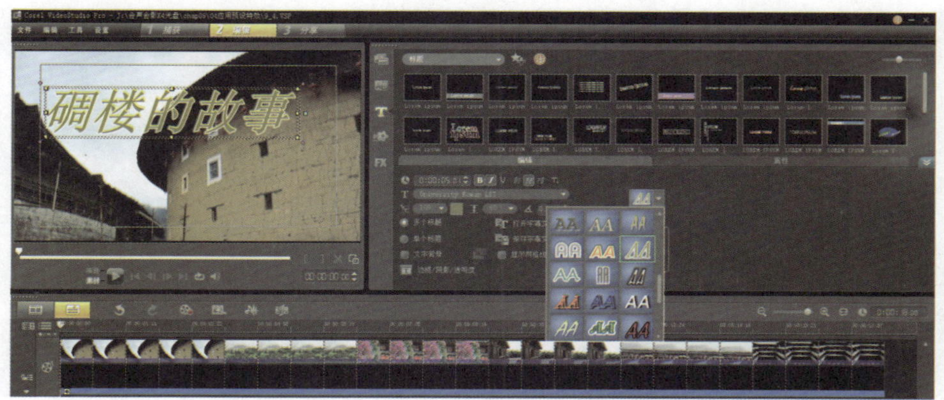


图 9-28　应用预设文字特效

**04** 在选项面板上单击字体右侧的三角按钮，从下拉列表中选择新的字体，如图 9–29 所示。

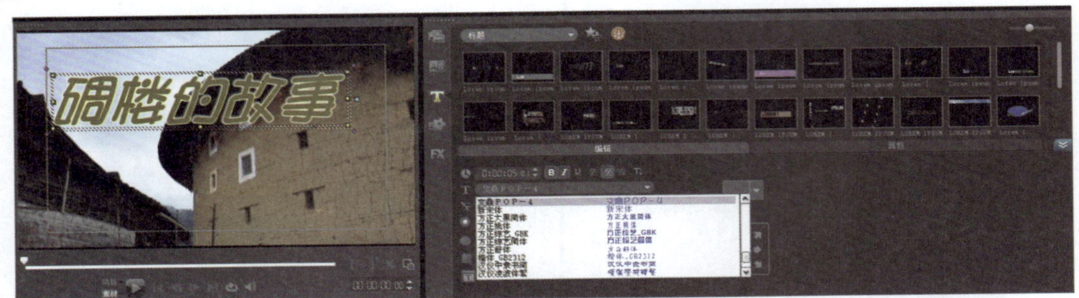


图 9–29　修改字体

**提示**

由于预设模板中使用的都是英文字体，应用预设特效时，原先输入的标题被应用英文字体。因此，应用预设特效后，还需要在选项面板上重新设置字体。

**05** 标题属性调整完成后，在标题轨上单击鼠标应用调整后的效果。

**06** 使用相同的方法，将其他预设文字特效应用到标题中。

## 9.2　调整标题的基本属性

将字幕添加到标题轨上以后，还可以调整标题的属性。下面，介绍一些基本的调整方法。

### 9.2.1　调整标题的播放时间

标题添加到标题轨中以后，标题的播放时间与视频轨上对应位置的素材长度是一一对应的关系，也就是说，标题将在视频轨上对应的素材播放的期间出现。如果需要调整标题的播放时间，可以使用以下两种方法。

#### 1. 调整时间码

在标题轨上双击需要调整的标题，在选项面板的【区间】中调整时间码，从而改变标题在影片中的播放时间，如图 9-30 所示。

图 9–30　调整时间码

### 2. 以拖拽的方式调整

选中添加到标题轨中的标题，将鼠标指针放在当前选中的标题的一端，鼠标指针变为箭头标志。按住并拖动鼠标，改变标题持续的时间，如图 9-31 所示。选项面板的区间中的数值将产生相应的变化。

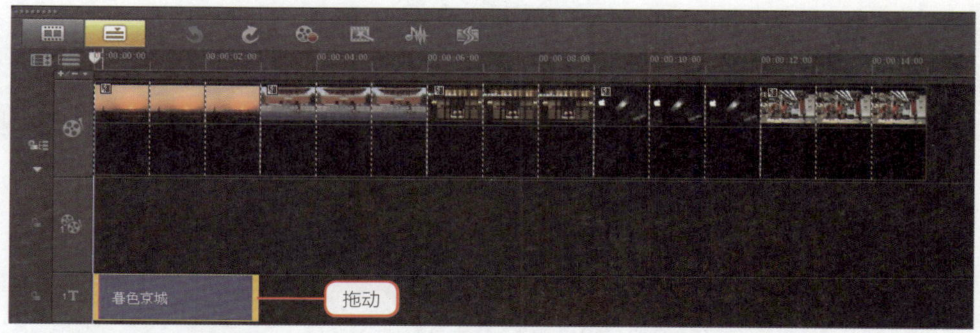


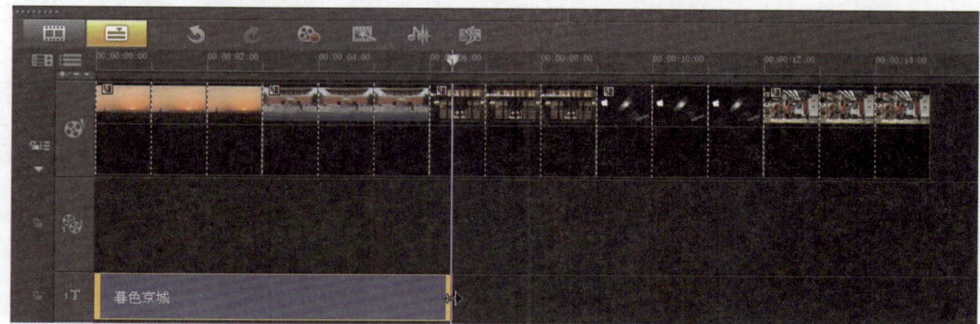


图 9-31　以拖拽的方式调整

## 9.2.2 调整标题在影片中的位置

如果需要调整标题在影片中对应的位置，可以按照以下的步骤操作。

原始素材：chap09 \ 05 调整标题位置 \9_5\9_5.VSP
完成效果：chap09 \ 05 调整标题位置 \9_5end\9_5end.VSP

### 操作步骤

01 打开配套光盘上的项目文件 9_5.VSP，项目文件中已经预先添加了标题和其他素材，如图 9-32 所示。

02 通过调整视频轨上方的【缩放到】按钮，放置标题的位置对应的视频素材在视频轨上显示出来。

03 单击鼠标选中希望移动的标题，将鼠标指针放置在标题上方，鼠标指针显示为十字形光标，如图 9-33 所示。

04 按住并拖动鼠标将标题拖曳到需要放置的位置，然后释放鼠标，如图 9-34 所示。

图 9-32　打开项目文件

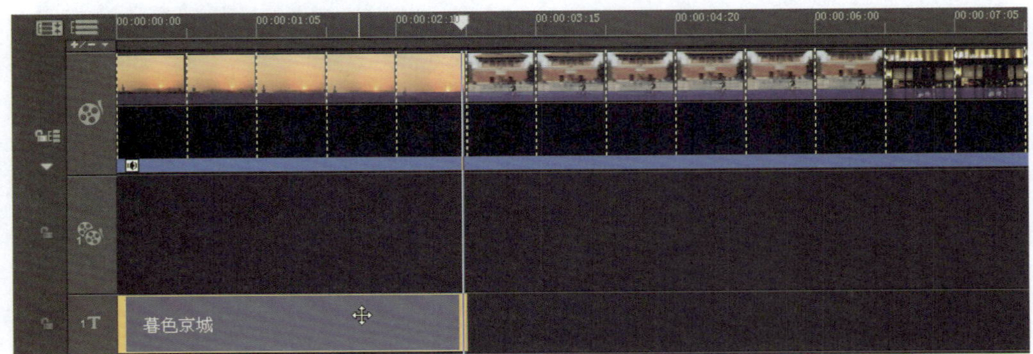


图 9-33　选中要移动的标题

图 9-34　调整标题的位置

### 9.2.3 旋转标题

会声会影 X4 提供了文字旋转功能，极大地提高了影片的趣味性。

原始素材：chap09 \ 06 旋转标题 \9_6\9_6.VSP
完成效果：chap09 \ 06 旋转标题 \9_6end\9_6end.VSP

**操作步骤**

**01** 打开配套光盘上的项目文件 9_6.VSP，项目文件中已经预先添加了标题和其他素材，如图 9-35 所示。

图 9-35　打开项目文件

**02** 在标题轨的素材上单击鼠标，然后在预览窗口中单击想要调整角度的标题，使它处于编辑状态，如图 9-36 所示。

**03** 在选项面板上后的文本框中输入数值，调整文字的旋转角度，如图 9-37 所示。

图 9-36　使标题处于编辑状态

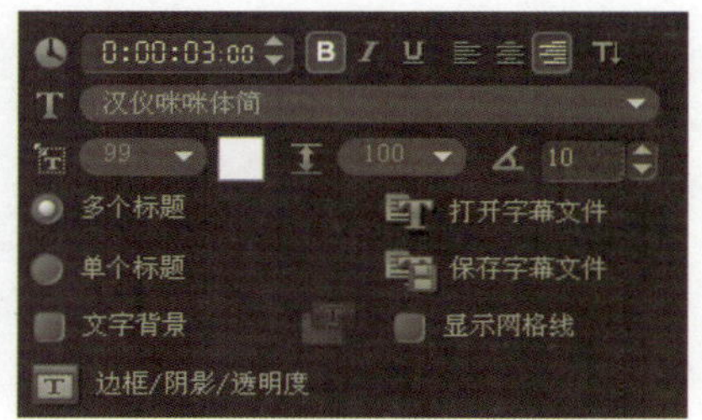


图 9-37　旋转文字

**提示**

文字处于编辑状态时，将鼠标指针置于四角的紫色控制点上，鼠标指针变为标记。按住并拖动鼠标，即可旋转文字。

**04** 使用相同的方法，在预览窗口中调整另一组文字的旋转角度，如图 9-38 所示。

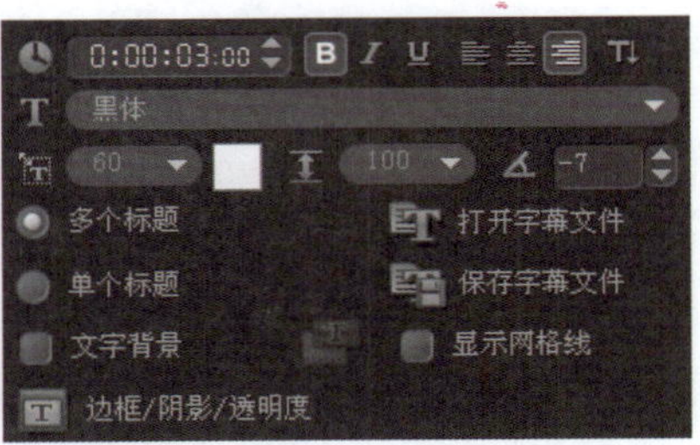


图 9-38　任意调整文字的旋转角度

**05** 调整完成后，单击按钮，就可以看到影片中倾斜的标题效果，如图 9-39 所示。在这段影片中，为了突出效果，还同时使用了【缩放】动画。

图 9-39　影片中倾斜的标题效果

## 9.2.4　为标题添加边框

使用选项面板上的【边框 / 阴影 / 透明度】功能，快速为标题添加边框、改变透明度和柔和程度或者添加阴影。首先，介绍为文字添加边框的方法和它的应用效果。

原始素材：chap09 \ 07 添加边框 \9_7\9_7.VSP
完成效果：chap09 \ 07 添加边框 \9_end\9_7end.VSP

### 操作步骤

**01** 打开配套光盘上的项目文件 9_7.VSP，项目文件中已经添加的标题文字，如图 9-40 所示。

**02** 单击标题轨上的素材，在预览窗口的标题上单击鼠标，使它处于编辑状态，如图 9-41 所示。

**03** 单击选项面板上的边框/阴影/透明度按钮，打开【边框 / 阴影 / 透明度】对话框。

图 9-40　打开项目文件

图 9-41　使标题处于编辑状态

**04** 在 9.0 中输入数值调整边框的宽度，为标题添加边框，如图 9-42 所示。

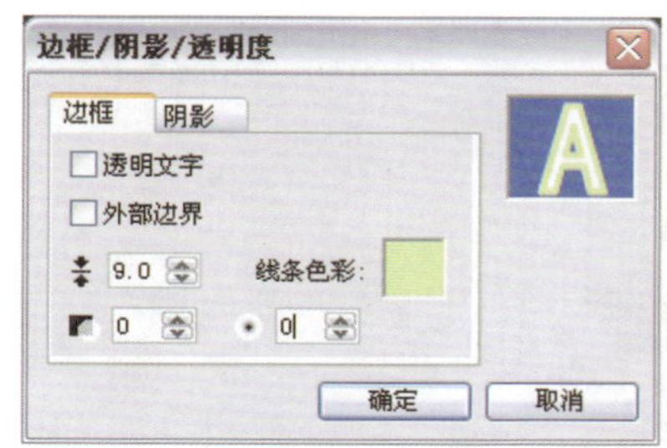

图 9-42　为标题添加边框

**05** 单击【线条色彩】右侧的颜色方框，从弹出的下拉列表中选择一种新的边框颜色应用到标题中，如图 9-43 所示。

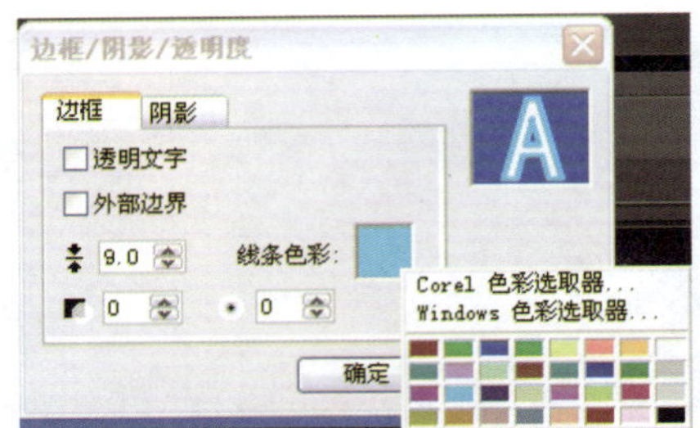

图 9-43　应用新的边框颜色

**06** 选中☑透明文字选项，使标题文字透空显示，只保留文字边框，如图 9-44 所示。

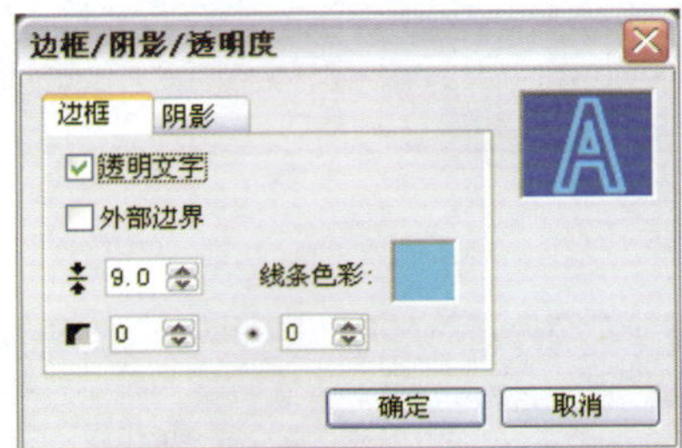

图 9-44　透空标题文字

**07** 在 100 中输入数值，调整边框的柔化程度，使标题出现光芒效果，如图 9-45 所示。

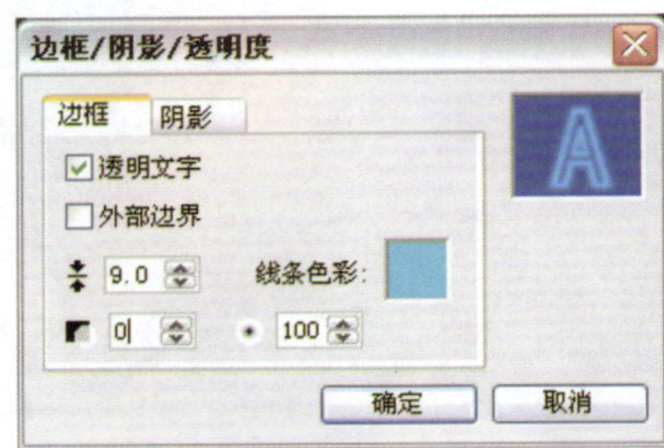

图 9-45　设置边框的边缘柔化属性

**08** 在 50 中输入数值，调整边框的半透明程度，使标题呈现出半透明效果，如图 9-46 所示。

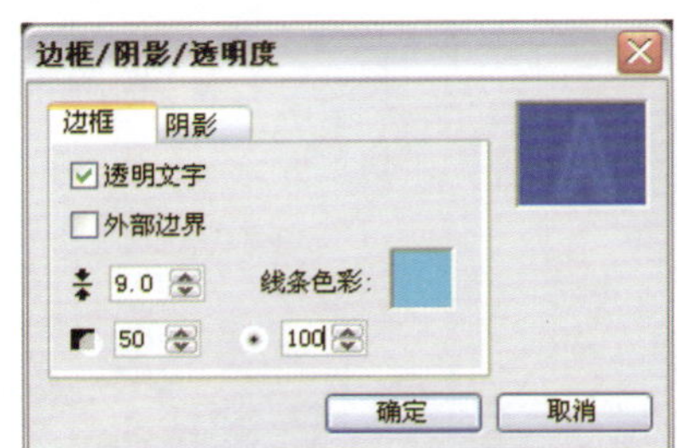

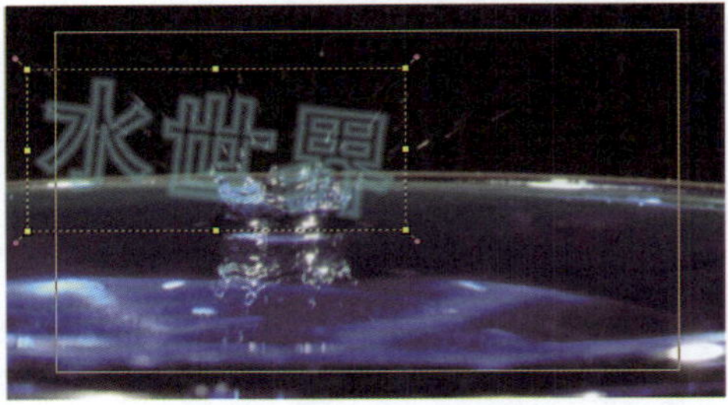


图 9-46　设置边框的半透明属性

09 设置完成后，单击 确定 按钮，然后在标题轨上单击鼠标，将调整后的标题应用到影片中。

### 9.2.5 为标题添加阴影

为标题添加阴影可以更好地区分文字和视频，使文字显得更加清晰。下面，介绍为标题添加阴影效果的方法。

原始素材：chap09 \ 08 添加阴影 \9_8\9_8.VSP
完成效果：chap09 \ 08 添加阴影 \9_8end\9_8end_1.VSP、9_8end_2.VSP、9_8end_3.VSP

#### 操作步骤

01 打开配套光盘上的项目文件 9_8.VSP，项目文件中已经添加的标题文字，如图 9-47 所示。

图 9-47　打开项目文件

02 单击标题轨上的素材，然后单击预览窗口中的标题，使它的四周显示控制点。

03 单击选项面板上的 边框/阴影/透明度 按钮，打开【边框 / 阴影 / 透明度】对话框，并在对话框中选择【阴影】选项卡，如图 9-48 所示。在预设状态下，对话框中按下 A（无阴影）按钮，标题中没有应用任何阴影效果。

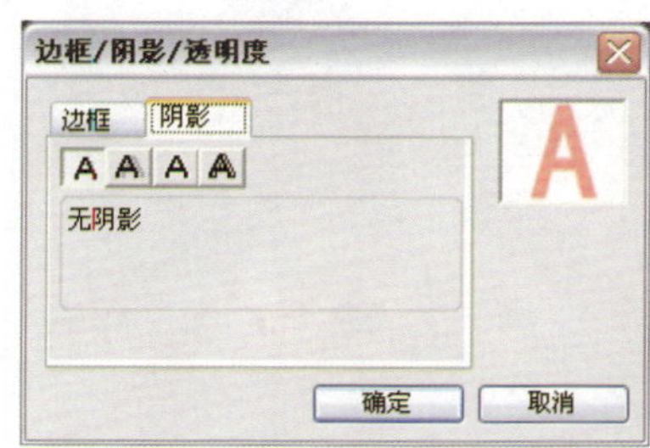

图 9-48　预设的无阴影效果

**04** 按下 A（下垂阴影）按钮，输入 X 和 Y 坐标值，调整阴影的位置；在 20 中输入数值调整阴影的透明度；在 5 中输入数值调整阴影的边缘柔化程度；单击色彩方框，在弹出菜单中选择阴影的颜色，如图 9-49 所示。

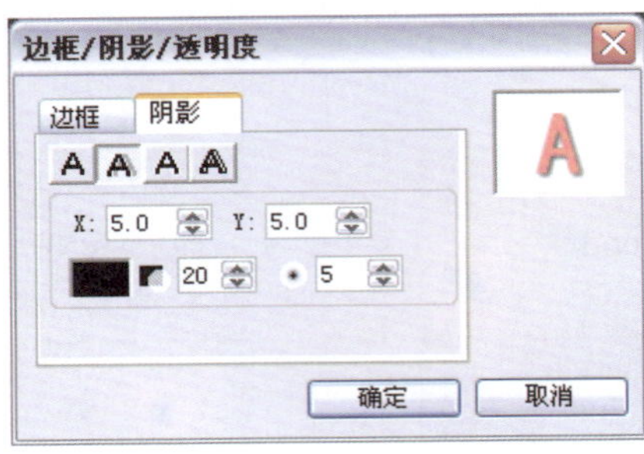

图 9-49　应用下垂阴影效果

**05** 按下对话框中的 A（光晕阴影）按钮，应用光晕阴影效果，在文字周围加入扩散的光晕区域。单击对话框中的色彩方框，在弹出菜单中选择新的颜色，指定光晕阴影的色彩。如果使用较亮的色彩，文字看起来好像会发光，如图 9-50 所示。

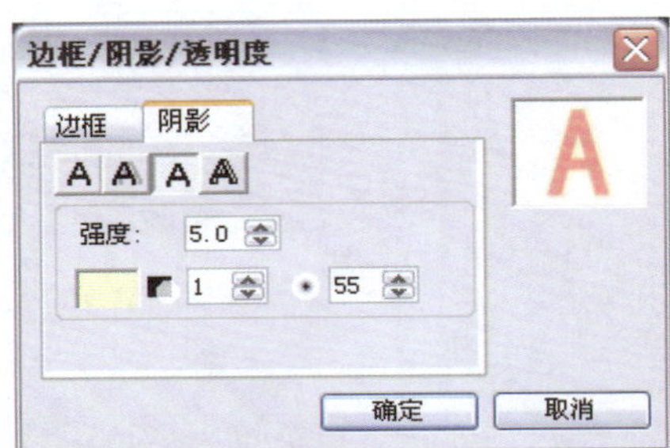

图 9-50　应用光晕阴影效果

**提示**

在 55 中输入数值可以调整阴影的边缘柔化程度，在 5.0 中输入数值可以调整光晕的强度。

**06** 按下对话框中的 A（突起阴影）按钮，应用突起阴影效果，如图 9-51 所示。调整突起阴影的色彩，还可以改变 X/Y 偏移量为文字加入深度，让它看起来具有立体外观。

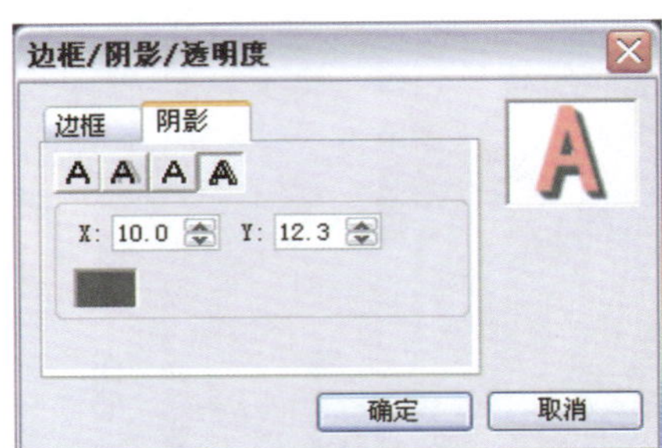

图 9-51　应用突起阴影效果

07 设置完成后，单击对话框中的 确定 按钮，即可将阴影效果添加到标题中。

### 9.2.6 添加背景形状

在会声会影 X4 中为标题添加背景形状，根据影片编辑的需要选择椭圆、矩形、曲边矩形、圆角矩形等多种形状的背景应用到标题中。

光盘路径

原始素材：chap09 \ 09 添加背景形状 \9_9\9_9.VSP
完成效果：chap09 \ 09 添加背景形状 \9_9end\9_9end.VSP

**操作步骤**

01 打开配套光盘上的项目文件 9_9.VSP，如图 9-52 所示。

图 9-52　打开项目文件

02 单击标题轨上的素材，然后单击预览窗口中的标题，使它处于编辑状态。

03 选中选项面板上的【文字背景】复选框，在标题上应用预设的单色背景效果，如图 9-53 所示。

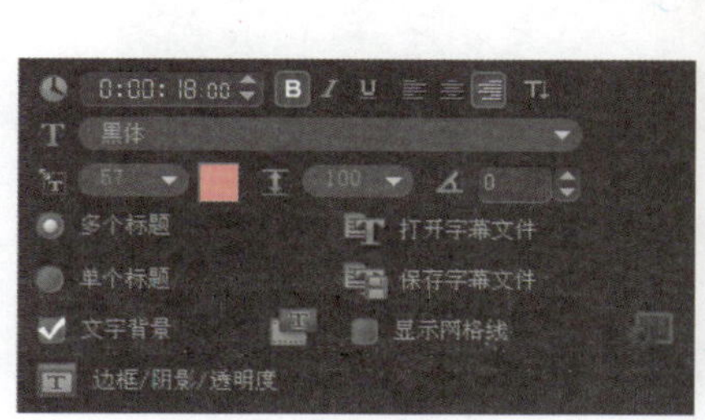

图 9-53　应用预设的单色背景效果

**04** 单击【文字背景】右侧的按钮，单击【与文本相符】下方的三角按钮，从下拉列表中选择要使用的背景形状。在【放大】中输入数值，指定背景形状相对于文字的放大比率，如图 9-54 所示。

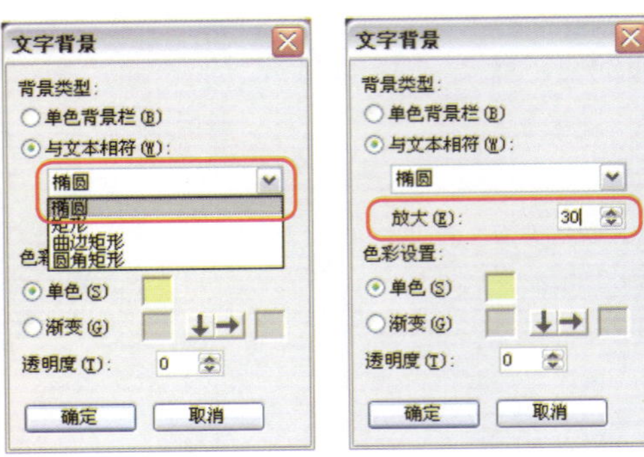

图 9-54　选择要使用的背景形状

**05** 选中【单色背景栏】选项，用单色作为整个背景的颜色。单击【单色】右侧的色彩方框，指定需要使用的背景色，如图 9-55 所示。

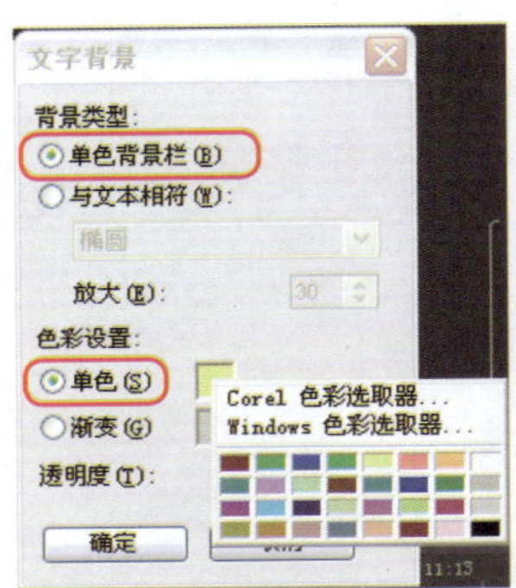

图 9-55　使用单色背景

**06** 选中对话框中的【渐变】选项，应用渐变背景。单击【渐变】右侧的色彩方框，在弹出的下拉列表中选择需要使用的渐变色，如图 9-56 所示。按下按钮，改变渐变色的方向。

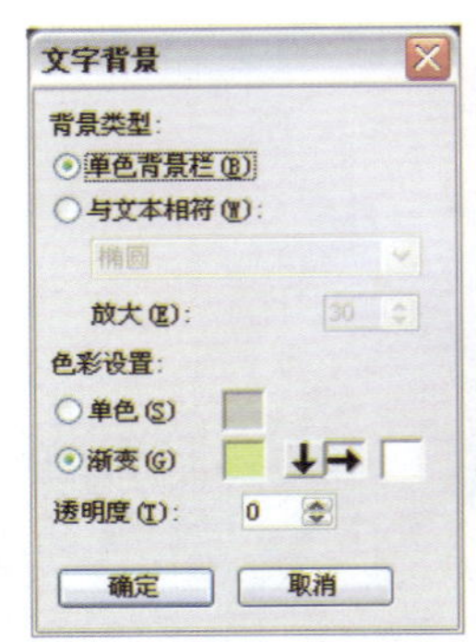

图 9-56　选择渐变色

**07** 在【透明度】中输入数值调整渐变背景的透明度，如图 9-57 所示。

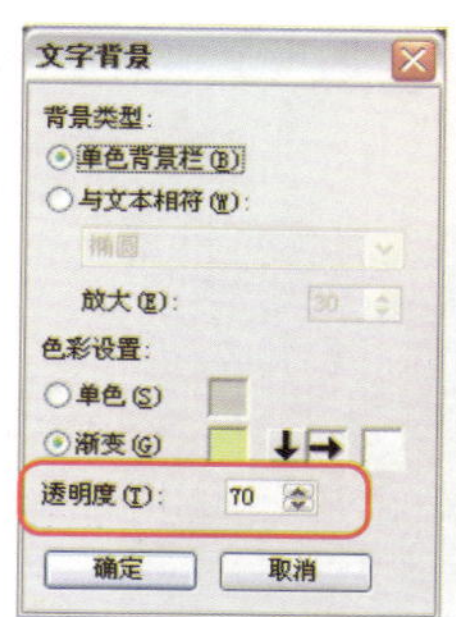

图 9-57 调整渐变色的透明度

**08** 单击 确定 按钮，将带有背景形状的文字应用到影片中。

## 9.3 制作动画标题

在影片中创建标题后，还可以为标题添加动画效果，下面将介绍添加和编辑动画标题的方法。

### 9.3.1 应用预设动画标题

预设的动画标题是会声会影内置的一些动画模板，使用它们可以快速创建动画标题，具体的使用方法如下。

原始素材：chap09 \ 10 应用预设动画标题 \9_10\9_10.VSP
完成效果：chap09 \ 10 应用预设动画标题 \9_10end\9_10end.VSP

**操作步骤**

**01** 打开配套光盘中的项目文件 9_10.VSP，单击标题轨上的素材，然后单击预览窗口中的标题，使它处于编辑状态，如图 9-58 所示。

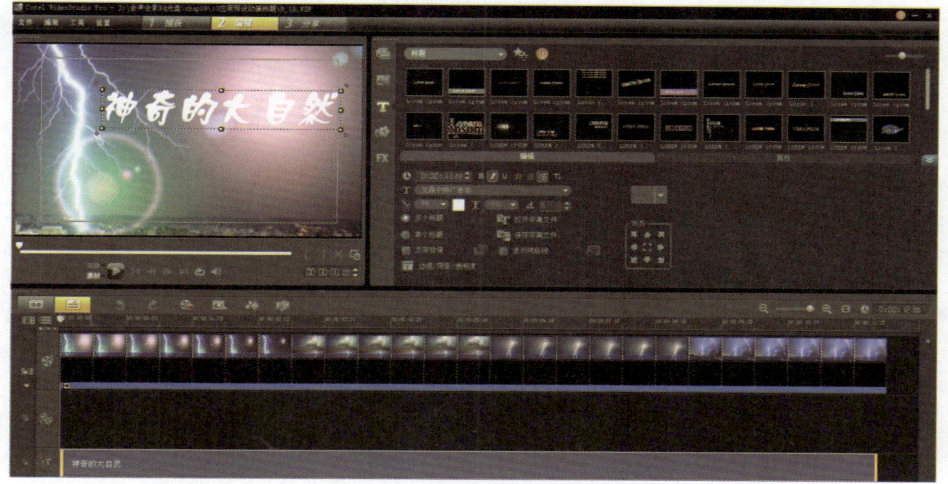


图 9-58 使标题处于编辑状态

**02** 选择选项面板上的【属性】选项卡，选中【动画】和【应用】选项。单击【类型】右侧的三角按钮，从下拉列表中选择一种动画类型，如图 9-59 所示。

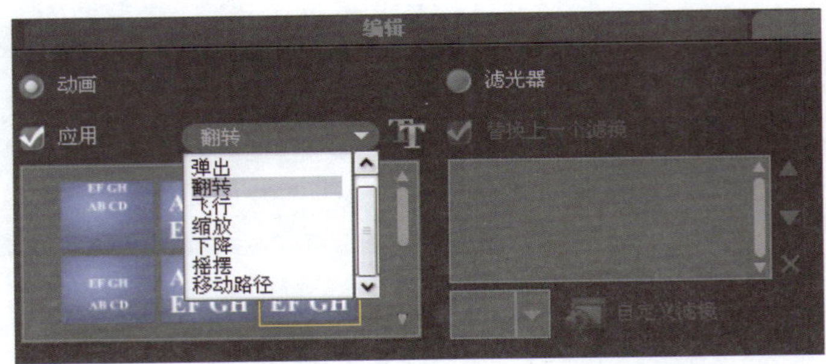


图 9-59　选择动画类型

**03** 在图 9-60 所示的预设列表中选择要使用的预设模板类型。

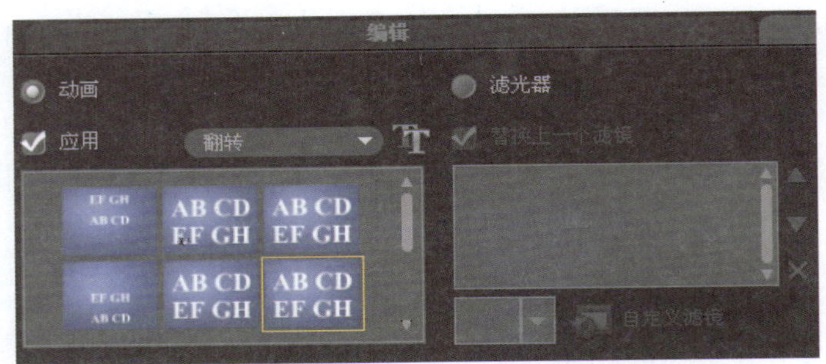


图 9-60　选择预设模板类型

**04** 设置完成后，单击【播放项目】按钮即可看到运动的标题效果，如图 9-61 所示。

图 9-61　动画标题效果

**提示**

对于多个标题，可以为每个标题指定不同的动画类型。

### 9.3.2　制作向上滚动的字幕

在影片中经常会制作一些向上滚动的字幕，使用会声会影可以轻松完成专业的效果。

原始素材：chap09\11 向上滚动的字幕\9_11\9_11.VSP
完成效果：chap09\11 向上滚动的字幕\9_11end\9_11end.VSP

## 操作步骤

01 打开配套光盘中的项目文件 9_11.VSP，然后将时间轴上方的滑块拖动到想要添加滚动字幕的位置，如图 9-62 所示。

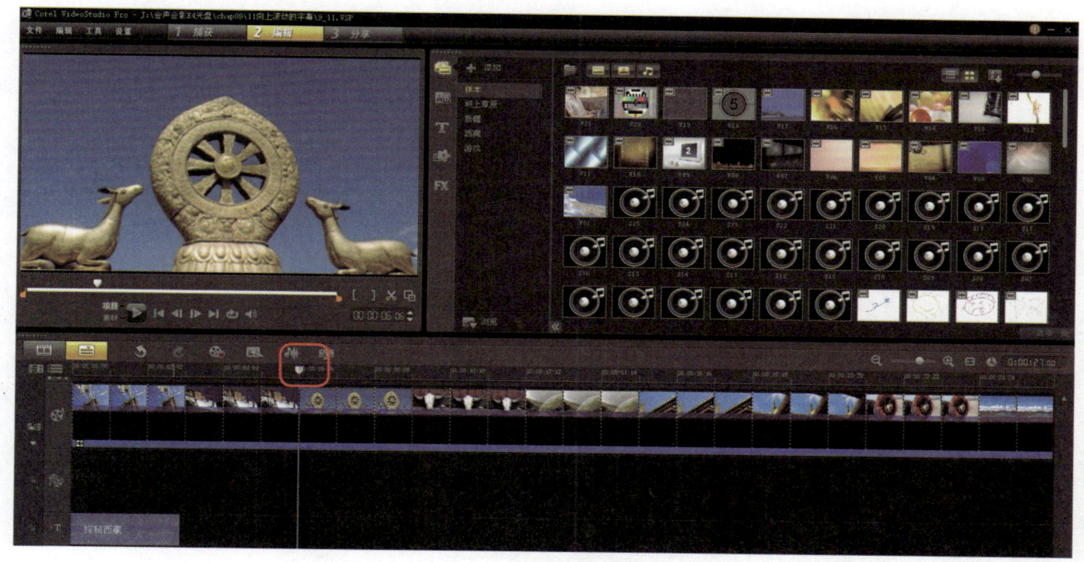

图 9-62 打开项目文件

02 单击素材库左侧的按钮，在预览窗口中双击鼠标进入标题编辑状态。在选项面板上选中【单个标题】，并将字体设置为【黑体】,【大小】设置为 18，如图 9-63 所示。

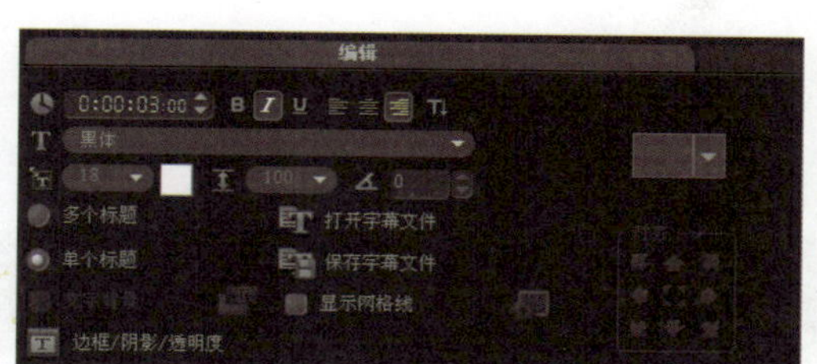


图 9-63 设置标题大小和字体

03 打开配套光盘上的文件“字幕.txt”，按快捷键 Ctrl+A 选中所有文字，再按快捷键 Ctrl+C 将选中的文字复制到剪贴板，如图 9-64 所示。

04 在预览窗口中单击鼠标，然后按快捷键 Ctrl+V，将复制的文字内容粘贴到预览窗口中，如图 9-65 所示。

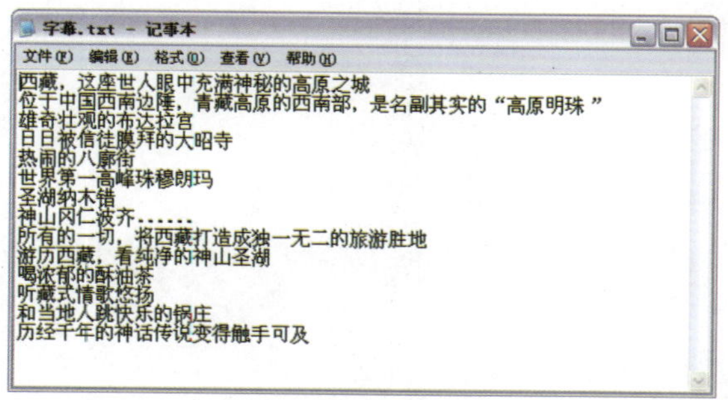


图 9-64 选中并复制所有文字

图 9-65 将文字内容粘贴到预览窗口中

05 为了使文字更加清晰地显示出来，按下选项面板上的 边框/阴影/透明度 按钮，在弹出的对话框中为标题设置阴影属性，如图 9-66 所示。

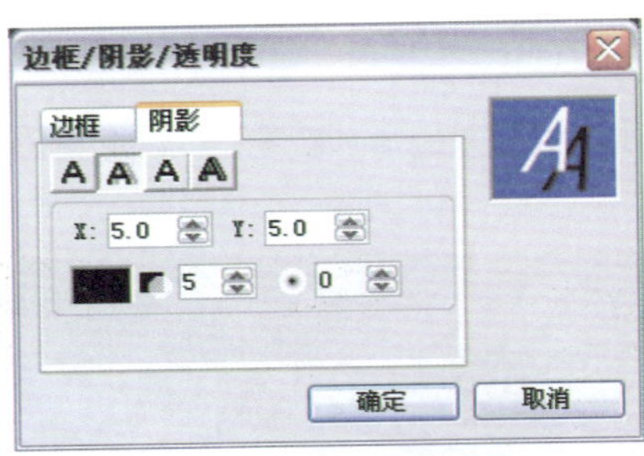

图 9-66　为标题添加阴影

**06** 按下选项面板上的按钮，调整文字的对齐方式，再在 300 中输入数值，调整行间距，如图 9-67 所示。

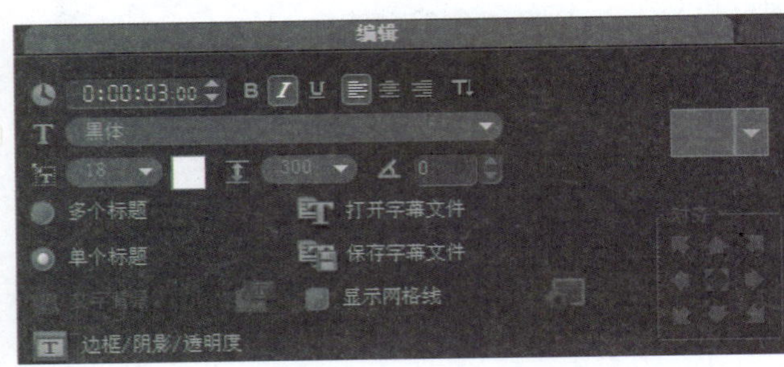

图 9-67　调整文字对齐方式和行间距

**07** 选择选项面板上的【属性】选项卡，然后选中【动画】和【应用】选项，并将类型设置为【飞行】，如图 9-68 所示。

**08** 单击【自定义动画属性】按钮，在弹出的对话框中设置文字运动的方式，如图 9-69 所示。

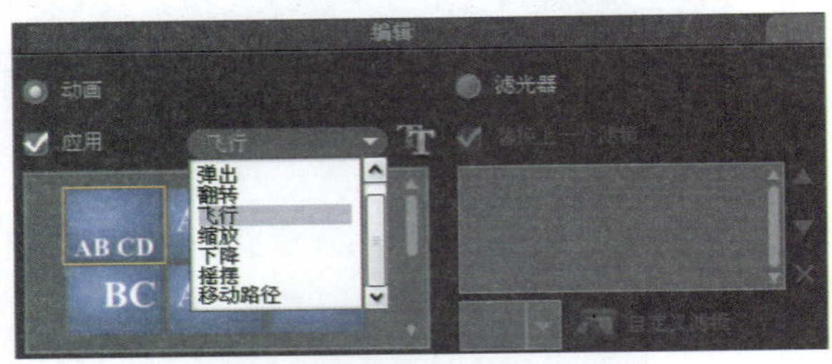


图 9-68　选择要使用的动画类型

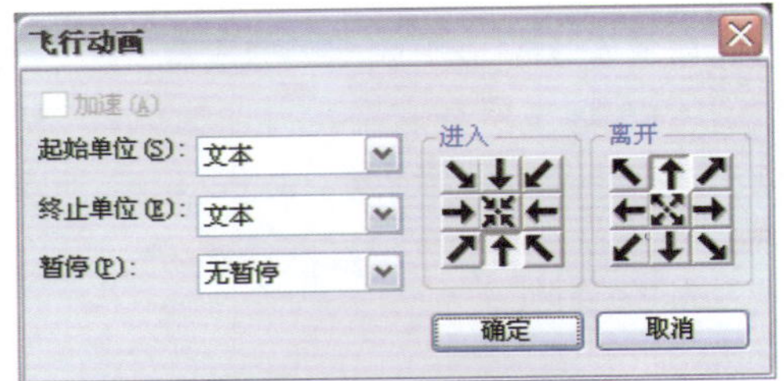


图 9-69　设置文字运动的方式

**09** 设置完成后，单击 确定 按钮，然后在标题轨上单击鼠标完成标题添加工作。在标题轨上选中添加完成的标题，拖动右侧的黄色标记调整标题的长度，改变标题滚动的速度，如图 9-70 所示。

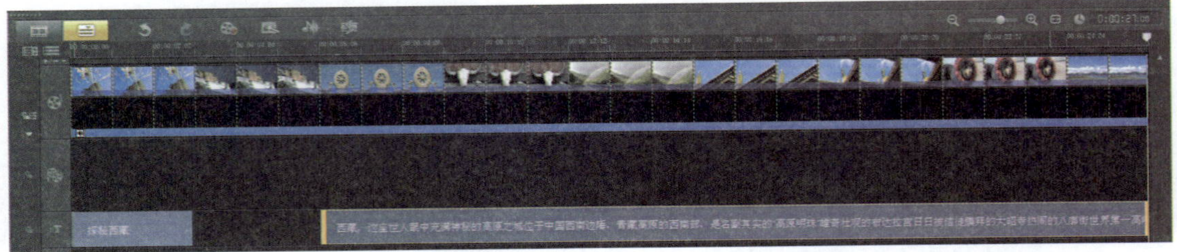

图 9-70　拖动黄色标记调整标题滚动的速度

**10** 单击【播放项目】按钮，查看字幕从下向上滚动播放的效果，如图 9-71 所示。

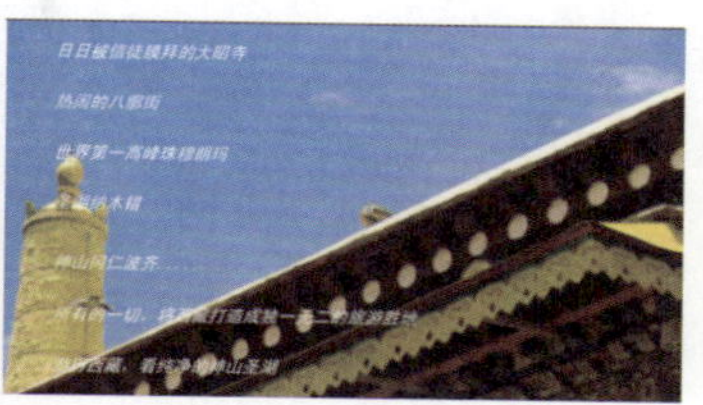

图 9-71　字幕的滚动播出效果

### 9.3.3　制作跑马灯字幕

跑马灯字幕也是影片中常见的移动运动文字效果，文字从屏幕的一端向另一端滚动播出。

原始素材：chap09 \ 12 跑马灯字幕 \9_12\9_12.VSP
完成效果：chap09 \ 12 跑马灯字幕 \9_12end\9_12end.VSP

**操作步骤**

**01** 打开配套光盘中的项目文件 9_12.VSP，项目文件中已经预先添加了标题。

**02** 单击标题轨上的素材，然后单击预览窗口中的标题，使它处于编辑状态，如图 9-72 所示。

图 9-72　使标题处于编辑状态

**03** 选中选项面板上的【文字背景】，应用预设的单色背景效果，如图 9-73 所示。

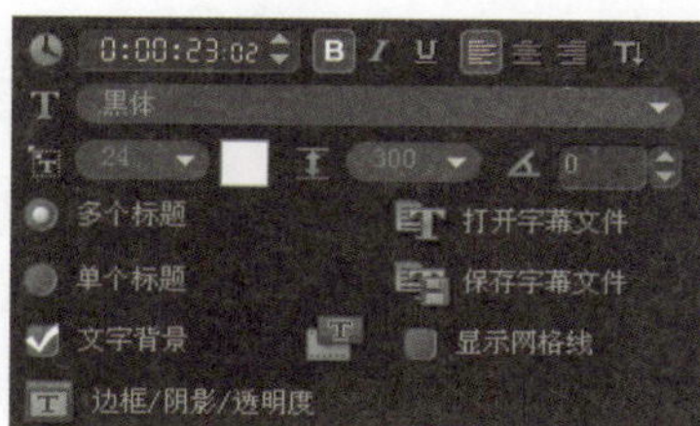

图 9-73　应用预设的单色背景效果

**04** 单击按钮，在弹出的对话框中为背景指定新的颜色。然后在【透明度】中输入数值指定单色背景的透明度，如图 9–74 所示。设置完成后，单击【确定】按钮。

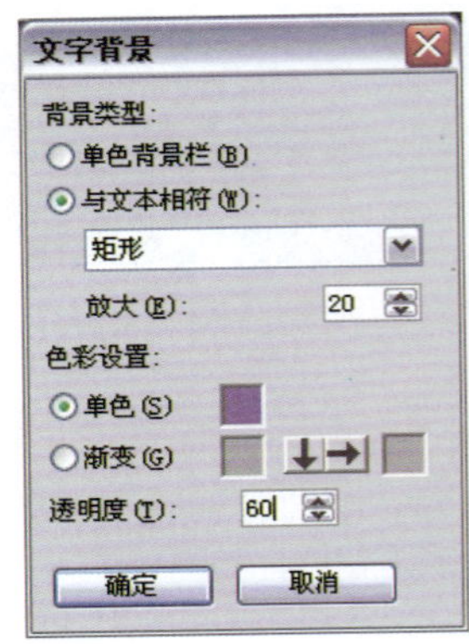

图 9–74　指定透明度和背景颜色

**05** 选择选项面板上的【属性】选项卡，选中【动画】和【应用】选项，并将类型设置为【飞行】，如图 9–75 所示。

**06** 单击【自定义动画属性】按钮，在弹出的对话框中设置文字运动的方式，如图 9–76 所示。设置完成后，单击【确定】按钮。

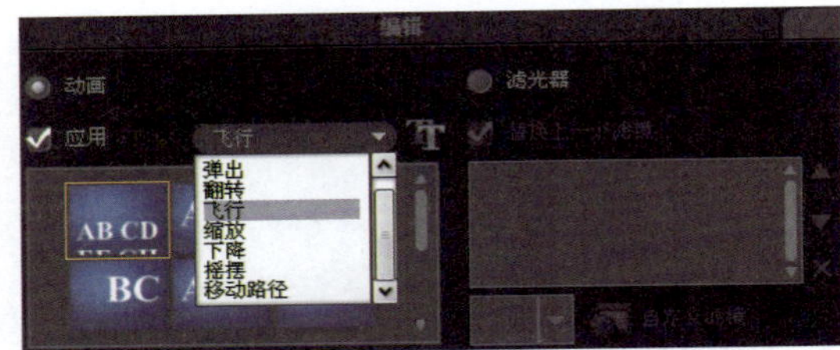


图 9–75　设置动画类型

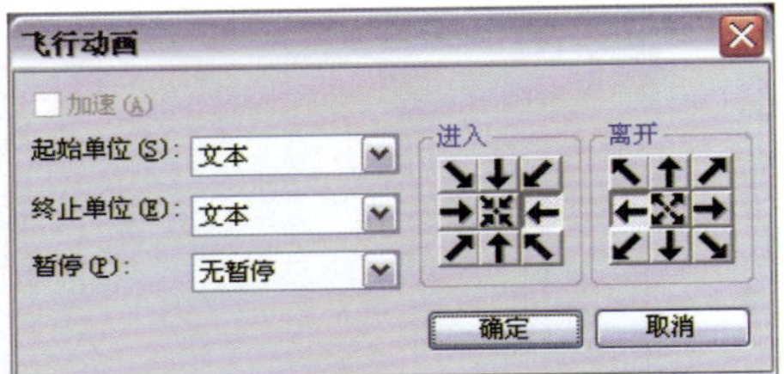


图 9–76　设置文字运动的方式

**07** 单击【播放项目】按钮，就可以查看跑马灯字幕从右向左滚动播放的效果，如图 9–77 所示。

图 9–77　跑马灯字幕效果

### 9.3.4 【淡化】参数详解

在【标题】步骤中，为文字添加各种类型的动画效果。下面介绍这些动画的详细参数设置，帮助读者更好地控制文字的运动方式。【淡化】可以使文字产生淡入、淡出的动画效果，如图 9-78 所示。

图 9–78 【淡化】动画效果

单击选项面板上的【自定义动画属性】按钮，在图 9-79 所示的对话框中设置各项参数。

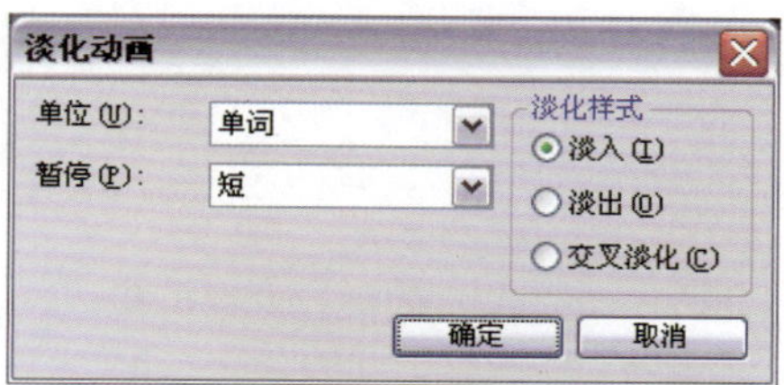


图 9–79 设置【淡化】动画属性

| 名　称 | 功　能 |
|---|---|
| 单位 | 设置标题在场景中出现的方式 |
| 文本 | 整个标题出现在场景中 |
| 字符 | 标题以一次一个字符的方式出现在场景中 |
| 单词 | 标题以一次一个单词的方式出现在场景中 |
| 行 | 一次一行文字出现在场景中 |
| 暂停 | 在动画起始和终止的方向之间应用暂停。在下拉列表中选择【无暂停】选项，使动画不间歇运行 |
| 淡化样式 | 设置动画淡入淡出的方式 |
| 淡入 | 让标题逐渐显现 |
| 淡出 | 让标题逐渐消失 |
| 交叉淡化 | 让标题在进入场景时逐渐出现，在离开场景时逐渐消失 |

## 9.3.5 【弹出】参数详解

【弹出】可以使文字产生由画面上的某个分界线弹出显示的动画效果，如图 9-80 所示。

图 9–80 【弹出】动画效果

单击选项面板上的【自定义动画属性】按钮，在图 9-81 所示的对话框中设置各项参数。

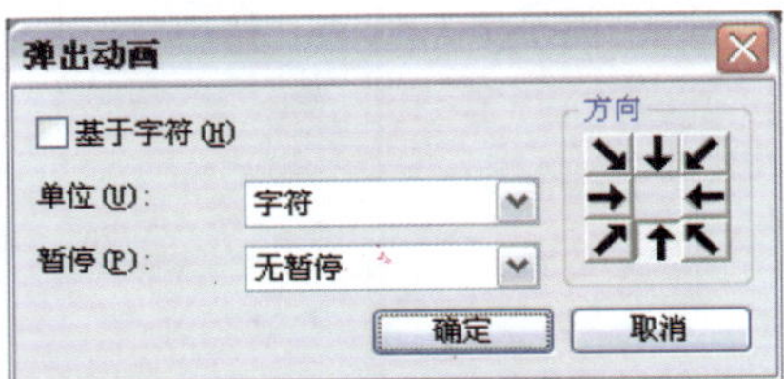


图 9-81　设置【弹出】动画属性

| 名　　称 | 功　　能 |
|---|---|
| 基于字符 | 选中该选项，将在预览窗口中显示已应用的字体 |
| 单位 | 设置标题在场景中出现的方式 |
| 文本 | 整个标题出现在场景中 |
| 字符 | 标题以一次一个字符的方式出现在场景中 |
| 单词 | 标题以一次一个单词的方式出现在场景中 |
| 行 | 一次一行文字出现在场景中 |
| 暂停 | 在动画起始和终止的方向之间应用暂停。在下拉列表中选择【无暂停】选项，可以使动画不间歇运行 |
| 方向 | 指定文字运动的起始方向 |

## 9.3.6 【翻转】参数详解

【翻转】可以使文字产生翻转回旋运动，如图 9-82 所示。

图 9-82 【翻转】动画效果

单击选项面板上的【自定义动画属性】按钮，在图 9-83 所示的对话框中设置各项参数。

图 9-83　设置【翻转】动画属性

| 名　　称 | 功　　能 |
|---|---|
| 进入 / 离开 | 显示从标题动画的起始到终止位置的轨迹。选择【中间】选项，使标题静止 |
| 暂停 | 在动画起始和终止的方向之间应用暂停。在下拉列表中选择【无暂停】选项，使动画不间歇运行 |

## 9.3.7 【飞行】参数详解

【飞行】可以使字符或者单词沿着一定的路径飞行，如图 9-84 所示。

图 9–84 【飞行】动画效果

单击选项面板上的【自定义动画属性】按钮，在图 9-85 所示的对话框中设置各项参数。

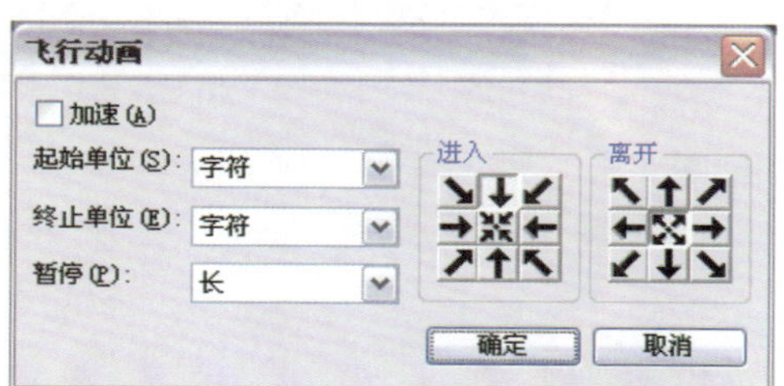


图 9–85 设置【飞行】动画属性

| 名　称 | 功　能 |
| --- | --- |
| 加速 | 选中该复选框，在当前单位退出屏幕之前，使标题素材的下一个单位开始动画 |
| 起始 / 终止单位 | 设置标题在场景中出现的方式 |
| 文本 | 整个标题出现在场景中 |
| 字符 | 标题以一次一个字符的方式出现在场景中 |
| 单词 | 标题以一次一个单词的方式出现在场景中 |
| 行 | 一次一行文字出现在场景中 |
| 暂停 | 在动画起始和终止的方向之间应用暂停。在下拉列表中选择【无暂停】选项，使动画不间歇运行 |
| 进入 / 离开 | 显示从标题动画的起始到终止位置的轨迹。选择【中间】选项，使标题静止 |

## 9.3.8 【缩放】参数详解

【缩放】可以使文字在运动过程中产生放大或缩小变化，如图 9-86 所示。

图 9–86 【缩放】动画效果

单击选项面板上的【自定义动画属性】按钮，在图 9-87 所示的对话框中设置各项参数。

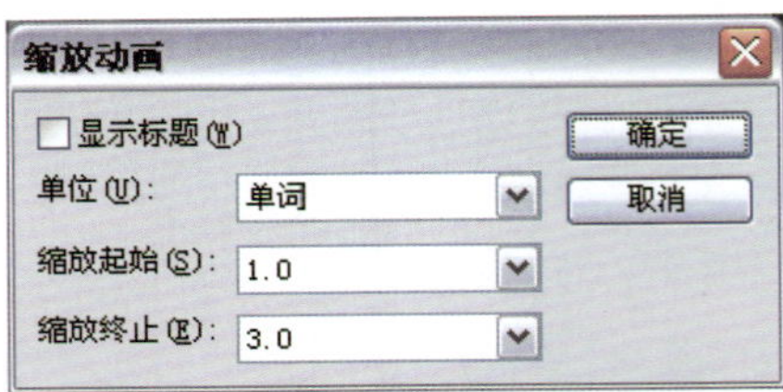


图 9–87　设置【缩放】动画属性

| 名　称 | 功　能 |
| --- | --- |
| 显示标题 | 选中该复选框，在动画的终止时显示标题 |
| 单位 | 设置标题在场景中出现的方式 |
| 文本 | 整个标题出现在场景中 |
| 字符 | 标题以一次一个字符的方式出现在场景中 |
| 单词 | 标题以一次一个单词的方式出现在场景中 |
| 行 | 一次一行文字出现在场景中 |
| 缩放起始 / 缩放终止 | 输入动画起始和终止时的缩放率 |

## 9.3.9 【下降】参数详解

【下降】可以使文字在运动过程中由大到小逐渐降低，如图 9-88 所示。

图 9–88 【下降】动画效果

单击选项面板上的【自定义动画属性】按钮，在图 9-89 所示的对话框中设置各项参数。

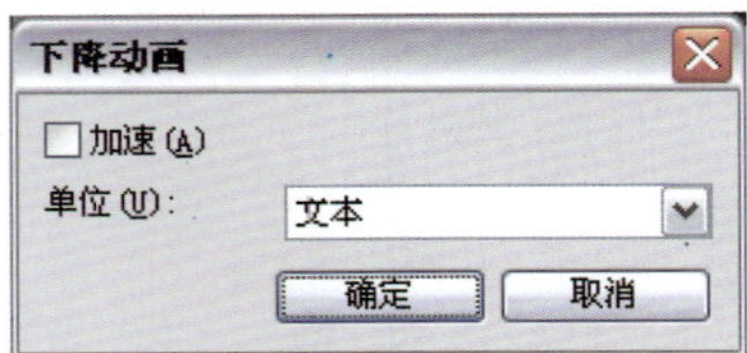


图 9–89　设置【下降】动画属性

| 名　称 | 功　能 |
| --- | --- |
| 加速 | 选中该复选框，在当前单位离开屏幕之前启动下一个单位的动画 |
| 单位 | 设置标题在场景中出现的方式 |
| 文本 | 整个标题出现在场景中 |
| 字符 | 标题以一次一个字符的方式出现在场景中 |
| 单词 | 标题以一次一个单词的方式出现在场景中 |
| 行 | 一次一行文字出现在场景中 |

### 9.3.10 【摇摆】参数详解

【摇摆】使文字产生左右摇摆运动的效果，如图 9-90 所示。

图 9-90 【摇摆】动画效果

单击选项面板上的【自定义动画属性】按钮，在图 9-91 所示的对话框中设置各项参数。

图 9-91 设置【摇摆】动画属性

| 名　称 | 功　能 |
| --- | --- |
| 暂停 | 在动画起始和终止的方向之间应用暂停。在下拉列表中选择【无暂停】选项，使动画不间歇运行 |
| 摇动角度 | 设置应用到文字上的曲线的角度 |
| 进入 / 离开 | 显示从标题动画的起始到终止位置的轨迹。选择【中间】选项，使标题静止 |
| 顺时针 | 选中该复选框，使此文字以顺时针方向运动 |

### 9.3.11 【移动路径】参数详解

【移动路径】使文字产生沿指定的路径运动的效果，如图 9-92 所示。【移动路径】没有可调整的参数，直接选择并应用列表中的预设效果，就能产生多种多样的路径变化。

图 9-92 【移动路径】动画效果

## 9.4 制作卡拉 OK 同步字幕

会声会影提供了打开字幕文件的功能，这样，就能够一次批量导入字幕，非常适用于导入歌词，使字幕与音乐完美而快速地配合。首先，打开配套光盘上的视频文件 chap09 \15 卡拉 OK 同步字幕 \9_15.mpg 查看制作完成的效果。下面，详细介绍在会声会影中制作卡拉 OK 字母的完整流程。

### 9.4.1 下载歌曲

首先，下载要使用的歌曲。

**操作步骤**

**01** 启动 IE，登录音乐下载页面 http://mp3.baidu.com/，并在搜索栏中输入需要查找的歌曲名。单击【百度一下】按钮，页面显示查找到的符合要求的曲目，如图 9-93 所示。

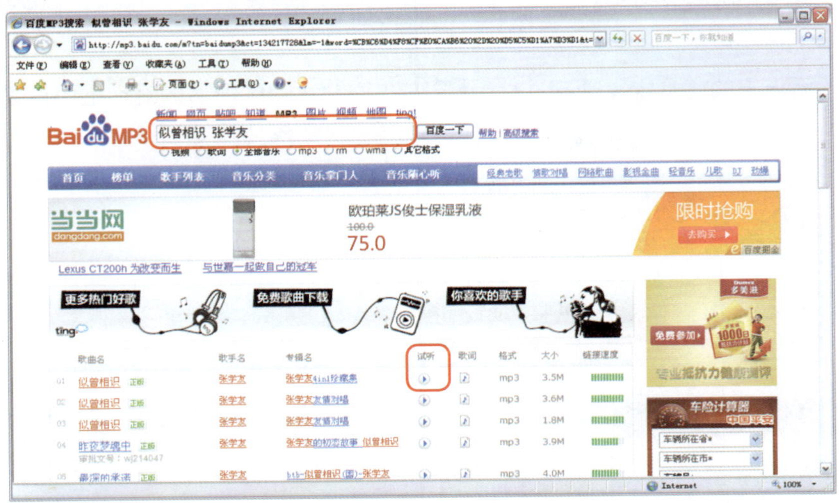


图 9-93　查找到符合要求的曲目

**02** 在想要下载的曲目右侧单击【试听】按钮，打开对应歌曲的试听窗口，如图 9-94 所示。

图 9-94　打开试听窗口

**03** 在歌曲的链接上单击鼠标右键，从弹出菜单中选择【目标另存为】命令，并在弹出的对话框中指定歌曲保存的名称和路径，如图 9–95 所示。

图 9–95　指定歌曲保存的名称和路径

**04** 单击 保存(S) 按钮，将音乐下载到指定的路径中。

## 9.4.2 下载 LRC 字幕

接着，下载 LRC 字幕。

### 操作步骤

**01** 切换到先前查找到的符合要求的曲目窗口中，单击【歌词】，如图 9–96 所示。

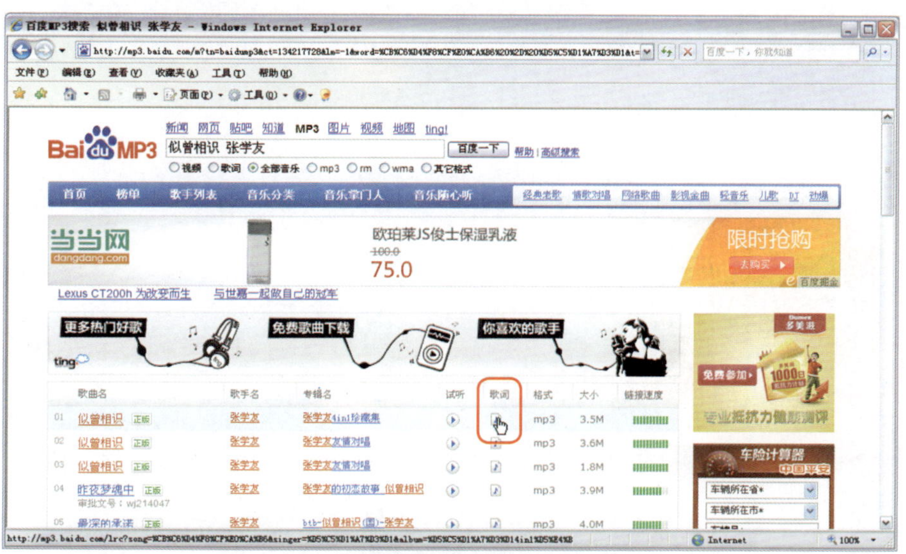


图 9–96　单击【歌词】

**02** 在新打开的歌词窗口中单击【搜索“大海”LRC 歌词】，如图 9–97 所示。

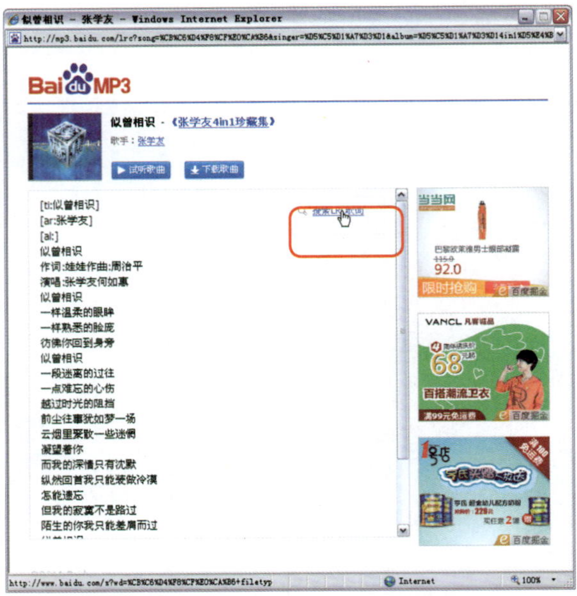


图 9–97 单击查找 LRC 歌词

**03** 在新打开的 IE 窗口中单击找到的 LRC 歌词的名称，单击鼠标右键，从弹出菜单中选择【目标另存为】命令，如图 9–98 所示。

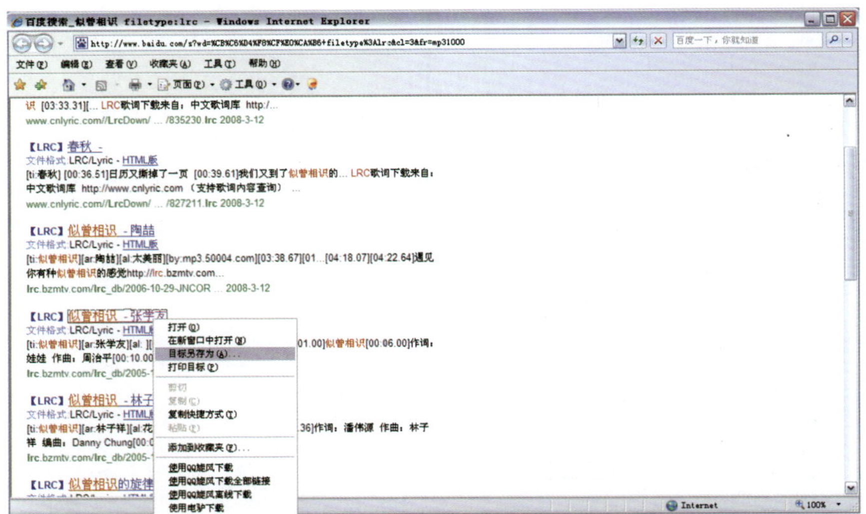


图 9–98 选择【目标另存为】命令

**04** 在弹出的对话框中指定 LRC 文件保存的名称和路径，然后单击 保存(S) 按钮保存 LRC 文件，如图 9–99 所示。

**提示**

LRC 歌词是一种字幕格式，它的特点是歌词与歌曲一一对应，比会声会影所支持的 UTF 字幕更为流行也更容易搜索和下载。

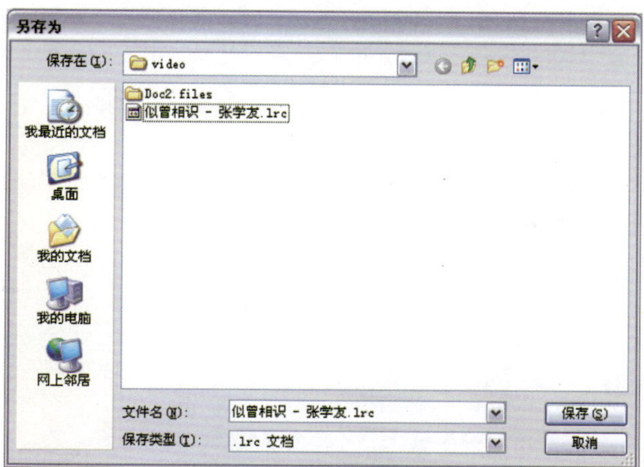


图 9-99　将歌词保存到指定的路径中

### 9.4.3　下载歌词转换器

现在，已经下载了容易找到的 LRC 字幕。接着，需要下载“LRC 歌词文件转换器”，将 LRC 歌词转换为会声会影支持的 UTF 格式。

#### 操作步骤

**01** 登录百度搜索引擎 http://www.baidu.com.cn/，在搜索栏中输入要查找的软件名称“LRC 歌词文件转换器”。

**02** 单击【百度一下】按钮，页面中显示软件“LRC 歌词文件转换器”的下载页面链接，如图 9-100 所示。

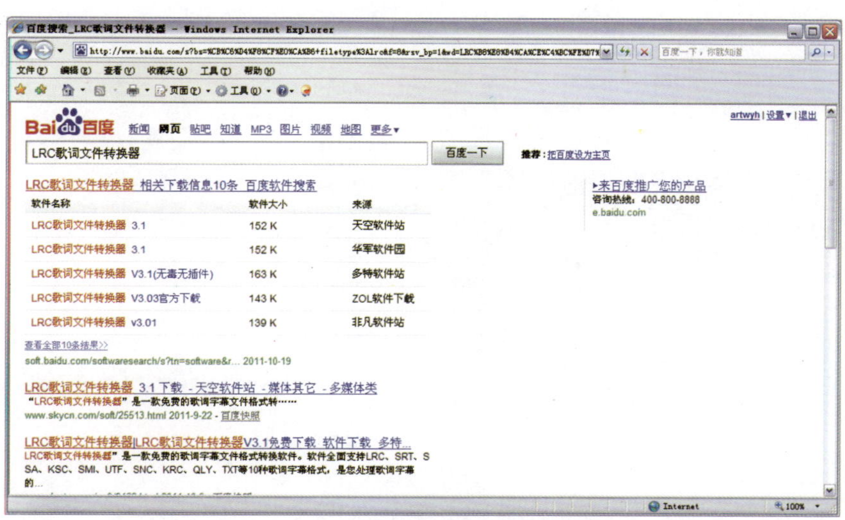


图 9-100　找到歌词转换器下载页面

**03** 根据相关页面的提示信息，下载并安装“LRC 歌词文件转换器”。

## 9.4.4 转换歌词格式

### 操作步骤

**01** 启动“LRC 歌词文件转换器”，单击界面上的【源文件】右侧的 浏览 按钮，如图 9-101 所示。

**02** 在弹出的对话框中选中先前下载的 LRC 歌词文件，如图 9-102 所示。

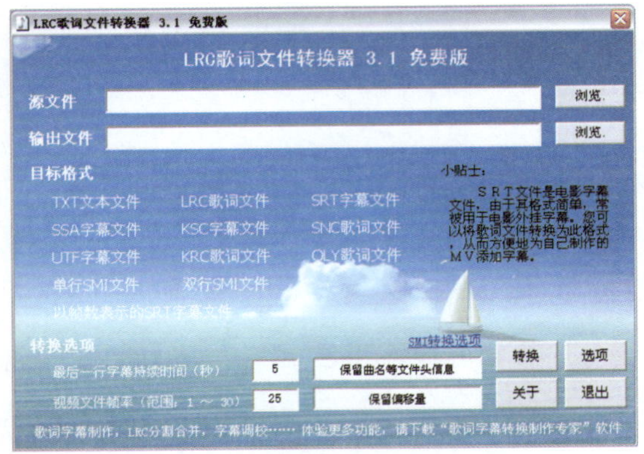


图 9-101　单击【浏览】按钮

图 9-102　选中先前下载的 LRC 歌词文件

**03** 单击 打开(O) 按钮，将 LRC 文件添加到【源文件】列表框中，如图 9-103 所示。

**04** 单击界面上的【输出文件】右侧的 浏览 按钮，在弹出的对话框中指定输出的路径、名称和格式，如图 9-104 所示。需要注意的是，这里要将【保存类型】设置为【会声会影次标题字幕文件(*.utf)】。然后单击 保存(S) 按钮。

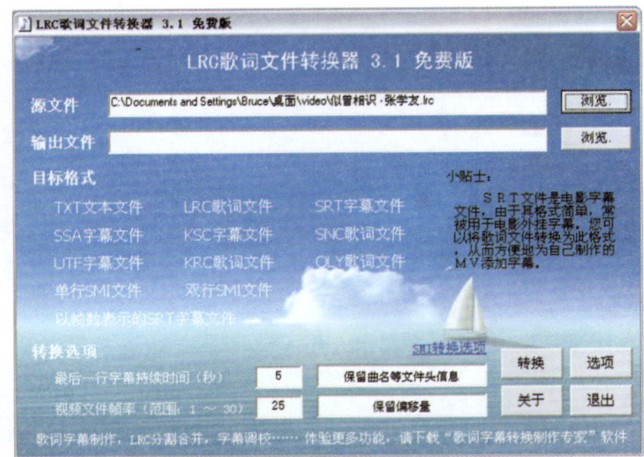


图 9-103　将 LRC 文件添加到【源文件】列表框中

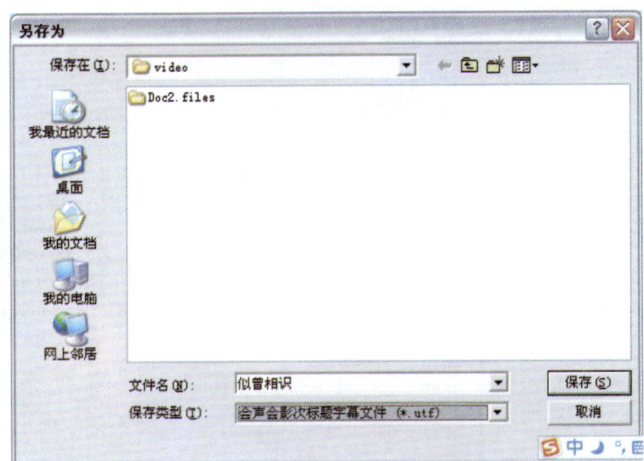


图 9-104　设置输出属性

**05** 单击 转换 按钮，将 LRC 文件转换为 utf 文件。转换完成后，单击 确定 按钮，如图 9-105 所示。

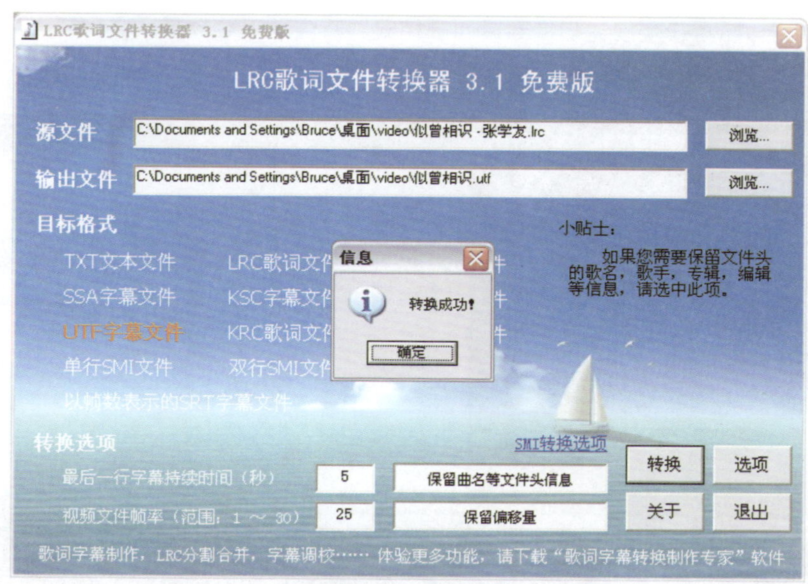


图 9-105　转换为指定的文件格式

## 9.4.5　添加字幕文件

将在会声会影中添加转换完成的字幕文件，实现字幕的批量导入。

### 操作步骤

01 启动会声会影 X4，在视频轨上添加需要使用的视频或者图像素材。根据需要在素材之间添加转场效果，如图 9-106 所示。

图 9-106　添加视频和图像素材

**02** 单击视频轨上方的 按钮切换到时间轴模式，将先前下载的音乐文件“大海 .mp3”拖曳到音频轨上，如图 9–107 所示。

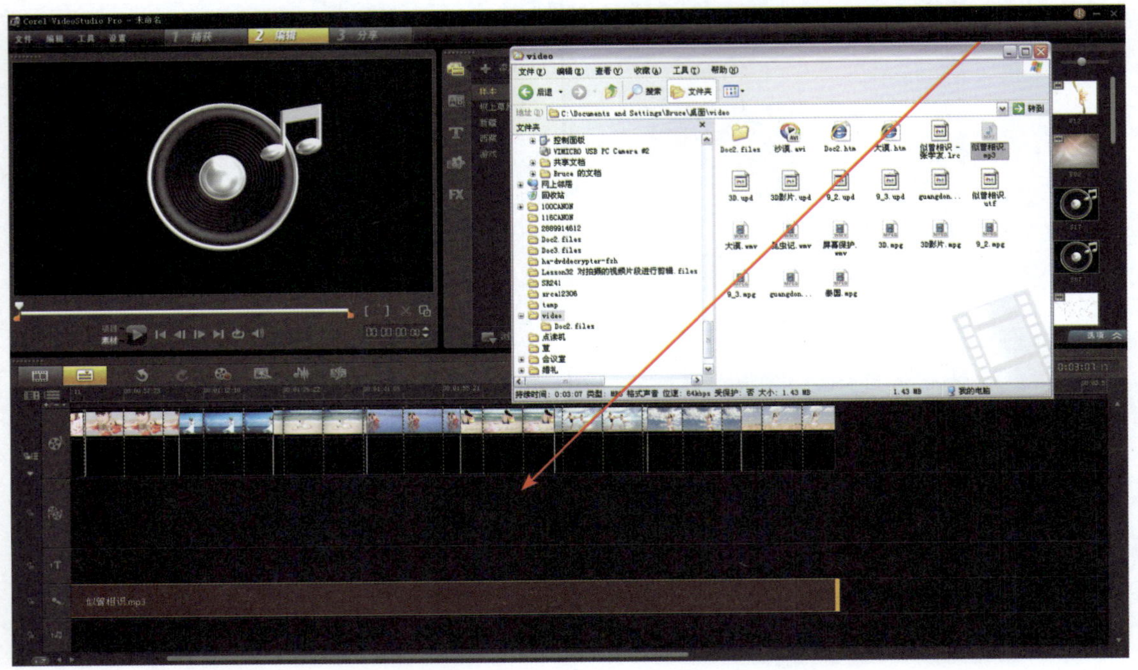

图 9–107 添加音乐文件

**03** 单击素材库左侧的【标题】按钮，进入标题编辑模块。单击 选项 按钮显示选项面板，然后单击选项面板上的【打开字幕文件】按钮，如图 9–108 所示。

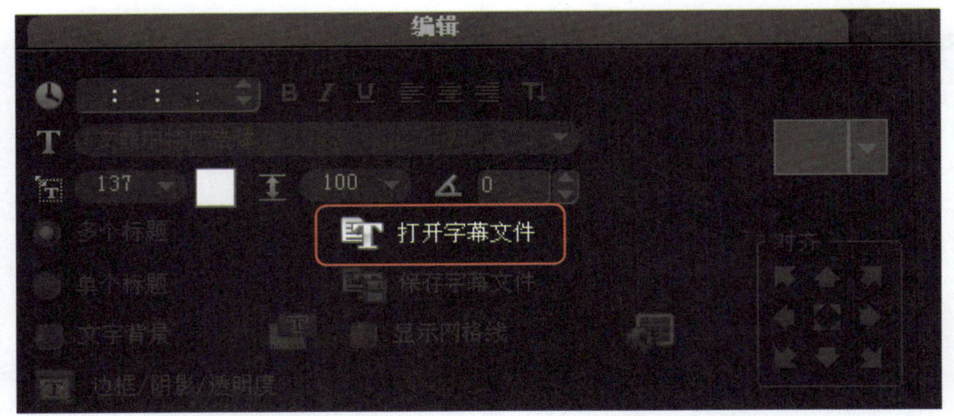


图 9–108 单击【打开字幕文件】按钮

**04** 在弹出的对话框中选中先前转换完成的 UTF 格式的字幕文件，并在对话框下方设置字体、字体大小、颜色、边界色彩等属性，如图 9–109 所示。

**05** 单击 打开(O) 按钮，显示图 9–110 所示的信息提示窗口。

图 9-109　打开 UTF 格式的字幕文件

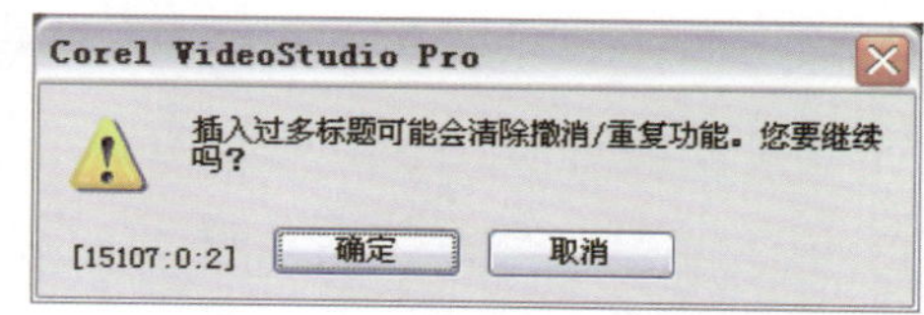


图 9-110　显示信息提示窗口

06 单击 确定 按钮，歌词被自动插入到标题轨上，并与歌曲中的唱词一一对应，如图 9-111 所示。

图 9-111　歌词自动插入到标题轨

**07** 单击【播放项目】按钮查看制作完成的卡拉 OK 同步字幕效果，如图 9-112 所示。

图 9-112　查看制作完成的卡拉 OK 同步字幕效果

# 10

# 影片中的配音与配乐

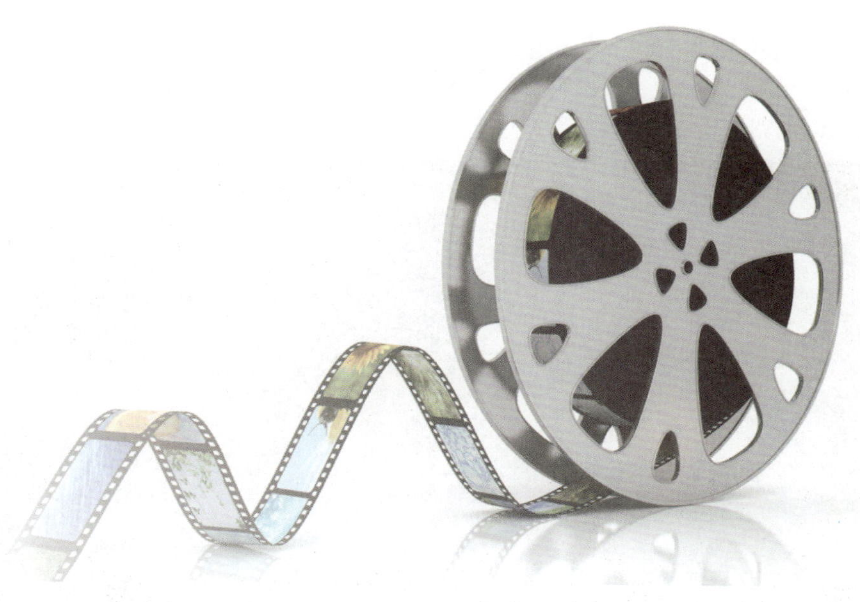

## 10.1 声音和音乐功能简介

使用会声会影的【音频】功能，为影片添加旁白、背景音乐或者对声音素材进行调整。会声会影将音频文件分为声音和音乐两种类型，这是为了更加明确地区分它们的功能，也便于在声音轨和音乐轨之间制作混合效果。从添加的音频文件的性质上来说，声音和音乐是相同的。下面介绍在会声会影中添加和编辑声音文件的方法。

## 10.2 在影片中添加声音素材

将声音添加到影片中的方法与添加视频的方法类似，从素材库中直接添加声音文件，也可以把硬盘或光盘上的声音文件添加到影片中。除此之外，还可以通过话筒录制画外音或者从 CD 音乐光盘上截取音频素材，甚至可以从视频文件中获取音频素材。下面介绍从各种不同的来源为影片添加音频素材的方法。

### 10.2.1 从素材库添加声音

从素材库添加声音是最基本的操作，使用这种方法，将声音素材添加到素材库中，在今后的操作中快速调用。如果需要从素材库添加声音，可以按照以下的步骤操作。

**操作步骤**

01 在视频轨上添加影片中需要的视频或者图像素材。

02 单击素材库上方的【显示音频文件】按钮，使它处于状态，在素材库中显示【音频】素材，如图 10-1 所示。

图 10-1　进入【音频】模块

03 选中素材库中的一个声音文件，按住并拖动鼠标将其放置到【声音轨】或【音乐轨】上，释放鼠标，就完成了从素材库添加声音的操作，如图 10-2 所示。

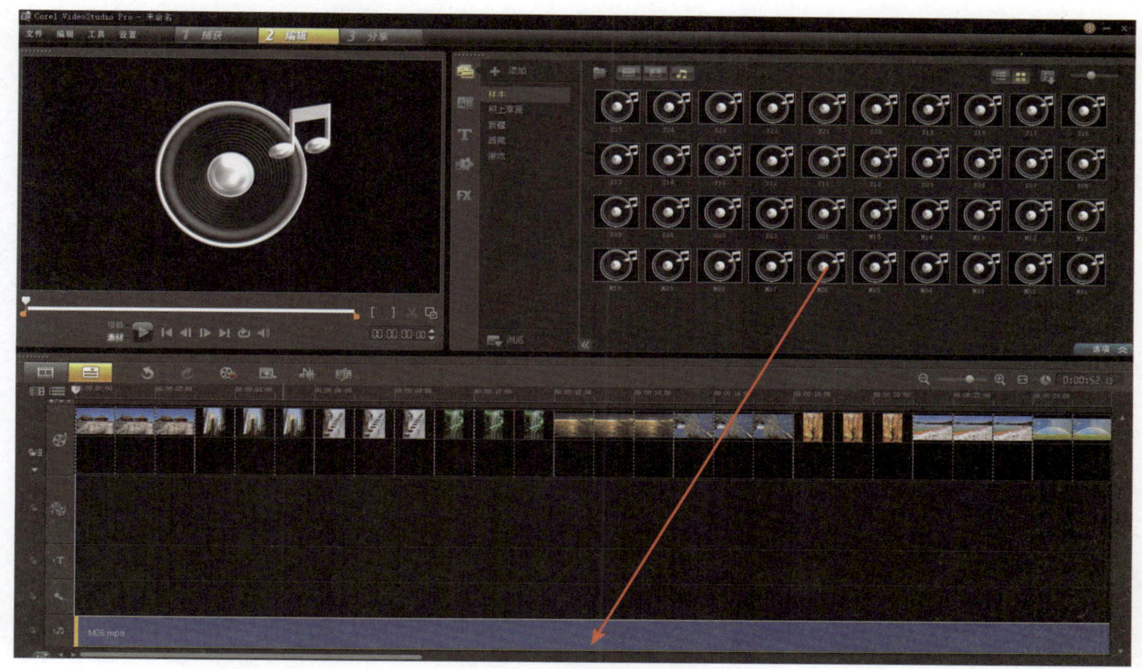

图 10-2　从素材库添加声音

## 10.2.2　从文件添加声音

如果保存到硬盘中的声音文件只需要应用到当前影片中，而不需要添加到素材库中，按照以下介绍的方法直接将声音文件添加到影片中。

### 操作步骤

**01** 打开 Windows 资源管理器，找到音乐文件存放的文件夹，如图 10-3 所示。

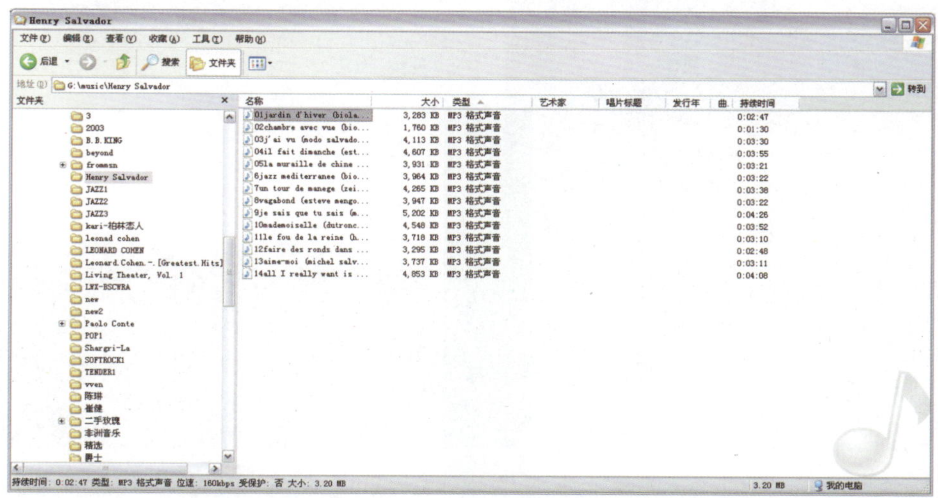


图 10-3　找到音乐文件存放的文件夹

02 双击音乐文件的名称，打开 Windows 媒体播放器试听音乐效果，如图 10-4 所示。

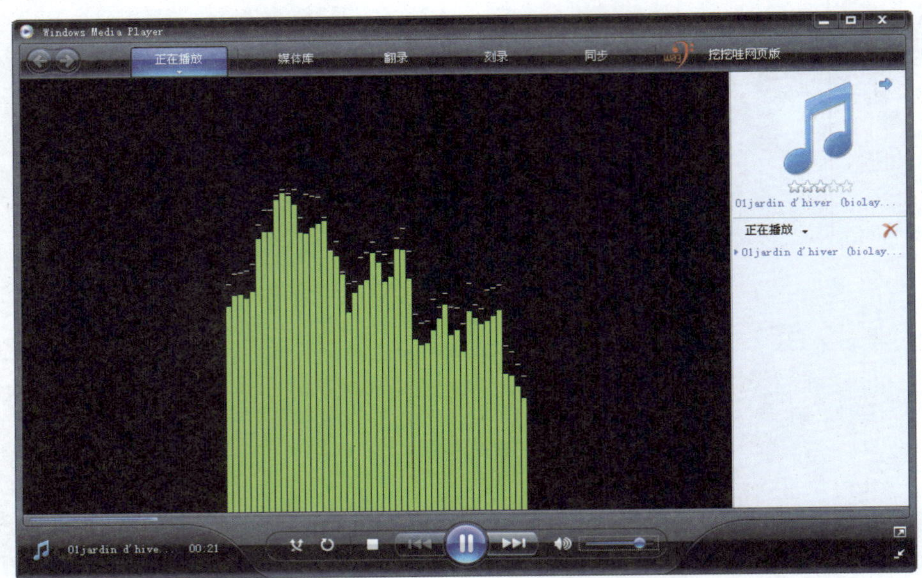


图 10-4 试听音乐效果

03 在会声会影的视频轨上添加影片中需要的视频或者图像素材。然后单击步骤面板上的 2 编辑 按钮，进入编辑步骤。

04 缩小显示 Windows 资源管理器窗口，并将它置于会声会影软件界面上方，按住并拖动鼠标，将选中的音乐文件直接从资源管理器拖动到会声会影的声音轨或者音乐轨上，如图 10-5 所示。

图 10-5 将声音文件直接添加到会声会影中

## 10.3 为影片录制画外音

为了方便用户为影片配音，会声会影提供了直接录制画外音的功能。下面，介绍具体的设置和使用方法。

### 10.3.1 设置录音属性

要录制声音，首先需要准备一个麦克风并将它与计算机正确连接，然后对系统做相应的设置。

**操作步骤**

01 将麦克风的插头插入声卡的 Line in 或者 Mic（Microphone）接口。

02 双击 Windows 快捷方式栏上的【音量】图标，打开音【主音量】对话框，从【选项】菜单选择【属性】命令，如图 10-6 所示。

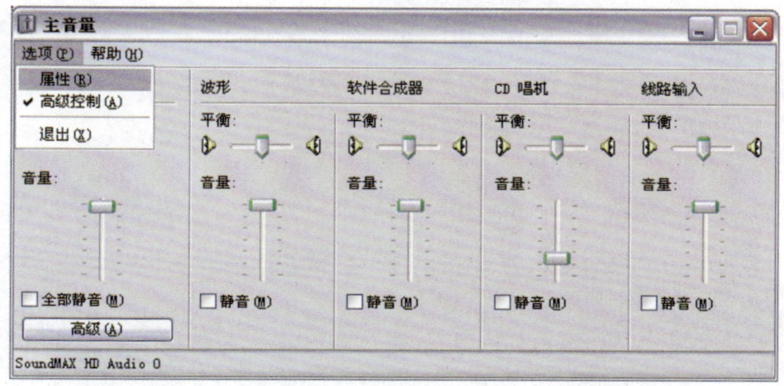


图 10-6 从【选项】菜单选择【属性】命令

03 在弹出的对话框中选中【录音】单选钮，并同时选中列表中的【麦克风】（Mic Volume）、【线性输入】（Line In）和【CD 唱机】（CD Audio）复选框，如图 10-7 所示。

04 单击 确定 按钮，根据录音设备所选择的连接方式在对话框中选中相应的音量控制选项。如果麦克风接入的是声卡的 Line In 接口，选中【线性输入】底部的【选择】复选框。如果麦克风接入的是声卡的 Mic 接口，选中【麦克风】底部的【选择】复选框，如图 10-8 所示。

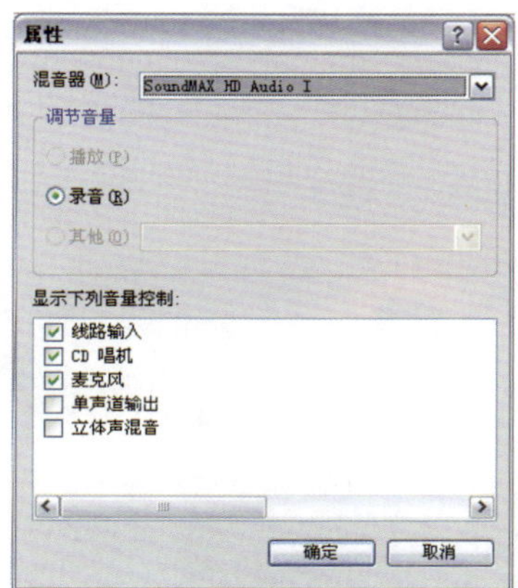


图 10-7 选中【录音】单选钮并选择要显示的音量控制

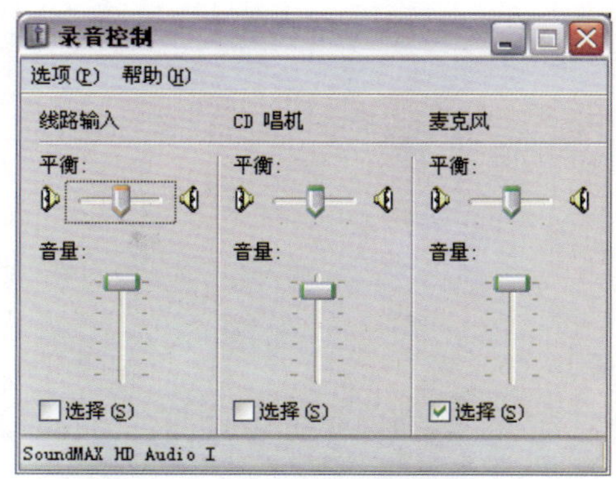


图 10-8 选择并调整录音设备的音量

### 10.3.2 为影片配音

正确连接设备并设置系统后，就可以按照以下的方法为影片配音。

#### 操作步骤

01 单击视频轨上方的【时间轴视图】按钮，切换到时间轴模式。

02 拖动时间标尺上的当前位置标记，把它放置到需要录音的起始位置，如图 10-9 所示。

图 10-9　定位到要录音的位置

03 单击时间轴上方的【录制 / 捕获选项】按钮，在打开的【录制 / 捕获选项】对话框中单击【画外音】按钮，如图 10-10 所示。

04 在弹出的【调整音量】对话框中测试音量的大小。测试音量时，对话框中的指示格会变亮，指示格上的刻度表明音量的大小，如图 10-11 所示。

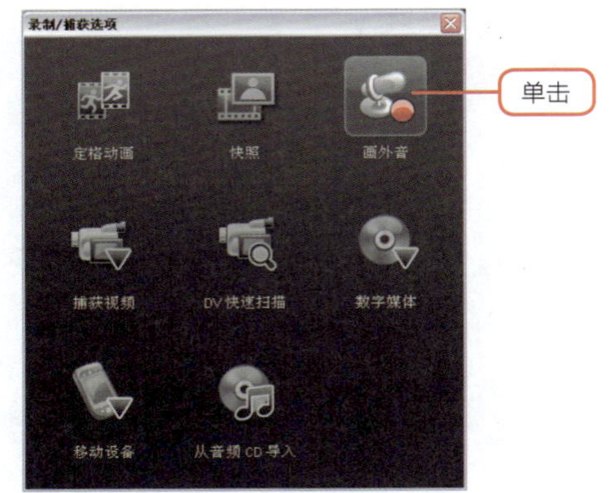


图 10-10　展开【音频】选项面板

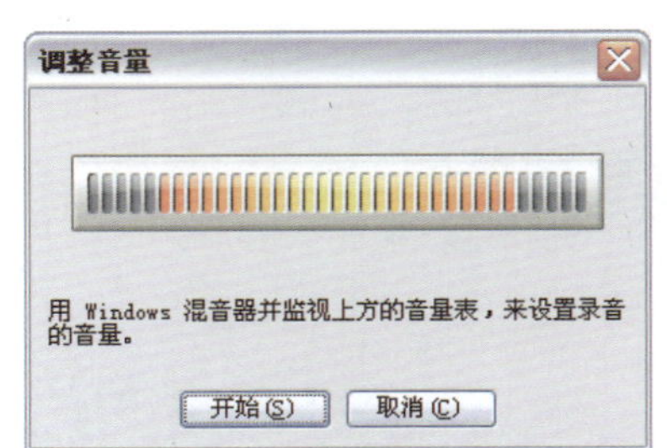


图 10-11　测试音量大小

05 根据需要调整音量大小，然后在【调整音量】对话框中单击 开始(S) 按钮开始录音，这时，可以在预览窗口中查看当前视频的位置，以确保录制的声音与视频同步，如图 10-12 所示。

图 10-12 在录音时可以查看画面的对应位置

06 录制到需要的声音后，按 Esc 键或 Space 键，录制的声音将被添加到指定的位置，如图 10-13 所示。

图 10-13 添加到声音轨上的录音

## 10.4 从音频 CD 导入音乐

使用会声会影，可以将音乐 CD 上的曲目转换为 WAV 格式保存到硬盘上，也可以将转换后的音频文件直接添加到当前项目文件中。

### 操作步骤

**01** 将要录制的音乐 CD 放入光盘驱动器，单击时间轴上方的【录制 / 捕获选项】按钮，打开【录制 / 捕获选项】对话框。

**02** 单击对话框中的【从音频 CD 导入】按钮，打开【转存 CD 音频】对话框，如图 10–14 所示。

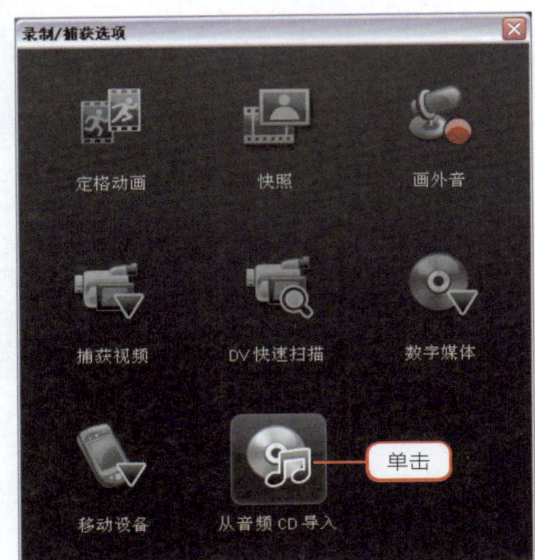


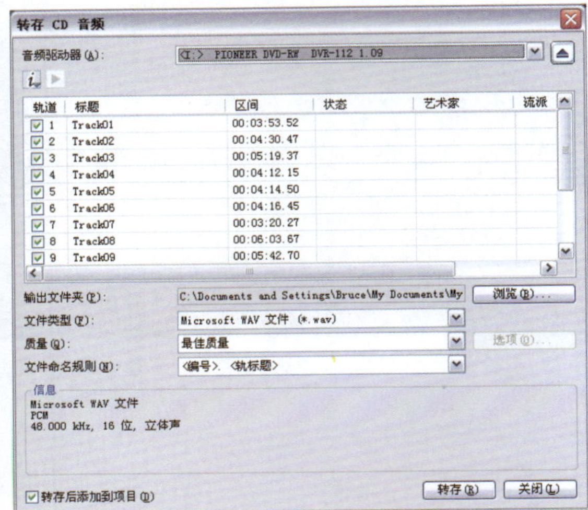


图 10–14 【转存 CD 音频】对话框

**03** 在对话框中选中一个曲目，然后单击▶按钮试听音乐效果。试听完成后，取消选中不需要的曲目，如图 10–15 所示。

音频驱动器(A): <I:> PIONEER DVD-RW DVR-112 1.09

单击试听效果

| 轨道 | 标题 | 区间 | 状态 | 艺术家 | 流派 |
|---|---|---|---|---|---|
| ☐ 1 | Track01 | 00:03:53.52 | | | |
| ☑ 2 | Track02 | 00:04:30.47 | | | |
| ☑ 3 | Track03 | 00:05:19.37 | | | |
| ☑ 4 | Track04 | 00:04:12.15 | | | |
| ☐ 5 | Track05 | 00:04:14.50 | | | |
| ☐ 6 | Tr… | 00:04:16.45 | | | |
| ☐ 7 | Track07 | 00:03:20.27 | | | |
| ☑ 8 | Track08 | 00:06:03.67 | | | |
| ☑ 9 | Track09 | 00:05:42.70 | | | |

取消不需要的曲目

图 10–15 选中要转存的曲目

**04** 单击【输出文件夹】右侧的 浏览(B)... 按钮，在弹出的图 10–16 所示的对话框中指定转存后的音频文件的保存路径。

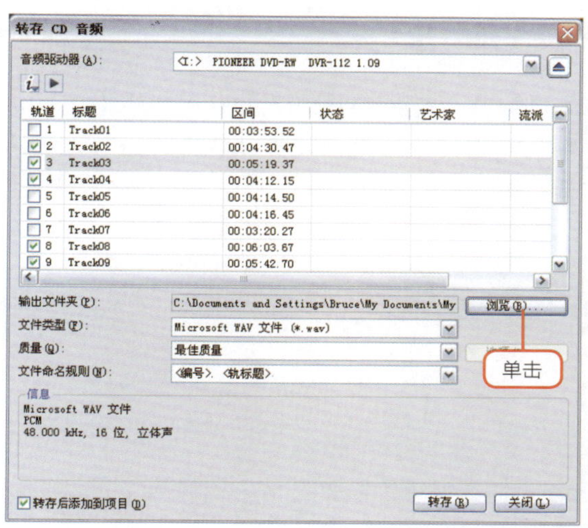


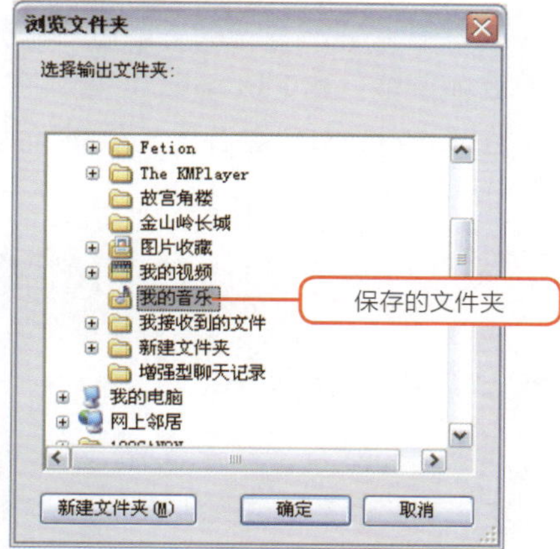


图 10-16　指定音频文件的保存路径

**05** 单击【质量】右侧的三角按钮，从图 10-17 所示的下拉列表中选择转换后的声音文件的质量。

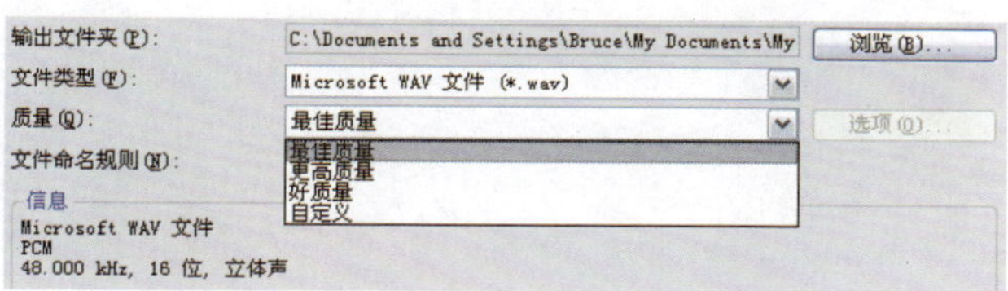


图 10-17　选择声音文件的质量

**06** 单击 转存(R) 按钮，选中的曲目将按照指定的格式和命名方式保存到硬盘上。转存完成后，单击 关闭(L) 按钮关闭对话框，如图 10-18 所示。

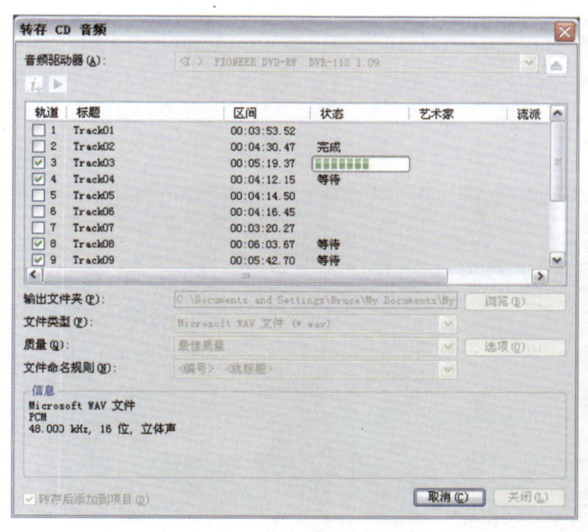


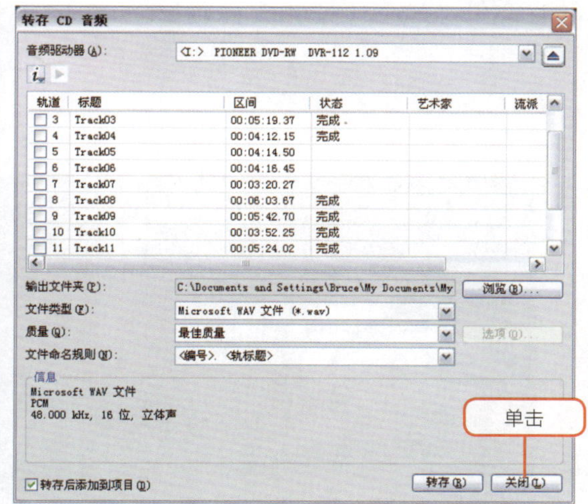


图 10-18　转存 CD 中的音乐

**提示**

选中对话框下方的【转存后添加到项目】复选框，CD 上的音频文件保存到硬盘上以后，将被添加到项目文件中。

## 10.5 从视频中分离音频素材

在编辑影片时，有时需要将音频从影片中分离，然后替换原先的音频或者对音频部分做进一步的单独调整。这时，可以使用分割音频功能直接从视频分离音轨。通过这样的方式，也可以将其他影片中的对白、音乐直接添加到自己的影片中。

原始素材：chap10\01 从影片中分离音频\10_1.mpg

### 操作步骤

**01** 将本书配套光盘上的视频文件 10_1.mpg 添加到视频轨，如图 10-19 所示。

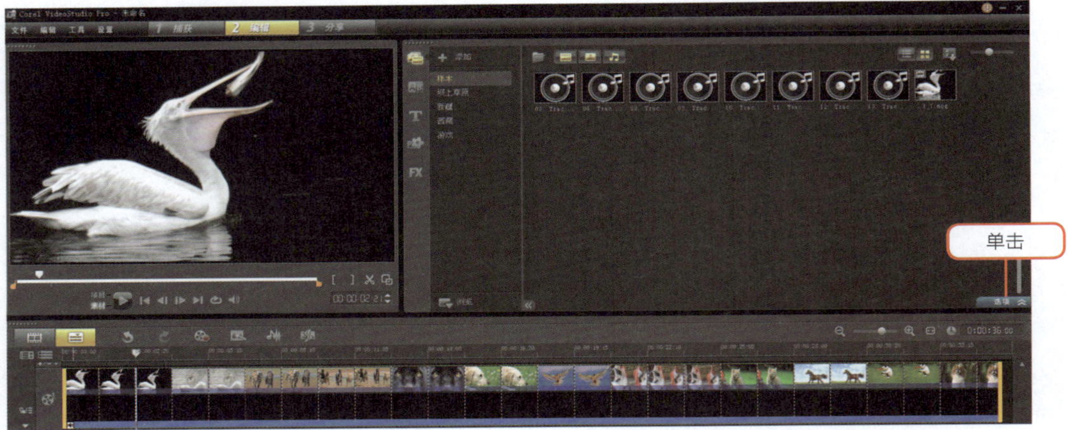


图 10-19　添加视频素材

**02** 在视频轨的素材上单击鼠标，然后单击素材库右下角的 选项 按钮，显示选项面板，如图 10-20 所示。

图 10-20　展开选项面板

03 单击选项面板上的分割音频按钮，影片中的音频部分将与视频分离，并自动添加到声音轨上。这时，素材的略图左下角显示标志变为标志，表示视频素材中已经不包含声音。这样就可以对音频素材进行单独编辑了，如图 5-21 所示。

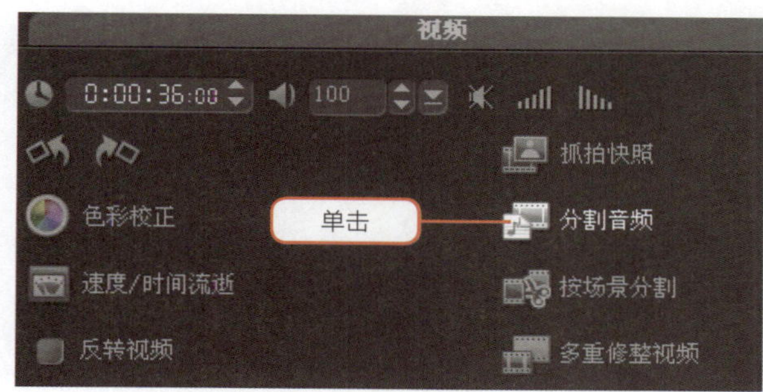

图 10-21　从影片中分离音频

**提示**

在视频轨的素材上单击鼠标右键，从弹出菜单中选择【分割音频】命令，也可以从素材中分离音频，并自动添加到声音轨上，如图 10-22 所示。

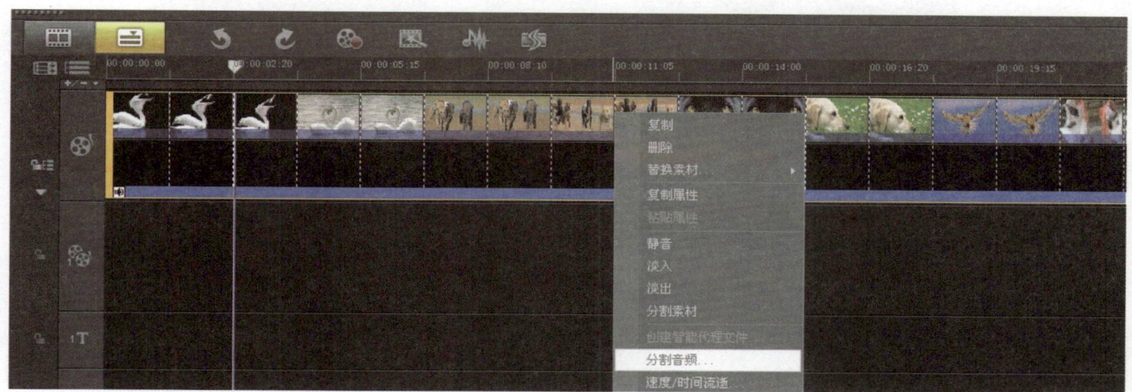


图 10-22　从右键菜单中选择【分割音频】命令

## 10.6 【音频】选项面板详解

在声音轨或者音乐轨上添加素材以后，【声音和音乐】选项面板如图 10-23 所示。

图 10-23　【音频】模块的选项面板

下面介绍【音乐和声音】选项卡上的各个按钮、选项的名称和功能。

| | |
|---|---|
| 0:04:12:05 区间 | 从左至右的各组数据是依次以“时：分：秒：帧”的形式显示音频素材的播放时间，可以输入一个区间值来调整音频素材的长度。 |
| 100 音量 | 单击右侧的三角按钮，在弹出窗口中可以拖动滑块以百分比的形式调整视频和音频素材的音量。 |
| 淡入和淡出 | 按下按钮，使所选择的声音素材的开始部分的音量逐渐增大。按下按钮，使所选择的声音素材的结束部分的音量逐渐减小。 |
| 速度 / 时间流逝 | 单击按钮，在打开的对话框中修改音频素材的速度和区间。 |
| 音频滤镜 | 单击按钮，将打开【音频滤镜】对话框，从中选择并将音频滤镜应用到所选的音频素材上。 |

## 10.7 为影片自动配乐

单击时间轴上方的【自动音乐】按钮，选项面板如图 10-24 所示。在【自动音乐】选项卡中从音频库里选择音乐轨并自动与影片相配合。下面，介绍在会声会影 X4 中使用自动音乐的方法。

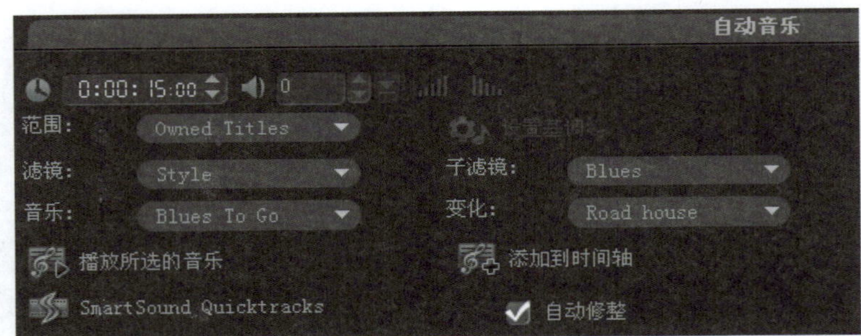


图 10-24 【自动音乐】选项卡

### 操作步骤

01 在视频轨上添加影片中需要的视频或者图像素材，然后单击时间轴上方的【自动音乐】按钮，打开【自动音乐】选项面板。

02 在选项面板上单击【范围】右侧的三角按钮，从图 10-25 所示的下拉列表中选择【Owned Titles】(自有)选项，使【库】中列出当前系统中已经安装的音乐的素材库。

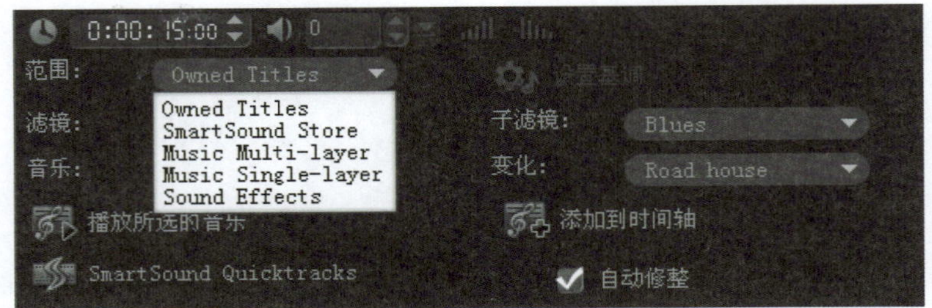


图 10-25 设置要使用的音乐范围

**03** 单击【滤镜】右侧的三角按钮，从下拉列表中选择音乐风格，如图 10-26 所示。

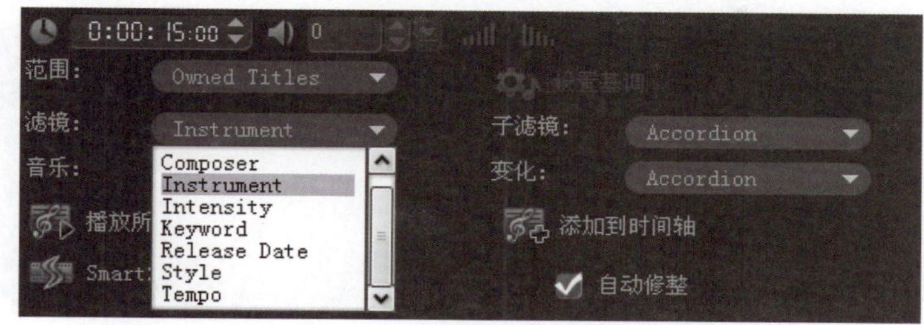


图 10-26　选择变化效果

**04** 在【音乐】列表中选择需要使用的音乐，单击【播放所选的音乐】按钮试听效果，如图 10-27 所示。

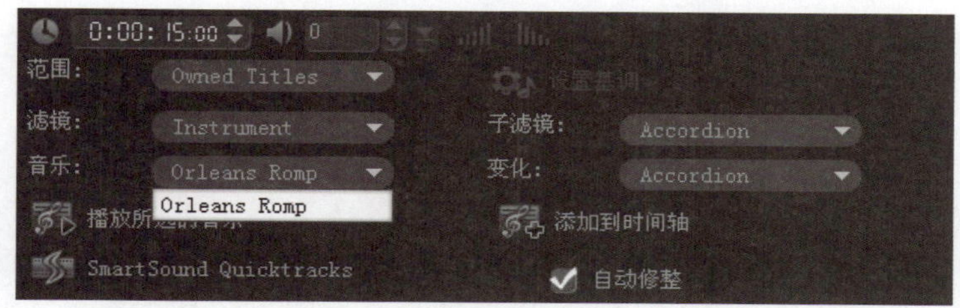


图 10-27　选择并播放音乐

**提示**

单击【子滤镜】以及【变化】右侧的三角按钮，针对当前音乐进一步选择变化风格。

**05** 选中选项面板上的【自动修整】选项，然后单击【添加到时间轴】按钮，所选择的音乐将自动添加到时间轴的音乐轨上，如图 10-28 所示。

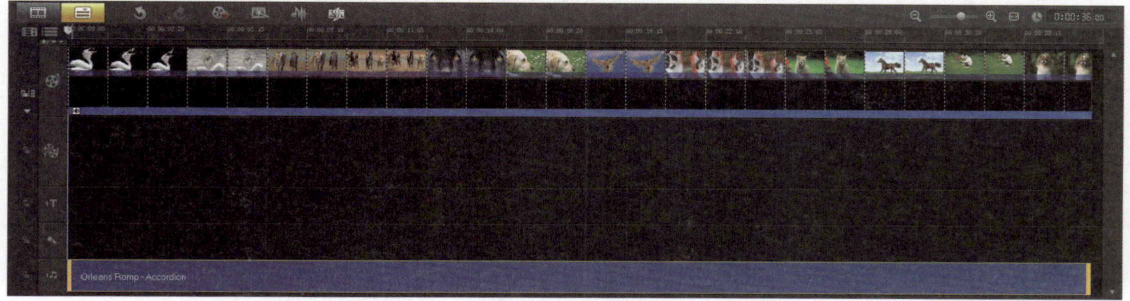


图 10-28　将自动音乐添加到时间轴

**06** 在时间轴上选中添加完成的自动音乐，然后在选项面板上设置音量、淡入淡出等属性。

**提示**

会声会影 X4 提供了一些基本的自动音乐素材，保持网络连接畅通，程序会自动下载更多的自动音乐素材，安装到会声会影 X4 中使用。

## 10.8 修整音频素材

将声音或背景音乐添加到声音轨或音乐轨后，根据影片的需要修整音频素材。首先在时间轴上单击【声音轨】按钮或【音乐轨】按钮，切换到相应的轨。然后使用以下的方法之一来修整音频素材。

### 10.8.1 使用略图修整

使用略图修整素材是最为快捷和直观的修整方式，缺点是不容易精确控制修剪的位置。如果需要使用略图修整素材，可以按照以下的步骤操作。

#### 操作步骤

01 选中需要修整的素材，选中的视频素材两端以黄色标记表示。

02 在黄色标记上按住并拖动鼠标改变选中的素材的长度，如图 10-29 所示。这时，选项面板的【区间】中将显示调整后的音频素材的长度。

图 10-29　拖动黄色标记改变选中的素材的长度

03 调整完成后，可以看到修整后的音频素材的效果，如图 10-30 所示。

图 10-30　修整后的音频素材

> **提示**
>
> 为了避免音频修整后开始或结束位置过于生硬，可以按下选项面板上的淡出按钮，使音乐在结尾部分声音逐渐变小。或者按下淡入按钮，使开始部分的音量逐渐增大。

### 10.8.2 使用区间修整

使用区间进行修整可以精确控制声音或音乐的播放时间。如果对整个影片的播放时间有严格的限制，可以使用区间修整的方式来调整。如果需要使用区间修整音频素材，可以按照以下的步骤操作。

**操作步骤**

**01** 在相应的音频轨上选中需要修整的素材，选项面板的【区间】中显示当前选中的音频素材的长度，如图 10-31 所示。

**02** 单击时间格上需要更改的数值，通过单击区间右侧的上下箭头来增加或减少素材的长度。也可以直接在相应的时间格中输入数值，调整声音素材的长度，如图 10-32 所示。

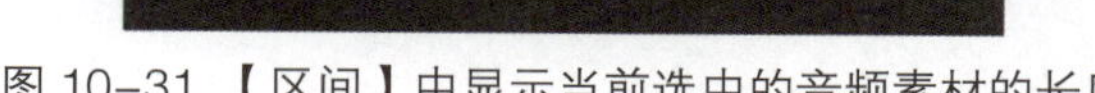

图 10-31 【区间】中显示当前选中的音频素材的长度

图 10-32 输入数值调整声音素材的长度

**03** 输入完成后，在选项面板的空白区域单击鼠标，程序将自动按照指定的数值在音频素材的结束位置增加或减少素材的长度。

### 10.8.3 使用修整栏修整

使用修整栏和预览栏修整音频素材是最为直观和精确的方式，可以使用这种方式对音频素材“掐头去尾”。如果需要使用修整栏修整素材，可以按照以下的步骤操作。

**操作步骤**

**01** 在相应的音频轨上选中需要修整的素材。

**02** 单击预览栏下方的【播放素材】按钮播放选中的素材，听到所需要设置的起始位置时，按 F3 键将当前位置设置为开始标记点。

**03** 再次单击按钮继续播放素材，听到需要设置的结束位置时，按 F4 键将当前位置设置为开始结束点。这样，程序就会自动保留开始标记与结束标记之间的音频素材。

## 10.9 声音控制与混合

在会声会影中添加了所有的视频素材和音频素材后，影片中可能存在 4 种类型的声音：在视频录制过程中实时录制的影片现场声音；覆叠轨上添加的视频文件的声音；添加到声音轨上的音频文件；添加到音乐轨上的背景音乐文件。如果希望混合各种声音，需要遵循以下一些原则。

影片中的画外音、音乐以及视频素材的原始声音，如果同时以 100% 的音量播放，会使整个影片非常嘈杂。会声会影之所以让它们处于不同的轨中，就是为了便于用户进行混音处理。例如，度假影片、风景和大自然视频、派对影片都非常适合制作成音乐影片形式的作品。将这种格式与画外音混合使用，如果有人正对着摄影机说话，那即可暂时去除音乐。如果要让音频的转变较为自然，关键是通过选项面板来控制不同素材的音量。

在编辑视频轨的素材、覆叠轨的素材以及对音频轨的素材进行编辑时，选项面板上都有音量控制功能，如图 10-33 所示。

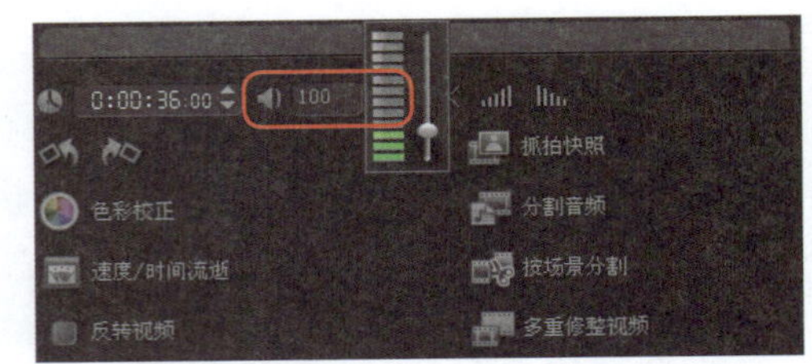


图 10-33　各个步骤中的音量控制选项

单击音量控制选项右侧的三角按钮，在弹出窗口中拖动滑块以百分比的形式调整视频和音频素材的音量；也可以直接在文本框中输入一个数值，调整素材的音量。100 表示原始的音量大小，0 表示不发出任何声音，200 表示将原始素材的音量增大一倍，50 表示将原始音量减小一半。可以根据需要选择适当的数值来调整音量的大小。

如果想要重点体现视频素材中的声音，背景音乐的音量设置为 20%，画外音设置为 0；如果需要重点表现画外音，以将视频素材中的音量设置为 0，背景音乐的音量设置为 20%；如果只需要出现背景音乐，将视频素材和画外音的音量都设置为 0。

## 10.9.1　使用音频混合器控制音量

使用以上介绍的方法只能对素材中音频部分的音量做统一调整。会声会影的音量调节线和音频混合器的功能，可以实时调整任意一点的音量。下面介绍音频混合器的使用方法。

### 操作步骤

**01** 单击时间轴上方的【混音器】按钮，在选项面板上显示音频混合器，同时，时间轴上也仅显示各个轨上包含的音频素材，如图 10-34 所示。

图 10-34　显示混音器视图

02 在选项面板上单击鼠标选择要调整音频的一个轨，在这里选择【声音轨】，被选中的轨以橘黄色显示，如图 10–35 所示。

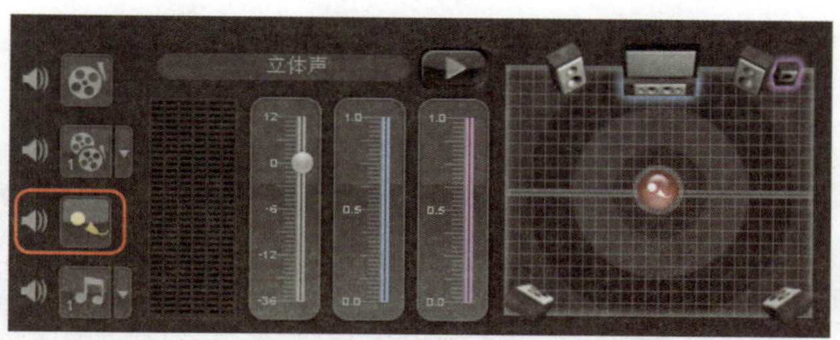


图 10–35 选择要调整音频的【声音轨】

03 单击选项面板上的▶按钮，播放影片中添加的所有音频素材。这时，拖动音频混合器中的滑块，实时调整当前所选择的音轨的音量，如图 10–36 所示。

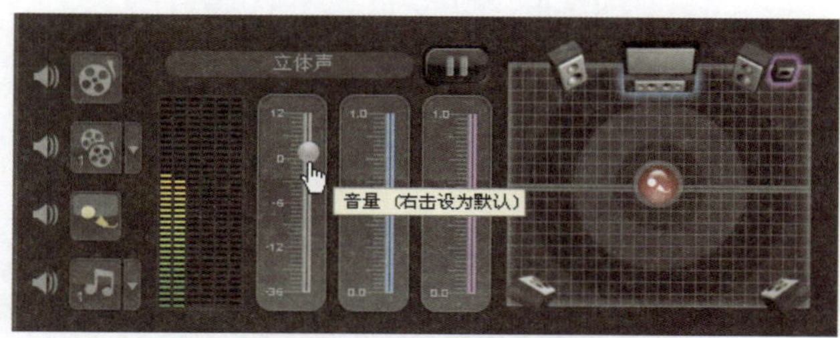


图 10–36 音频轨上显示音量变化曲线

**提示**

在选项面板上单击音轨对应的标记，决定需要回放的特定音轨。当标记处于状态时，表示对应的音轨中的声音不播放，如图 10–37 所示。

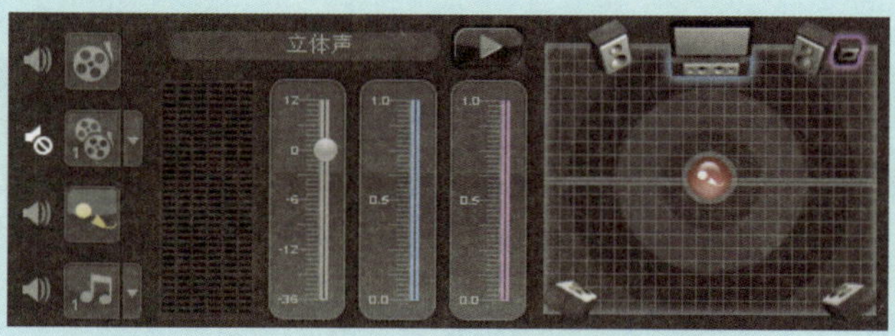


图 10–37 设置需要播放的音轨图

拖动【环绕混音】中的音频图标，控制音频左、右声道的音量大小，如图 10–38 所示。

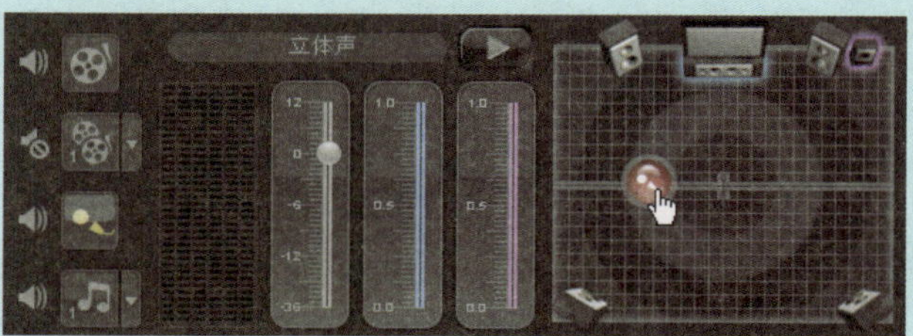


图 10–38 控制左、右声道的音量大小

## 10.9.2 使用音量调节线

除了使用音频混合器控制声音的音量变化外，也可以直接在相应的音频轨上使用音量调节线控制不同位置的音量。音量调节线是轨中央的水平线条，仅在【混音器】中可以看到，如图 10-39 所示。如果要使用音量调节线调整音量，可以按照以下的步骤操作。

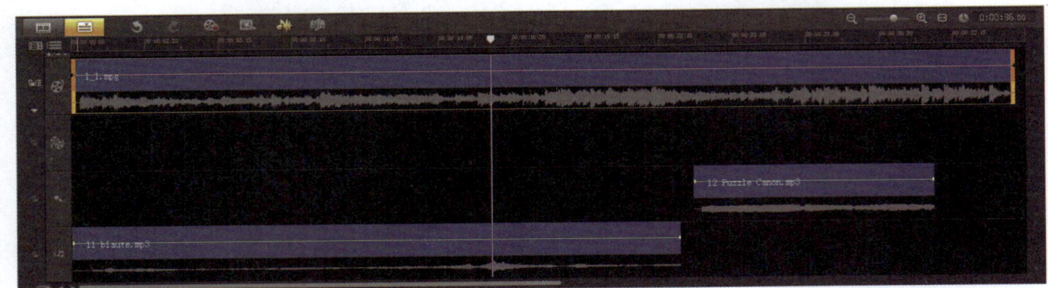

图 10-39 轨中央的音量调节线

### 操作步骤

01 单击时间轴上的【混音器】按钮，显示音量调节线。

02 在时间轴上，单击鼠标选择要调整音量的音频素材，如图 10-40 所示。

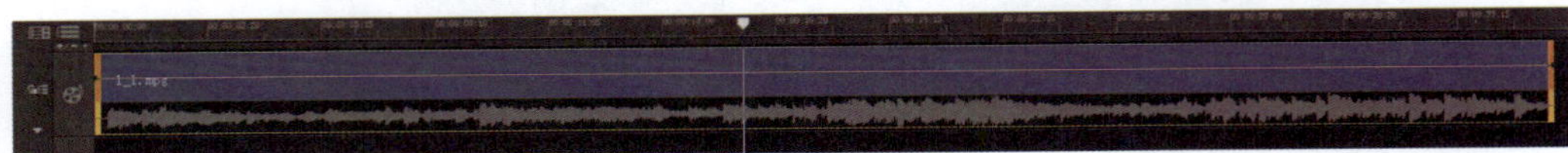

图 10-40 选择需要调整的音频素材

03 单击音量调节线上的一个点添加关键点，这样就可以调节此关键帧上音轨的音量，如图 10-41 所示。

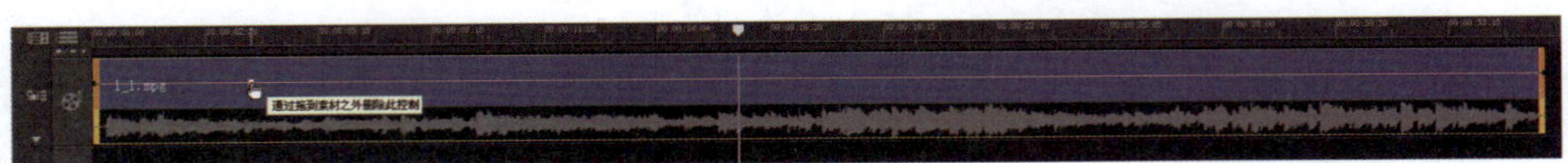

图 10-41 在音量调节线上添加关键帧

04 向上 / 向下拖动添加的关键点，增加或减小素材在当前位置上的音量，如图 10-42 所示。

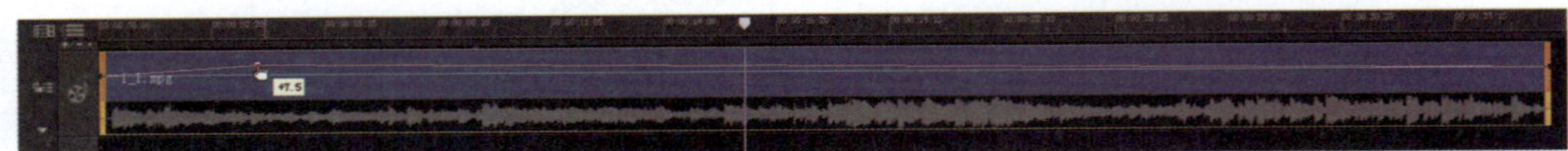

图 10-42 拖动关键帧调整当前位置的音量

05 重复步骤 03 和步骤 04，将更多关键帧添加到调节线并调整音量，如图 10-43 所示。

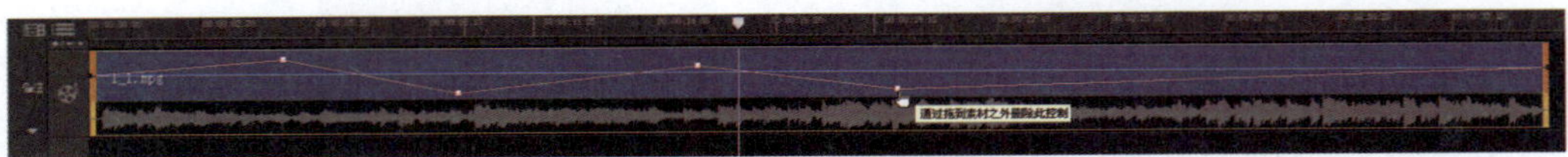

图 10-43 调整更多关键点的音量

**提示**

在音频轨上选中一个音频素材，单击鼠标右键，从图 10-44 所示的弹出菜单选择【重置音量】命令，将调整后的音量调节线恢复到初始状态。

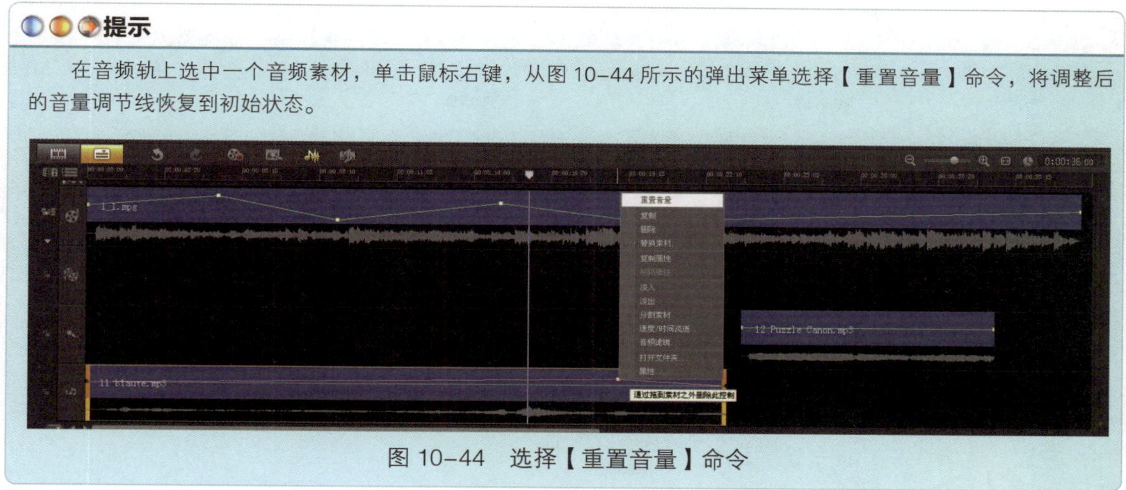

图 10-44 选择【重置音量】命令

## 10.9.3 立体声和 5.1 声道

如果在拍摄时录制了 5.1 声道的音频，会声会影能够忠实地还原现场音效，并可通过环绕音效混音器、变调滤镜做最完美的混音调整，让家庭影片也能拥有置身于剧院般的环绕音效。即使是普通的双声道影片，也可以切换到 5.1 声道模式，模拟出 5.1 声道效果。另外，还可以轻松制作左右声道分离的影片。

单声道是比较原始的声音复制形式，早期的声卡采用的比较普遍。当通过两个扬声器回放单声道信息的时候，明显感觉到声音是从两个音箱中间传递到我们耳朵里的。这种缺乏位置感的录制方式用现在的眼光看自然是很落后的，但在声卡刚刚起步时，已经是非常先进的技术了。

单声道缺乏对声音的位置定位，而立体声技术则彻底改变了这一状况。声音在录制过程中被分配到两个独立的声道，从而达到了很好的声音定位效果。这种技术在音乐欣赏中显得尤为有用，听众可以清晰地分辨出各种乐器来自的方向，从而使音乐更富想象力，更加接近于临场感受。立体声技术广泛运用于自 Sound Blaster Pro 以后的大量声卡，成为影响深远的一个音频标准。时至今日，立体声依然是许多产品遵循的技术标准。

5.1 声道就是通常所说的数字环绕系统，已广泛运用于各类传统影院和家庭影院中，一些比较知名的声音录制压缩格式，譬如杜比 AC-3（Dolby Digital）、DTS 等都是以 5.1 声音系统为技术蓝本的。

5.1 声道采用五个声道：左前置、中置、右前置、左环绕、右环绕 5 个声道进行放音，这五个声道彼此是独立的，此外还有一路单独的超低音效果声道，俗称 0.1 声道。所有这些声道合起来就是所谓的 5.1 声道。就整体效果而言，5.1 声道系统可以为听众带来来自多个不同方向的声音环绕，获得身临各种不同环境的听觉感受，给用户以全新的体验。

在会声会影中，想要在双声道和 5.1 声道之间切换，可以按照以下的步骤操作。

**操作步骤**

**01** 在视频轨和声音轨或者音乐轨上添加视频和音频文件。

**02** 单击时间轴上方的【混音器】按钮，切换到音频视图，如图 10-45 所示。

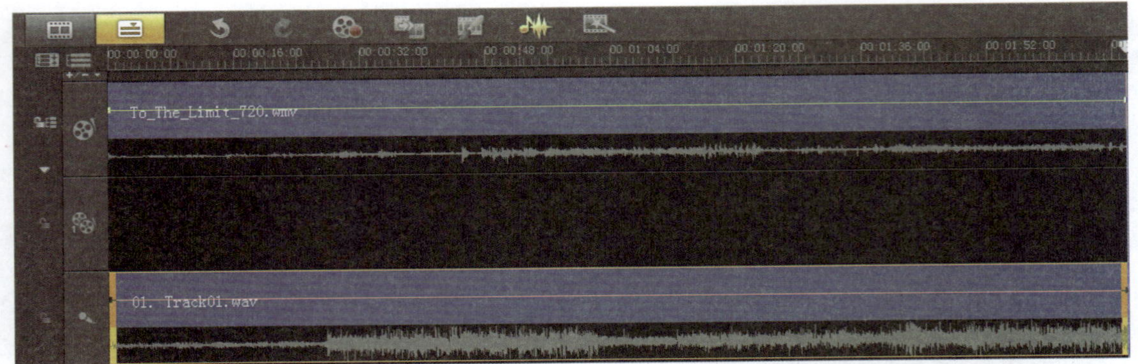

图 10-45　切换到音频视图

03 在双声道模式下，单击选项面板上的▶按钮，在选项面板的音频混合器左侧看见两个声道的播放效果，如图 10-46 所示。

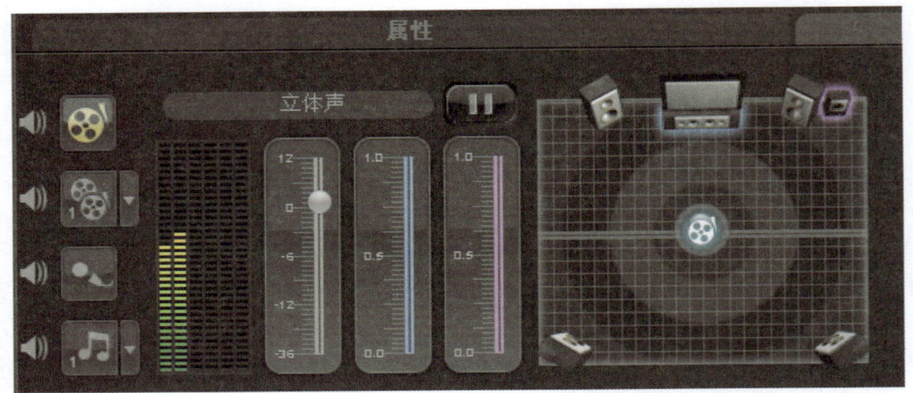

图 10-46　双声道播放效果

04 在菜单栏上选中【设置】/【启用 5.1 环绕声】命令，使它处于选中状态，然后在弹出的信息提示窗口中单击 确定 按钮，将声音模式切换到 5.1 声道，如图 10-47 所示。

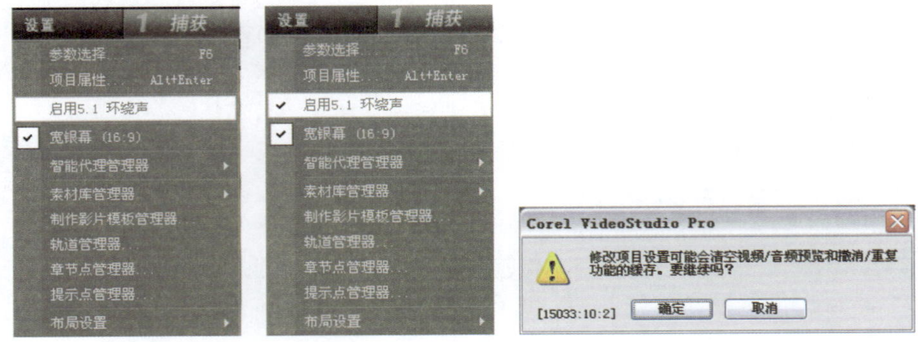

图 10-47　启用 5.1 声道功能

05 这时，单击选项面板上的▶按钮，可以在选项面板的音频混合器左侧看见 5.1 声道的播放效果，如图 10-48 所示。

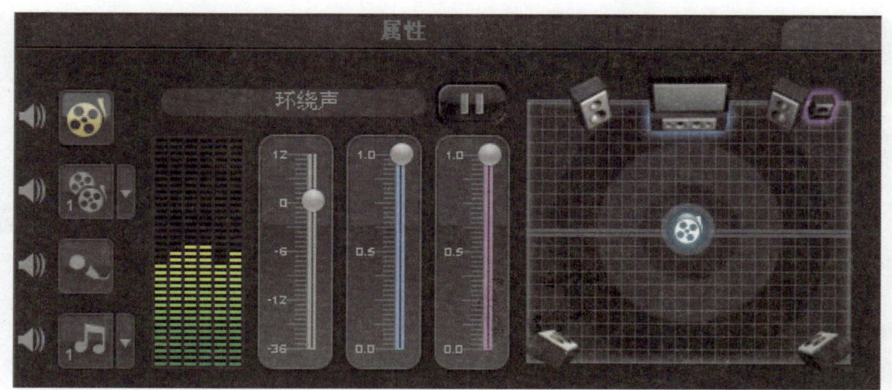


图 10-48　5.1 声道的播放效果

**提示**

取消选中【设置】/【启用 5.1 环绕声】命令，可以切换回双声道模式。

### 10.9.4　左右声道分离

在编辑影片时，常常需要制作左右声道分离的效果。例如，制作喜庆录像片，使一个声道保持现场原声，另一个声道配音乐，用户在两个声道间自由切换。

**操作步骤**

**01** 在视频轨和声音轨或者音乐轨上添加视频和音频文件。

**02** 单击视频轨上方的按钮，切换到时间轴模式，然后单击时间轴上方的【混音器】按钮，切换到音频视图，如图 10-49 所示。

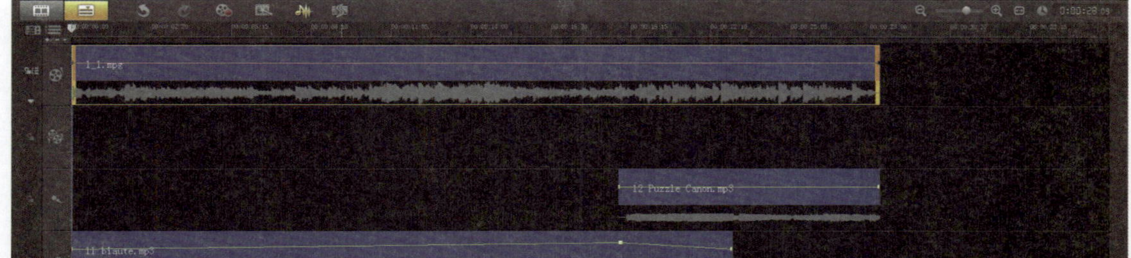

图 10-49　切换到音频视图

**03** 在视频轨上单击鼠标选择视频轨，然后拖动预览窗口下方的三角滑块，把它拖动到视频的开始位置，如图 10-50 所示。

**04** 在预览窗口下方将播放模式设置为项目播放模式。

**05** 在选项面板上将环绕混音中的音符滑块拖动到最左侧，表示将视频轨的声音放到左侧。调整完成后，单击选项面板上的按钮，可以看到只有最左侧的声道闪亮，如图 10-51 所示。

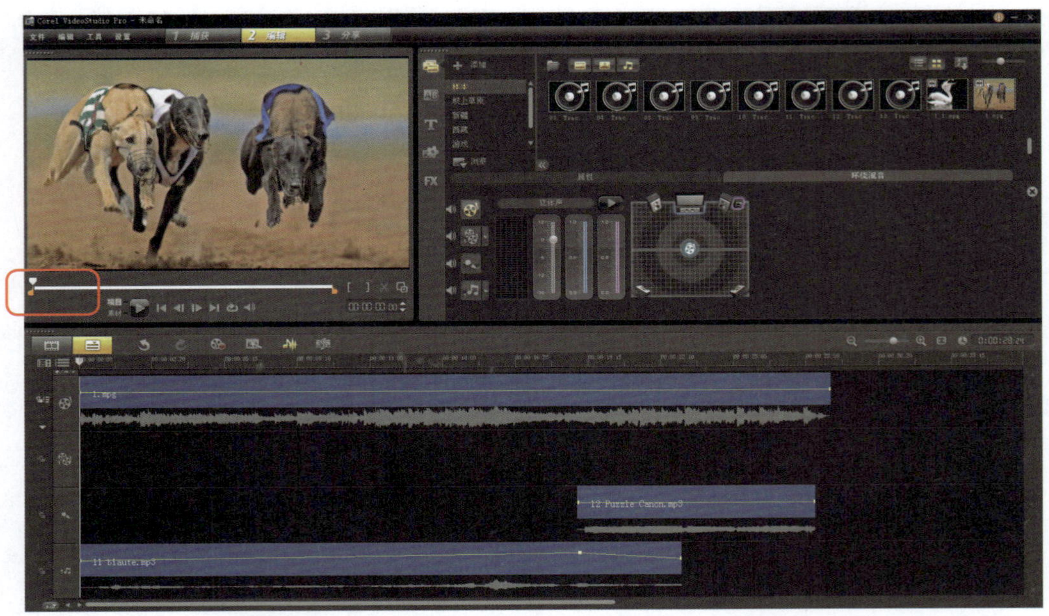

图 10-50　选中视频轨并把滑块拖动到开始位置

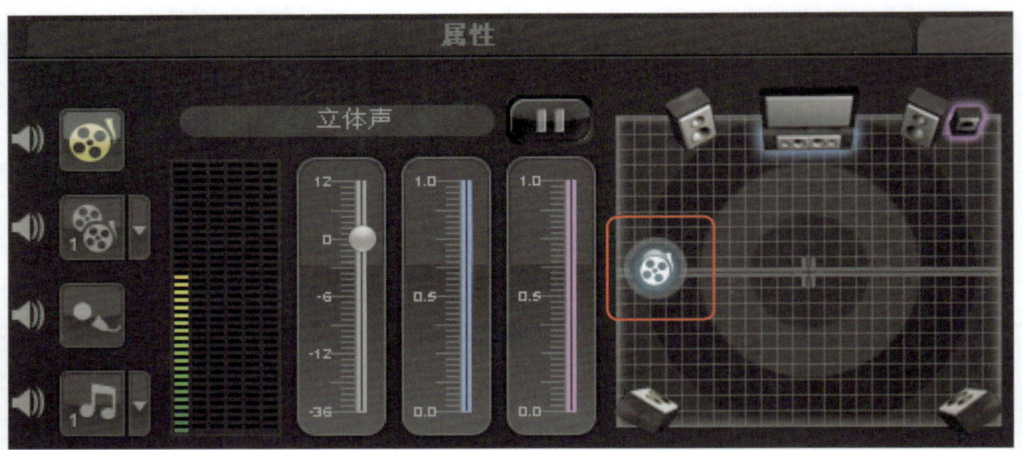


图 10-51　将环绕混音中的音符滑块拖动到最左侧

**06** 在音频轨上单击鼠标，使它处于被选择状态，如图 10-52 所示。

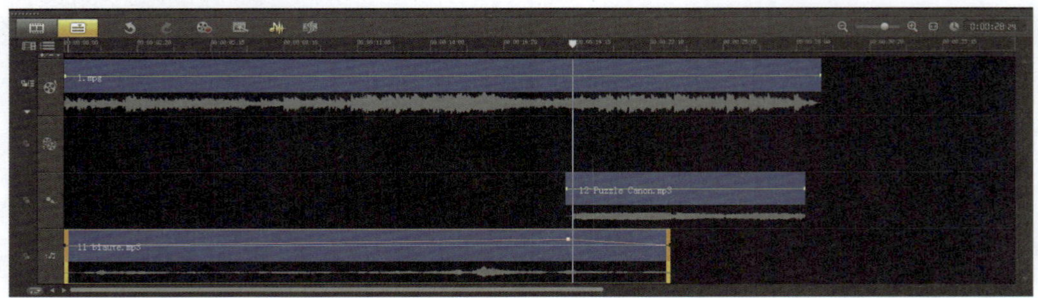

图 10-52　选择音频轨

07 在预览窗口下方再次将播放模式设置为项目播放模式，并将预览窗口下方的滑块拖动到最左侧，如图 10-53 所示。

图 10-53　设置播放模式

08 在选项面板上将环绕混音中的音符滑块拖动到最右侧，表示将视频轨的声音放到左侧。调整完成后，单击选项面板上的按钮，第二声道闪亮，如图 10-54 所示。

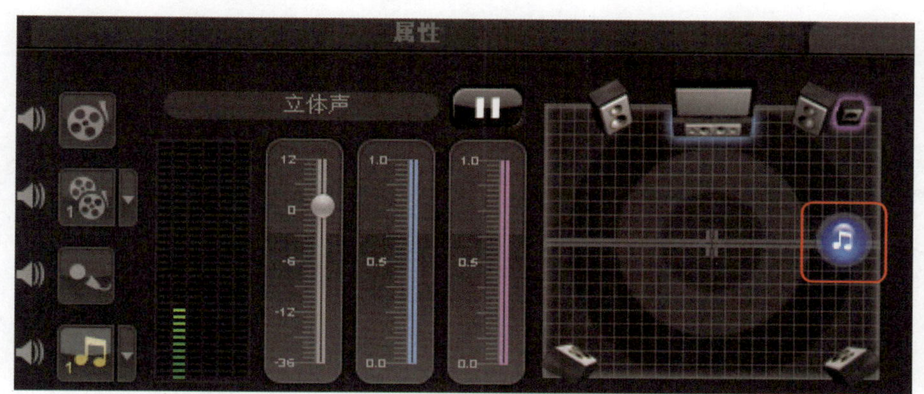


图 10-54　将环绕混音中的音符滑块拖动到最右侧

09 设置完成后，刻录并输出影片，就可以制作左右声道分离的效果。

## 10.10 使用音频滤镜

会声会影允许用户将音频滤镜应用到【音乐轨】和【声音轨】中的音频素材上，包括放大、长回音、等量化以及音乐厅等效果。为音频文件应用滤镜的操作步骤如下。

### 操作步骤

01 单击视频轨上方的按钮，切换到时间轴模式。

02 单击鼠标选择要应用音频滤镜的音频素材，如图 10-55 所示。

图 10-55　选择要应用音频滤镜的音频素材

03 单击选项面板上的【音频滤镜】按钮，打开【音频滤镜】对话框，如图 10-56 所示。

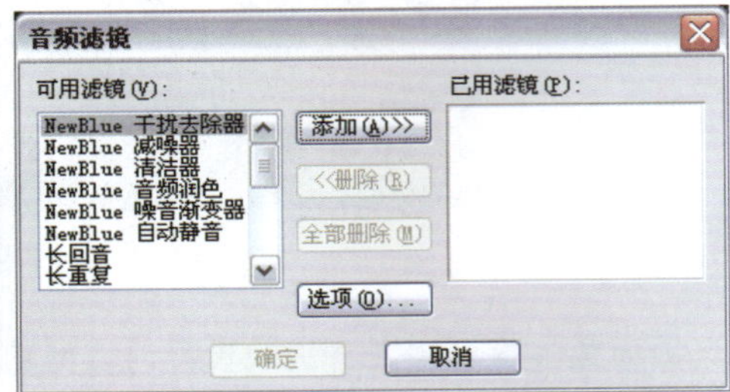


图 10-56　打开【音频滤镜】对话框

04 在【可用的滤镜】列表框中选择需要的音频滤镜并单击【添加】按钮，将其添加到【已用滤镜】列表框中，如图 10-57 所示。

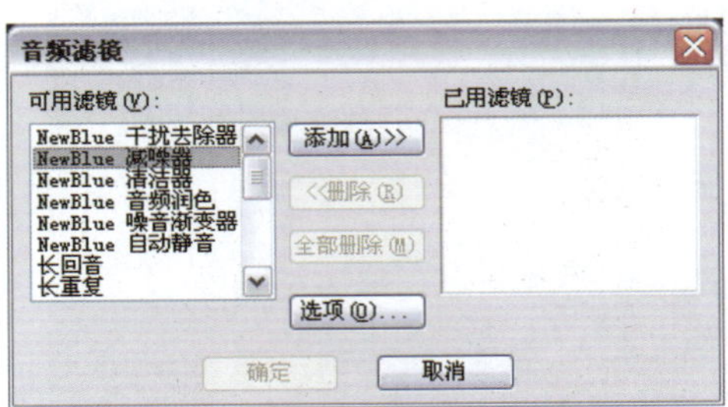

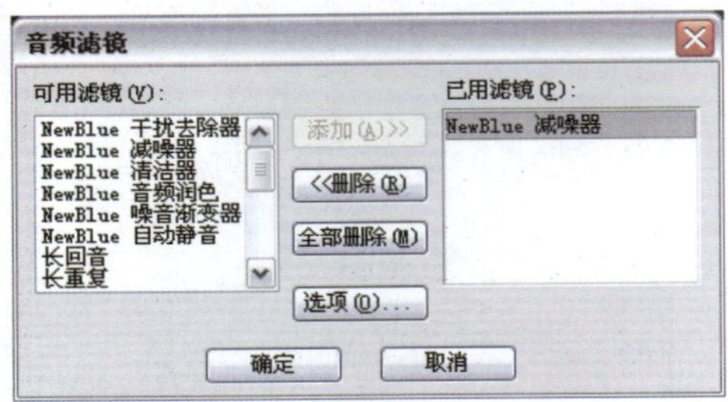


图 10-57　把音频滤镜添加到列表中

05 单击【选项】按钮，在弹出的对话框中进一步调整参数，如图 10-58 所示。调整完成后，单击确定按钮。

06 设置完成后，单击确定按钮，应用所选择的音频滤镜效果。

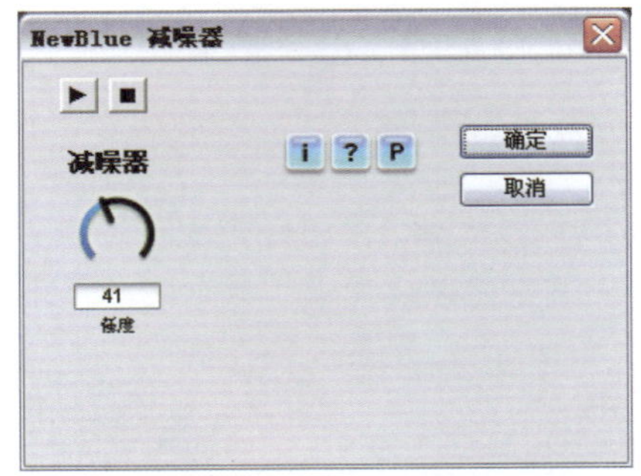


图 10-58　调整音频滤镜的属性

## 10.11 使用连续编辑功能

会声会影的连续编辑模式极大地提高了影片编辑的便利性。它可以自动调整相关视频元素（例如音频、标题和覆叠）的位置，使整体移动时间轴素材和编排场景更容易。下面以一个范例进行说明。

### 操作步骤

**01** 在时间轴上为影片添加覆叠视频、字幕、画外音和背景音乐，如图 10-59 所示。

图 10-59 当前编辑的时间轴

**02** 由于需要对素材进行调整，删除位于影片开始位置的两个视频素材。这时，会发现蒙版、字幕、画外音以及背景音乐与原先的视频之间的对应关系被移位了，如图 10-60 所示。遇到这种情况，需要花费大量的时间不断地播放、调整，以手动的方式将素材重新定位。

图 10-60 删除素材导致各元素之间的对应关系改变

**03** 按快捷键 Ctrl+Z 撤销文件删除操作，恢复到原先的状态。然后单击视频轨左侧下方的黑色三角按钮，从弹出菜单中选中【启用连续编辑】命令，启用连续编辑模式，再在覆叠轨、标题轨或音频轨前方单击鼠标锁定需要保持对应关系的素材，被锁定的轨前方出现🔒标记，如图 10-61 所示。

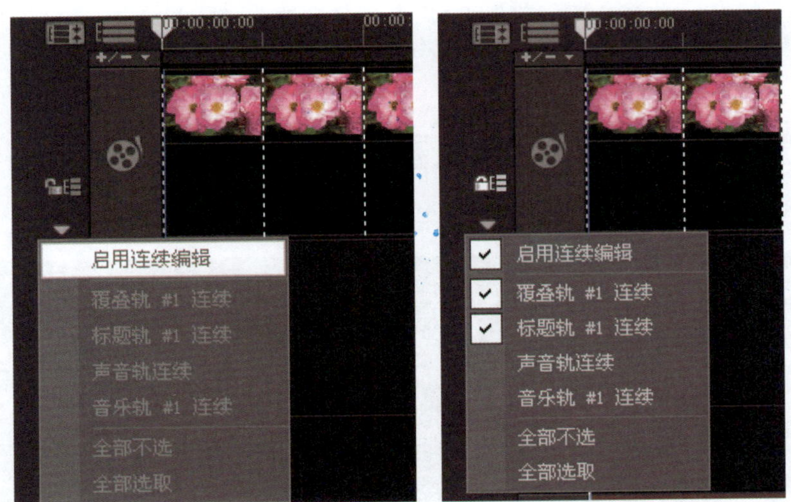

图 10-61　启用连续编辑模式锁定需要对应的素材轨

04 这时，删除视频轨上的视频素材时，被锁定的覆叠轨、标题轨上的素材也会移动到与原先视频素材对应的位置，保持用户所指定的素材之间的对应关系。

# 11

# 分享和输出影片

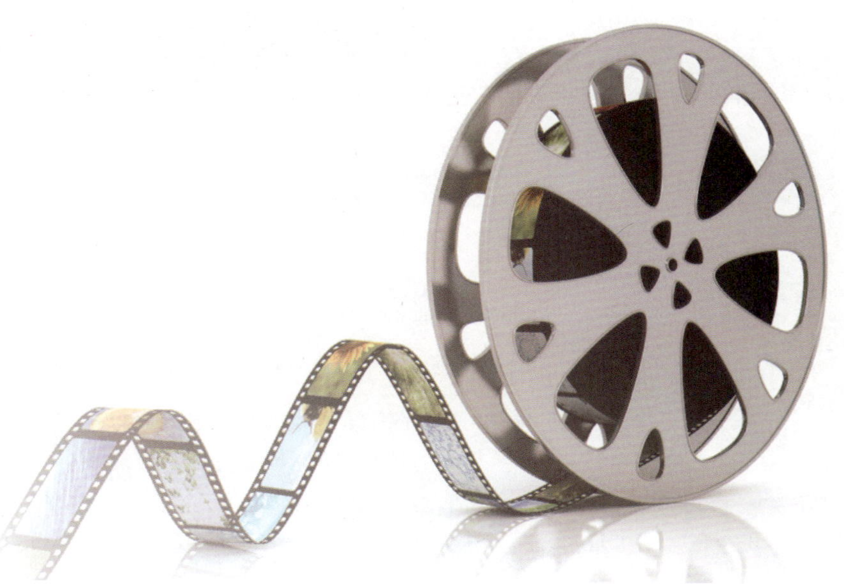

## 11.1 【分享】步骤简介

将影片制作完成后，会声会影提供了多种输出视频的方法。将影片保存到硬盘、导出到移动设备、转录到录像带、直接刻录成光盘或者制作视频网页、视频屏幕保护等。本章将介绍分享和输出影片的一些基本方法。

## 11.2 【分享】步骤选项面板详解

在会声会影中添加各种视频、图像、音频素材以及转场效果后，单击步骤面板上的【分享】按钮，进入影片分享与输出步骤，如图 11-1 所示。在这一步中，可以渲染项目，并将创建完成的影片按照指定的格式输出。首先我们介绍该选项面板上各个按钮和选项的功能。

图 11-1 【分享】步骤的选项面板

| | |
|---|---|
| 创建视频文件 | 单击按钮，在弹出菜单中可以选择需要创建的视频文件的类型。通过这一步骤，将项目文件中的视频、图像、声音、背景音乐以及字幕、特效等所有素材连接在一起，生成最终的影片并保存在硬盘上。 |
| 创建声音文件 | 单击按钮，将整个项目的音频部分单独保存为声音文件。 |
| 创建光盘 | 单击按钮，将打开光盘制作向导，允许用户将项目刻录为 DVD、SVCD 或 VCD 光盘。 |
| 导出到移动设备 | 单击按钮，在弹出的菜单中选择相应的格式和输出设备，将视频文件导出到 SONY PSP、Apple iPod 以及基于 Windows Mobile 的智能手机、PDA 等移动设备中。 |
| 项目回放 | 单击按钮，在弹出的对话框中选择回放范围后，将在黑色屏幕背景上播放整个项目或所选的片段。如果系统中连接了 VGA 到电视的转换器、摄像机或视频录像机，还可以将项目输出到录像带。 |
| DV 录制 | 单击按钮，在弹出的对话框中将视频文件直接输出到 DV 摄像机并将它录制到 DV 录像带上。 |
| HDV 录制 | 单击按钮，在弹出的对话框中将视频文件直接输出到 HDV 摄像机并将它录制到录像带上。 |
| 上传到网站 | 将影片输出为 MEPG-4、MEPG-4 HD 格式并直接上传到 Vimeo、YouTube、YouTube 3D、Facebook、Flickr 等视频分享网站。 |

# 11.3 创建视频文件

创建视频文件用于把项目文件中的所有素材连接在一起，将制作完成的影片保存到硬盘上。

## 11.3.1 输出整部影片

在编辑和制作影片时，项目文件中可能包含视频、声音、标题和动画等多种素材，创建视频文件可以将影片中所有的素材连接为一个整体，这个过程通常被称为“渲染”。首先介绍创建和保存视频文件的方法。

### 操作步骤

**01** 单击步骤面板上的 3 分享 按钮，进入影片分享与输出步骤。

**02** 单击选项面板上的【创建视频文件】按钮，在弹出的图 11-2 所示的下拉列表中选择需要创建的视频文件的类型。

**03** 在弹出的对话框中指定视频文件保存的名称和路径，如图 11-3 所示。

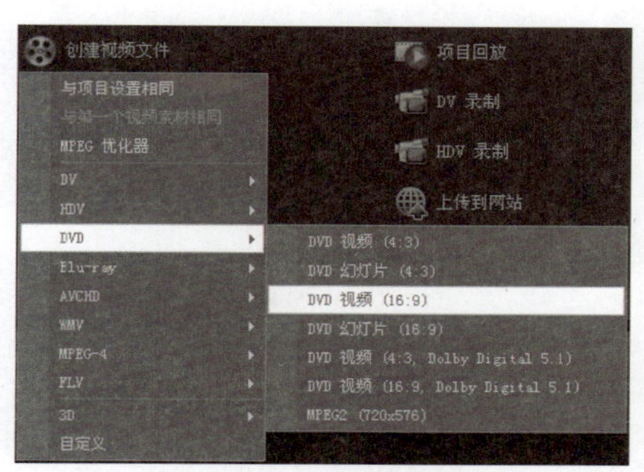


图 11-2　从列表中选择需要输出的文件类型

图 11-3　指定视频文件保存的名称和路径

**04** 单击 保存(S) 按钮，程序开始自动将影片中的各个素材连接在一起，并以指定的格式保存。这时，预览窗口下方将显示渲染进度，如图 11-4 所示。

图 11-4　显示渲染进度

**05** 渲染完成后，生成的视频文件将在素材库中显示一个略图。单击预览窗口下方的按钮，即可查看渲染完成后的影片效果。

| | |
|---|---|
| 与项目设置相同 | 选择此选项，将输出与项目文件设置相同的视频文件。如果对于输出尺寸、格式等视频属性有特殊的要求，可以先自定义项目文件，然后再选择此选项输出影片。 |
| 与第一个视频素材相同 | 选择此选项，将输出与添加到项目文件中的第一个视频素材尺寸、格式等属性相同的影片。 |
| MPEG 优化器 | 会声会影的 MPEG 优化器可以分析并查找要用于项目的最佳 MPEG 设置或“最佳项目设置配置文件”，它使项目的原始片段的设置与最佳项目设置配置文件兼容，从而节省了时间，并使所有片段保持高质量，包括那些需要重新编码或重新渲染的片段。 |
| DV | 输出符合 DV 标准的影片。包括 DV（4:3）和 DV（16:9），可保存高质量的视频资料，或者把编辑后的影片回录到摄像机。 |
| HDV | 输出符合高清标准的影片。包括 HDV 1080i-50i（针对 HDV）、HDV 720p-25p（针对 HDV）、HDV 1080i-50i（针对 PC）和 HDV 720p-25p（针对 PC）。其中，HDV 1080i-50i（针对 HDV）、HDV 720p-25p（针对 HDV）用于输出回录到 HDV 摄像机的视频文件，HDV 1080i-50i（针对 PC）和 HDV 720p-25p（针对 PC）用于输出在 PC 上观看的视频文件。 |
| DVD | 光盘输出和 MPEG 输出。其中 DVD 视频（4:3）、DVD 视频（16:9）、DVD 视频（4:3，Dolby Digital 5.1）、DVD 视频（16:9，Dolby Digital 5.1）主要用于编辑制作摄像机拍摄的视频文件，输出相应宽高比的符合 DVD 标准的视频文件，其中 Dolby Digital 5.1 表示使用 5.1 声道的视频。DVD 幻灯片（4:3）和 DVD 幻灯片（16:9）主要用于输出相片制作的视频文件，对于静态展示的照片可以获得更为流畅的效果。MPEG2（720′576，25fps），则用于输出相应尺寸和格式的 MPEG 文件。 |
| Blu-ray | 输出用于创建蓝光光盘的视频文件，包括 Blu-ray（1920×1080）、Blu-ray（1440×1080）以 及 Blu-ray H.264（1920×1080P）、Blu-ray H.264（1440×1080P）Blu-ray H.264（1920×1080）、Blu-ray H.264（1440×1080）等类型。其中 Blu-ray H.264（1920×1080P）、Blu-ray H.264（1440×1080P）中的“P”表示逐行扫描。 |
| AVCHD | 输出符合硬盘高清摄像机标准的视频。包括 AVCHD（1920×1080P）、AVCHD（1440×1080P）AVCHD（1920×1080）、AVCHD（1440×1080）等类型。用于输出相应尺寸的逐行（P）或者隔行扫描的视频文件。 |
| WMV | 输出在网页上或者便携设备上展示的 WMV 格式的视频文件。其中 WMV HD 1080 25p 和 WMV HD 720 25p 分别用于输出用于网络展示的相应制式的高清视频；WMV Broadband（352×288，30fps）用于输出宽带网络展示的视频；Pocket PC WMV（320×240，15fps）用于输出掌上电脑播放的视频；Smartphone WMV（220×176，15fps）用于输出在智能手机上播放的视频。 |
| MPEG-4 | 输出用于各种便携设备的影片。其中，MPEG-4 HD 用于输出高清品质的 MPEG-4 文件；iPhone 4/iPad HD 用于输出 iPhone 4、iPad 播放的高清影片；iPod MPEG-4、iPod /iPad MPEG-4（640×480）、iPod H.264 输出用于 iPod、iPad 播放的 MPEG-4 视频；PSP MPEG-4、PSP H.264 输出用于 PSP 播放的视频；PDA/PMP MPEG-4 输出用于 PDA、PMP 等掌上数码影院设备播放的视频；移动电话 MPEG-4 输出用于智能手机播放的视频。 |
| FLV | 输出 FLV（320×240）和 FLV（640×480）两种格式的视频。FLV 流媒体格式是一种新的视频格式，全称为 Flash Video。由于它形成的文件极小、加载速度极快，使得网络观看视频文件成为可能，它的出现有效地解决了视频文件导入 Flash 后，使导出的 SWF 文件体积庞大，不能在网络上很好的使用等缺点。目前各在线视频网站均采用此视频格式。 |
| 3D | 输出为具有 3D 效果的视频文件，借助 3D 眼镜，就能够欣赏到立体的影片效果。可以根据用途选择 DVD、Blu-ray、AVCHD、WMV 等不同类型的视频格式。 |
| 自定义 | 可以输出 AVI、FLC、MOV、WMV 等多种文件格式的视频，还可以自定义文件的尺寸、压缩编码等属性。 |

### 11.3.2 输出指定范围的影片内容

有时，在整个项目文件中只需要输出影片的一部分。可以先指定需要输出的预览范围，然后在【分享】步骤中只渲染和输出预览范围内的内容，操作方法如下。

#### 操作步骤

01 单击预览窗口下方的 按钮切换到项目播放模式。

02 在预览窗口下方将飞梭栏上的滑块移动到需要输出的预览范围的开始位置，单击预览窗口下方的[按钮设置开始标记，这时，在时间轴上方可以看到一条橙色的预览线，如图 11-5 所示。

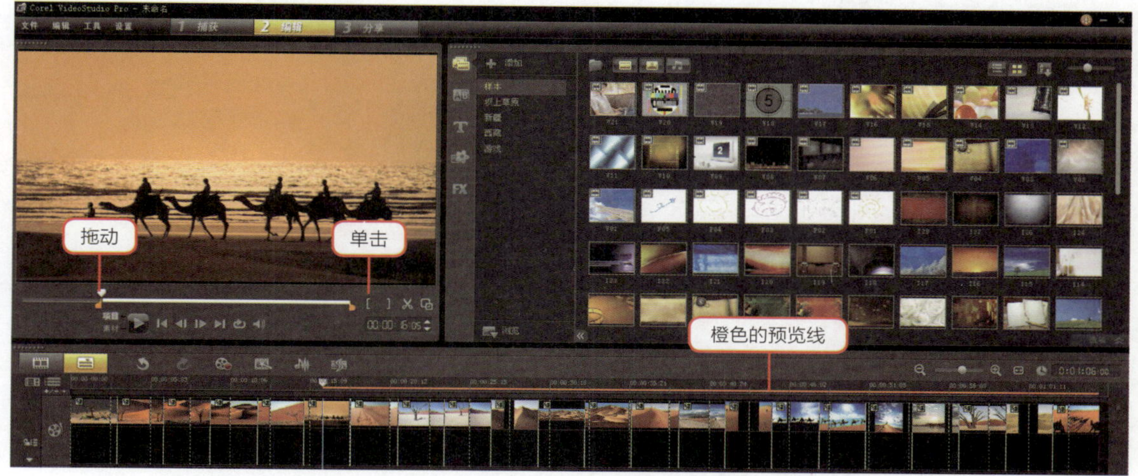


图 11-5 设置开始标记

03 在预览窗口下方将飞梭栏上的滑块移动到需要输出的预览范围的结束位置，单击预览窗口下方的]按钮设置结束标记，这时，在时间轴上方橙色预览线标识的区域就是用户所指定的预览范围，如图 11-6 所示。

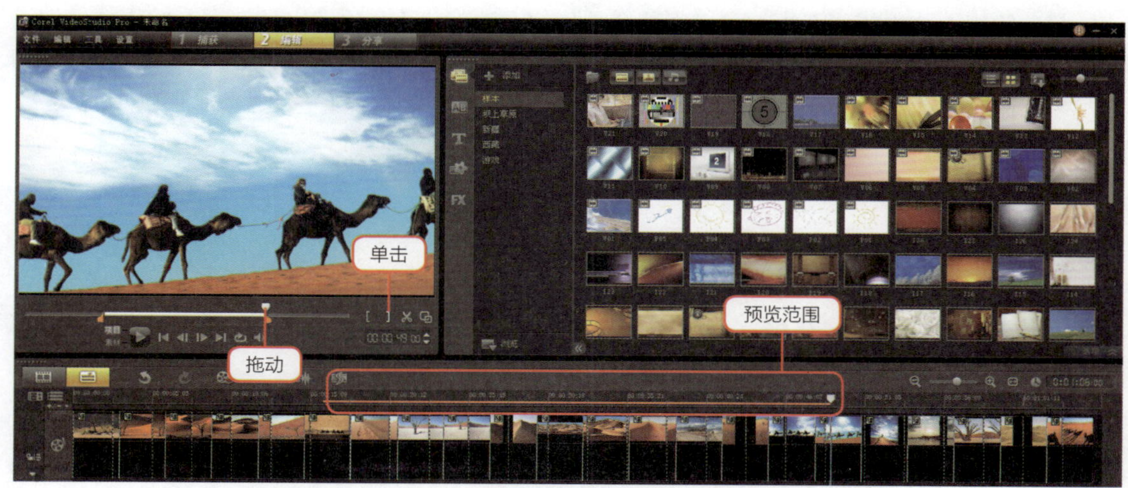


图 11-6 设置结束标记确定预览范围

04 单击预览窗口下方的【播放项目】按钮查看预览范围中的影片效果，也可以根据需要重新调整开始标记和结束标记。

05 单击步骤面板上的 3 分享 按钮，进入影片分享与输出步骤。然后单击选项面板上的【创建视频文件】按钮，在弹出的下拉列表中选择需要创建的视频文件的类型。

06 在弹出的【创建视频文件】对话框中单击 选项... 按钮，打开【Corel VideoStudio Pro】对话框，如图 11-7 所示。选中【Corel VideoStudio Pro】对话框中的【预览范围】单选钮，然后单击 确定 按钮。

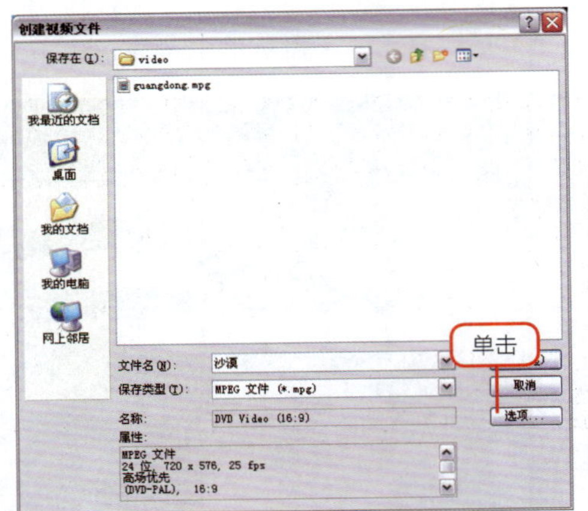


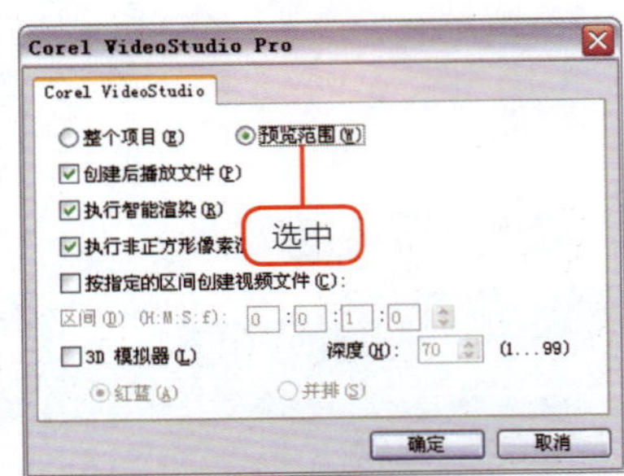


图 11-7　选中对话框中的【预览范围】单选钮

07 指定视频文件保存的名称和路径后，单击 保存(S) 按钮，程序开始自动将指定的预览范围内的各个素材连接在一起，并以指定的格式保存。这时，预览窗口下方将显示渲染进度。

08 渲染完成后，生成的视频文件将在素材库中显示一个略图。单击预览窗口下方的按钮，查看渲染完成后的影片效果。

### 11.3.3　单独输出项目中的声音

单独输出影片中的声音素材可以将整个项目的音频部分单独保存以便在声音编辑软件中进一步处理声音或者应用到其他影片中，需要注意的是，这里输出的音频文件是包含了项目中的视频轨、覆叠轨、声音轨、音乐轨的混合音频，也就是预览项目时所听到的声音效果。

#### 操作步骤

01 根据影片的编辑需要在会声会影编辑器中添加视频素材和音频素材。

> **提示**
>
> 在视频轨上，含有音频的视频文件前端会显示标记。

02 单击步骤面板上的 3 分享 按钮，进入影片分享与输出步骤。然后单击选项面板上的【创建声音文件】按钮，在弹出的图 11-8 所示的对话框中指定声音文件保存的名称、路径以及格式。

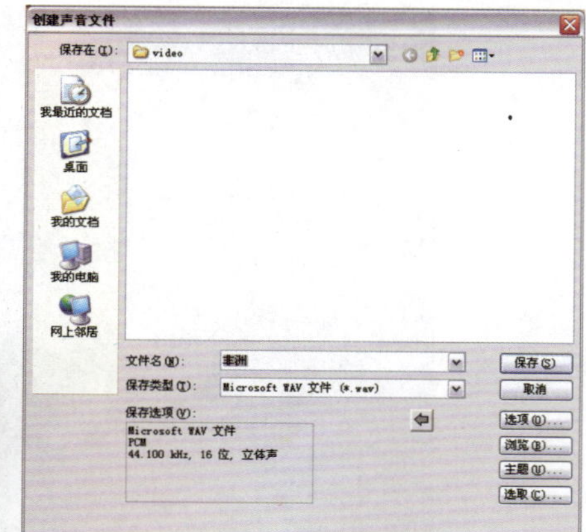


图 11-8　指定声音文件保存的名称、路径以及格式

**03** 单击【创建声音文件】对话框中的 选项(O)... 按钮，在弹出的图 11-9 所示的对话框中设置声音文件的属性，设置完成后，单击 确定 按钮。

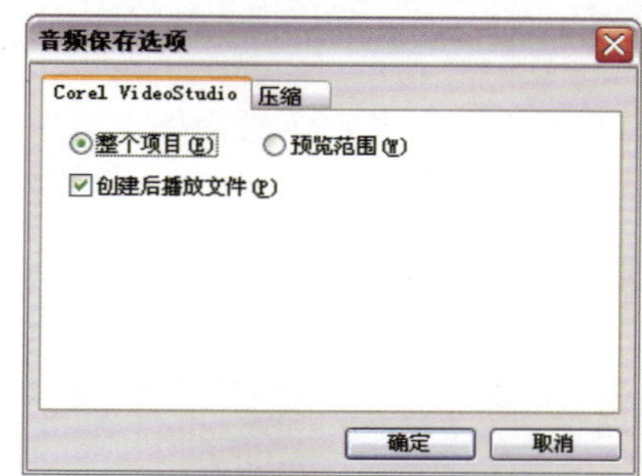

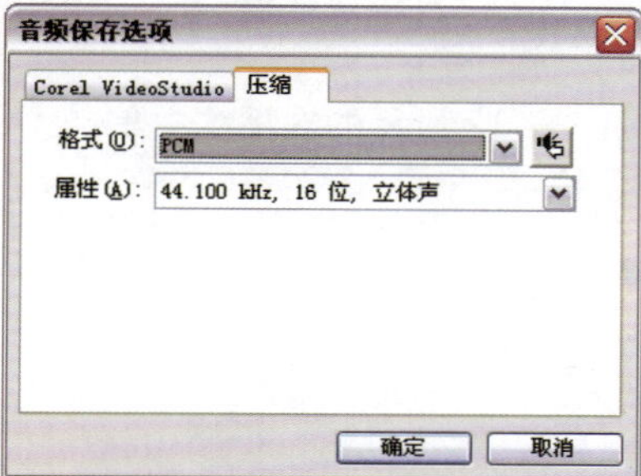


图 11-9　进一步设置声音文件的属性

**提示**

按照前面章节介绍的方法为项目设置开始标记和结束标记，然后在对话框中选中【预览范围】，也可以输出项目指定范围中的声音。

**04** 设置完成后，单击 保存(S) 按钮，将整部影片中所包含的音频部分单独输出。

## 11.3.4　单独输出项目中的视频

有时，也需要去除影片中的声音单独保存视频部分，以便为视频重新配音或者添加背景音乐。需要注意的是，这里单独输出的视频包含了视频轨、覆叠轨以及标题轨中的内容。也就是预览项目时，除影片中的音频之外的视频内容。

### 操作步骤

**01** 根据影片的编辑需要在会声会影编辑器中添加视频素材和音频素材。

**02** 单击步骤面板上的【分享】 3 分享 按钮，进入影片分享与输出步骤。然后单击选项面板上的【创建视频文件】按钮，并从弹出菜单中选择【自定义】命令，如图 11-10 所示。

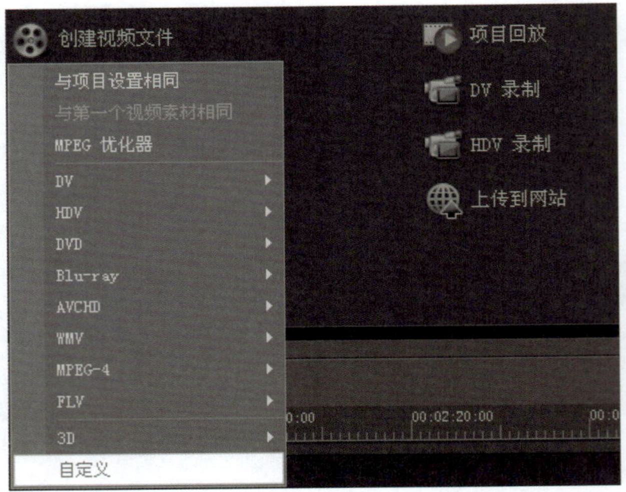


图 11–10　选择【自定义】命令

**03** 在弹出的图 11–11 所示的对话框中指定视频文件保存的名称、路径以及格式，然后单击 选项(O)... 按钮。

**04** 在弹出的图 11–12 所示的对话框中单击【常规】选项卡，并在【数据轨】下拉列表框中选择【仅视频】选项。

图 11–11　指定视频文件保存属性

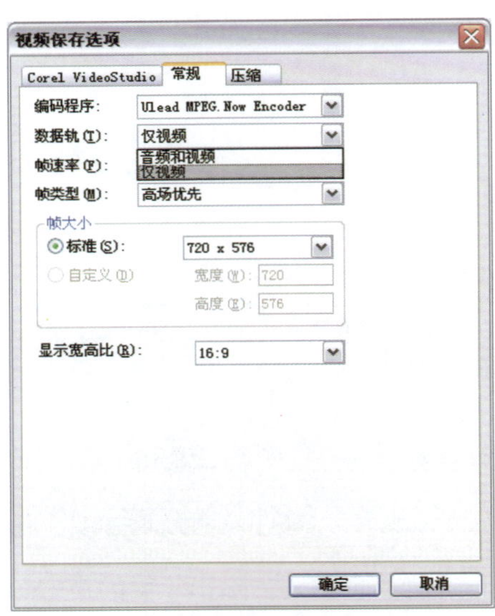


图 11–12　选择【仅视频】选项

**05** 根据需要设置编码程序、帧速率和帧大小等其他各项输出属性，然后单击 确定 按钮返回【创建视频文件】对话框。单击 保存(S) 按钮，即可单独输出项目中的视频素材。

## 11.4 输出 3D 视频文件

3D 视频是会声会影 X4 的新增功能，可以把影片以 3D 格式保存。

### 操作步骤

**01** 影片编辑完成后，单击步骤面板上的【3 分享】按钮，进入影片分享与输出步骤。

**02** 单击选项面板上的【创建视频文件】按钮，在弹出的图 11-13 所示的下拉列表中选择需要创建的视频文件的类型。

**03** 在弹出的对话框中指定视频文件保存的名称和路径，如图 11-14 所示。

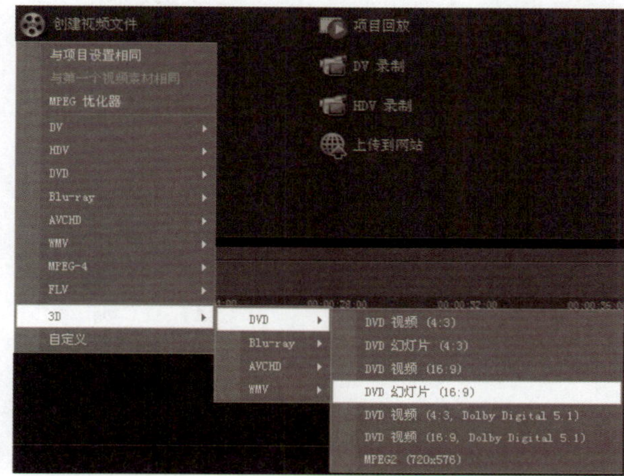


图 11-13 从列表中选择需要输出的文件类型

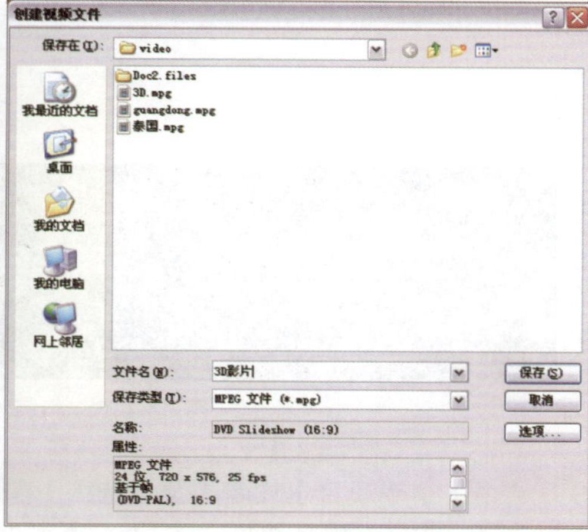


图 11-14 指定视频文件保存的名称和路径

**04** 单击【保存(S)】按钮，程序开始自动将影片中的各个素材连接在一起，并转换为 3D 影片保存，如图 11-15 所示。配合盒装版本附赠的 3D 眼镜，可以更好地欣赏 3D 影片。

图 11-15 3D 影片的效果

## 11.5 项目回放

项目回放用于在计算机上全屏幕地预览实际大小的影片，或者将整个项目输出到 DV 摄像机上查看效果。

### 11.5.1 回放整部影片

如果需要以实际大小在计算机上全屏幕地预览影片，可以按照以下的步骤操作。

### 操作步骤

**01** 单击【3 分享】按钮，进入影片分享步骤。

**02** 单击选项面板上的【项目回放】按钮，打开图 11–16 所示的【项目回放 – 选项】对话框。

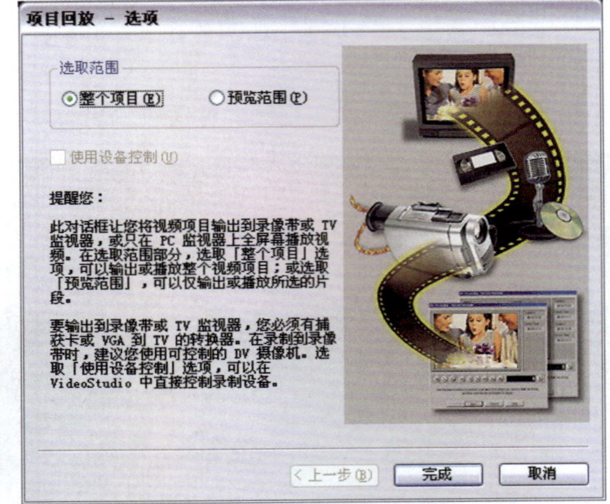


图 11–16　打开【项目回放 – 选项】对话框

**03** 选中【整个项目】或者【预览范围】单选钮，再单击 完成 按钮，可在全屏幕状态下查看影片效果。如果要停止回放，按 Esc 键。

> **提示**
>
> 如果希望查看部分范围的影片内容，需要先使用预览窗口下方的控制按钮设置开始标记和结束标记，然后在【项目回放 – 选项】对话框中选中【预览范围】单选钮。

## 11.5.2　在 DV 摄像机上回放影片

如果在会声会影中使用的是 DV AVI 模板，那么可以在 DV 摄像机上回放影片。

### 操作步骤

**01** 将 DV 摄像机与计算机连接。

**02** 打开 DV 摄像机的电源并将它设置到回放（VTR/VCR）模式。

**03** 单击 3 分享 按钮，进入影片分享步骤。

**04** 单击选项面板上的【项目回放】按钮，打开图 11–17 所示的【项目回放 – 选项】对话框。

> **提示**
>
> 如果当前项目使用的不是 DV AVI 模板，则不能使用 DV 回放功能。

**05** 在【项目回放 – 选项】对话框中选中【使用设备控制】复选框，然后单击【下一步】按钮。

**06** 在【项目回放 – 设备控制】对话框中，使用导览按钮进带或者倒带，将 DV 带调整到用于录制影片的位置，如图 11–18 所示。

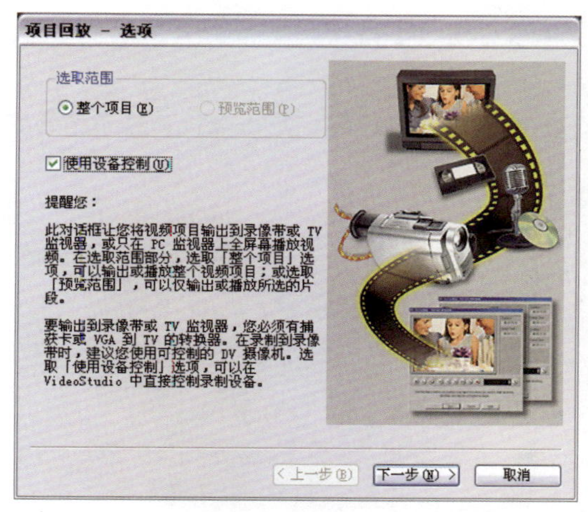


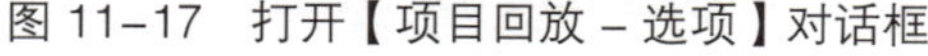

图 11–17　打开【项目回放 – 选项】对话框

图 11–18　将 DV 带调整到用于录制影片的位置

**07** 单击按钮，将当前项目传送到 DV 带上进行预览，这样，就可以在 DV 机上查看影片效果。

## 11.6 DV 录制

另外一种非常实用的输出方式就是把编辑完成的影片直接回录到摄像机，这样的操作不会损失视频质量，并且也支持摄像机的设备控制功能。操作之前，先将 DV 与计算机连接，然后按照以下的步骤操作。

### 操作步骤

**01** 单击步骤面板上的 3 分享 按钮，进入影片分享与输出步骤。

**02** 单击选项面板上的【创建视频文件】按钮，根据摄像机的视频拍摄宽高比例，在弹出的下拉列表中选择【DV（4:3）】或者【DV（16:9）】选项，如图 11–19 所示。

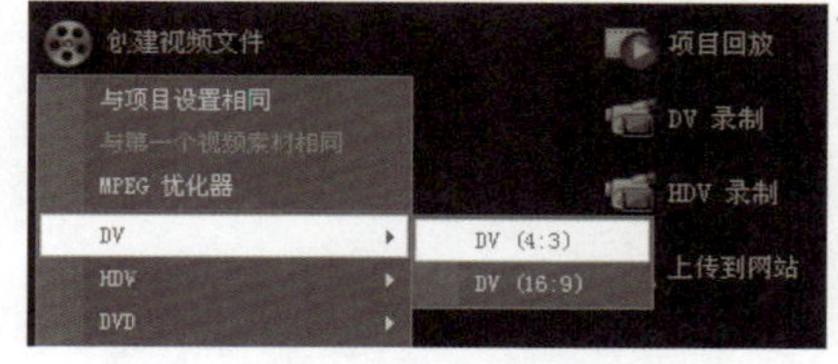


图 11–19　设置影片输出格式

**03** 在弹出的对话框中指定文件名称和保存路径，然后单击 保存(S) 按钮，将影片以 DV 的标准 AVI 格式保存视频。

**04** 影片渲染完成后，打开摄像机并将其设置到播放模式（通常为 VTR/VCR 档）。选中素材库中输出的文件略图，单击选项面板上的【DV 录制】按钮，如图 11–20 所示。

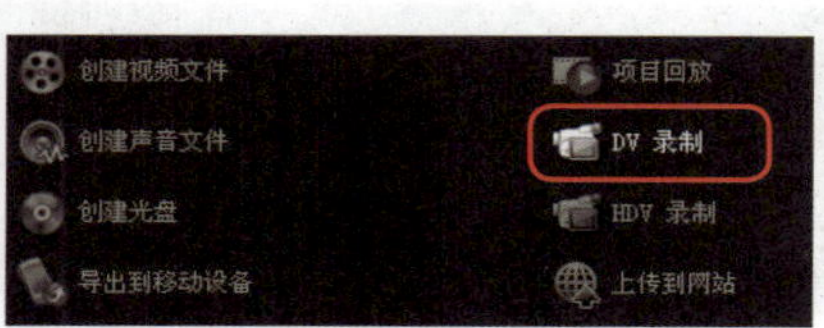


图 11–20　单击选项面板上的【DV 录制】按钮

**05** 在弹出的【DV 录制－预览窗口】预览窗口中，单击【播放】按钮查看影片的最终效果，如图 11-21 所示。

**06** 单击 下一步(N) > 按钮，在对话框中使用预览窗口下方的播放控制按钮控制摄像机，将录像带定位于想要开始录制的起点位置，如图 11-22 所示。

图 11-21　单击【播放】按钮查看影片的最终效果

图 11-22　将录像带定位于想要开始录制的起点位置

**07** 单击按钮将影片回录到摄像机，录制完成后，单击 完成 按钮结束操作。

## 11.7 HDV 录制

会声会影也可以把编辑完成的影片直接回录到 HDV 摄像机。将 HDV 与计算机连接，然后按照以下的步骤操作。

### 操作步骤

**01** 单击步骤面板上的 3 分享 按钮，进入影片分享与输出步骤。

**02** 单击选项面板上的【HDV 录制】按钮，在弹出的下拉列表中选择相应的 HDV 标准，如图 11-23 所示。

**03** 在弹出的对话框中指定文件名称和保存路径，然后单击 保存(S) 按钮，将影片以 HDV 标准的 MPEG 格式保存，如图 11-24 所示。

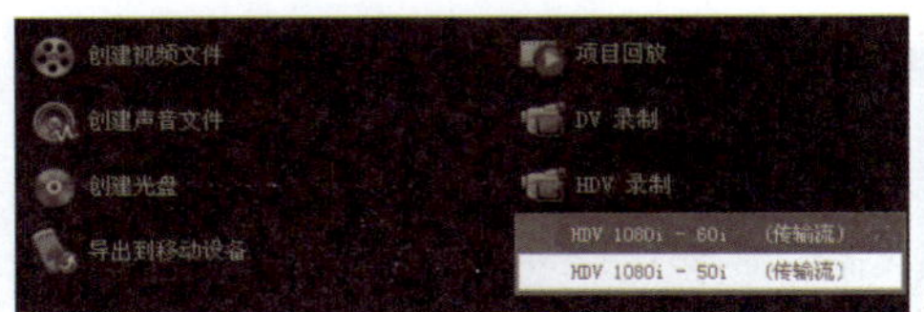

图 11-23　设置影片输出格式

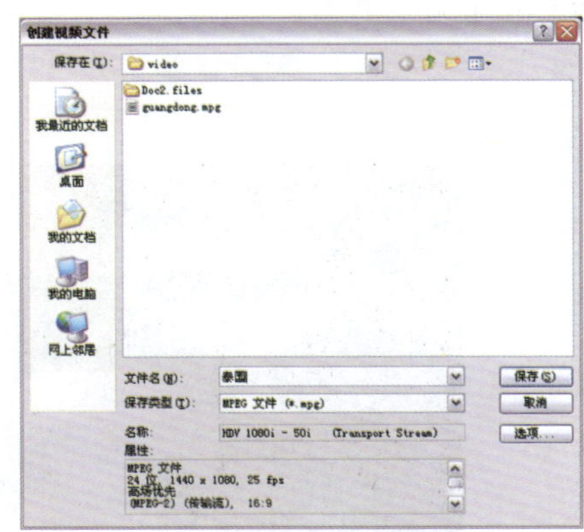

图 11-24　保存 HDV 标准格式的影片

04 影片渲染完成后，打开 HDV 摄像机并将其设置到播放模式。

05 在弹出的图 11-25 所示的【DV 录制 - 预览窗口】预览窗口中，单击【播放】按钮查看影片的最终效果。

06 单击下一步(N) >按钮，在对话框中使用预览窗口下方的播放控制按钮控制摄像机，将录像带定位于想要开始录制的起点位置，如图 11-26 所示。

图 11-25 单击【播放】按钮查看影片的最终效果

图 11-26 将录像带定位于想要开始录制的起点位置

07 单击按钮将影片回录到摄像机，录制完成后，单击完成按钮结束操作。

## 11.8 导出到移动设备

使用会声会影轻松将制作完成的影片输出到 iPod、PSP、Zune 以及 PDA/PMP、Mobile Phone 等移动设备中。首先，使用相应的连接线将移动设备与计算机连接，并安装必要的驱动程序，使计算机正确识别移动设备，然后按照以下的步骤操作。

### 操作步骤

01 单击步骤面板上的 3 分享 按钮，进入影片分享与输出步骤。

02 单击选项面板上的【导出到移动设备】按钮，在弹出的下拉列表中根据所使用的移动设备，选择相应的视频格式，如图 11-27 所示。

03 在弹出的图 11-28 所示的对话框中选择视频输出的目的设备，然后单击确定按钮，将当前项目中的视频以指定的格式输出到移动设备中。

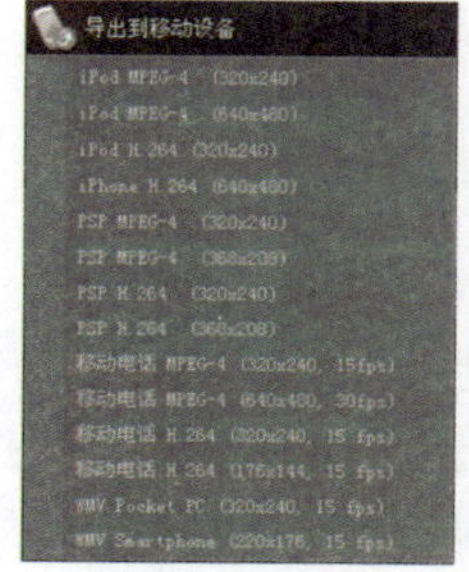


图 11-27 从列表中选择需要输出的文件类型

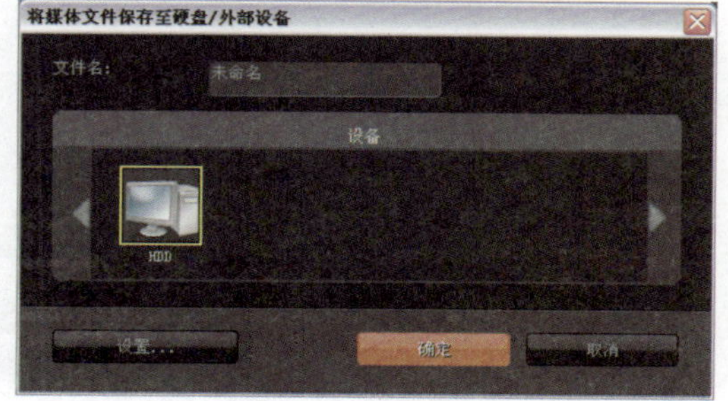


图 11-28 选择视频输出的目的设备

# 11.9 将影片刻录到光盘上

影片编辑完成后，使用会声会影可以直接刻录输出 DVD 或者 Blue-ray 蓝光光盘。下面，以 DVD 光盘刻录为例，介绍具体的操作方法。

## 11.9.1 选择光盘类型

### 操作步骤

01 单击步骤面板上的 3 分享 按钮，进入【分享】步骤。

02 单击选项面板上的【创建光盘】按钮，从下拉菜单中选择要创建的光盘类型，在这里选择【DVD】，如图 11–29 所示。

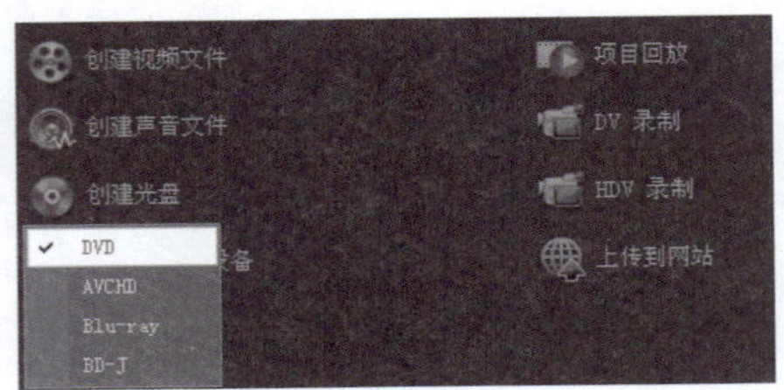


图 11–29　选择要刻录的光盘类型

## 11.9.2 添加和编辑章节

在 Corel VideoStudio 光盘创建向导中为影片添加章节，方便在光盘上查找想要播放的片断。

### 操作步骤

01 选中界面上的【创建菜单】复选框，单击【添加 / 编辑章节】按钮，如图 11–30 所示。

图 11–30　单击【添加 / 编辑章节】按钮

**02** 在弹出的【添加 / 编辑章节】对话框中单击【自动添加章节】，如图 11-31 所示。

图 11-31　单击【自动添加章节】

**03** 在弹出的对话框中选中【将场景作为章节插入】，如图 11-32 所示。

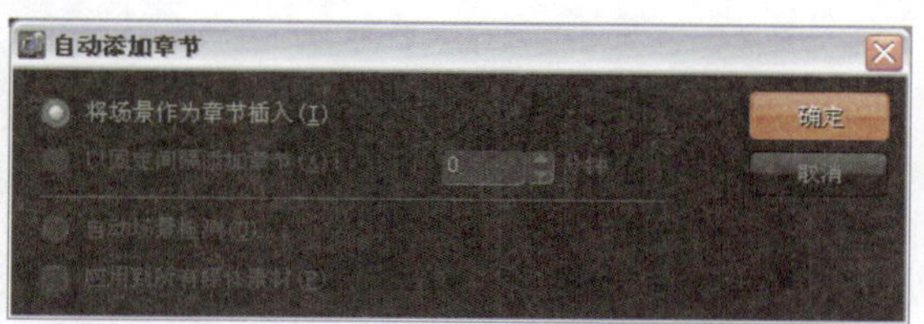


图 11-32　选中【将场景作为章节插入】

**04** 单击确定按钮，程序自动查找场景并添加到下方的列表中，如图 11-33 所示。

图 11-33　自动查找场景

**05** 单击确定按钮，返回创建光盘向导界面。

## 11.9.3 选择场景菜单

接下来，需要选择场景菜单并设置菜单属性。

### 操作步骤

**01** 单击按钮，进入【菜单和预览】步骤，如图 11-34 所示。

图 11-34 进入【菜单和预览】步骤

**02** 单击操作界面左侧的三角按钮，从下拉列表中选择模板类型，如图 11-35 所示。

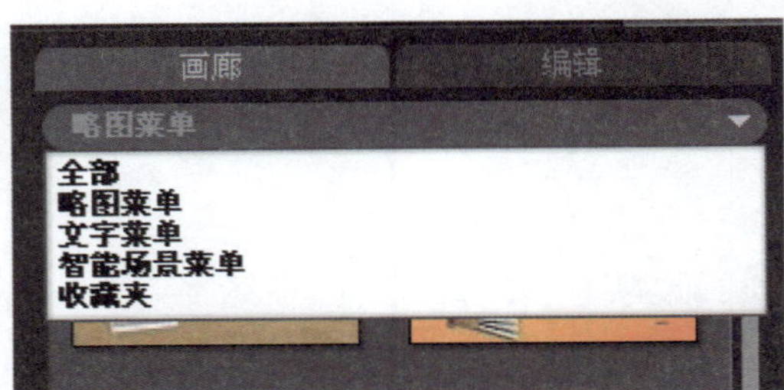


图 11-35 选择模板类型

**03** 在左侧的略图上双击鼠标，选择需要使用的主菜单模板，如图 11-36 所示。

**04** 双击预览窗口中的【PRJ_20111012】，使它处于编辑状态，然后输入新的影片名称。用同样的方式双击场景标题，然后输入新的场景名称，如图 11-37 所示。

图 11-36 选择主菜单模板

图 11-37 输入影片标题

05 主菜单设置完成后，从【当前显示的菜单】下拉列表框中选择子菜单名称，如图 11-38 所示。

图 11-38 选择子菜单名称

**06** 在左侧列表中单击略图，为子菜单选择模板，如图 11-39 所示。

图 11-39　为子菜单选择模板

**07** 双击预览窗口中的文字标题，使它处于编辑状态，然后输入菜单标题和场景标题，如图 11-40 所示。

图 11-40　输入菜单标题和场景标题

**08** 选择【编辑】选项卡，在操作界面左侧进一步设置背景音乐、动态菜单、背景图像 / 视频、字体、布局等属性，如图 11-41 所示。

图 11-41　进一步设置菜单属性

## 11.9.4　效果预览

在刻录影片之前预览整部影片的效果。用会声会影的遥控器模拟在 DVD 播放机上播放的效果。

### 操作步骤

**01** 单击操作界面上的按钮，进入【预览】步骤，如图 11-42 所示。

图 11-42　单击【预览】按钮进入【预览】步骤

**02** 单击按钮（该按钮被单击后的形状为），在预览窗口中查看影片的主菜单，在场景标题上单击鼠标，查看子菜单内容，如图 11-43 所示。

图 11-43　查看子菜单内容

**03** 在任意一个场景略图上单击鼠标，从当前场景开始播放，如图 11-44 所示。操作界面左侧其他导览控件的用法与家用 DVD 播放机的标准遥控器相同。

图 11-44　从当前场景开始播放

### 11.9.5 刻录光盘

影片预览完成后，单击〈后退按钮，再单击下一步〉按钮，进入刻录输出步骤，如图 11-45 所示。按照各种刻录属性，然后单击【刻录】按钮，即可渲染影片并将影片刻录到光盘上。

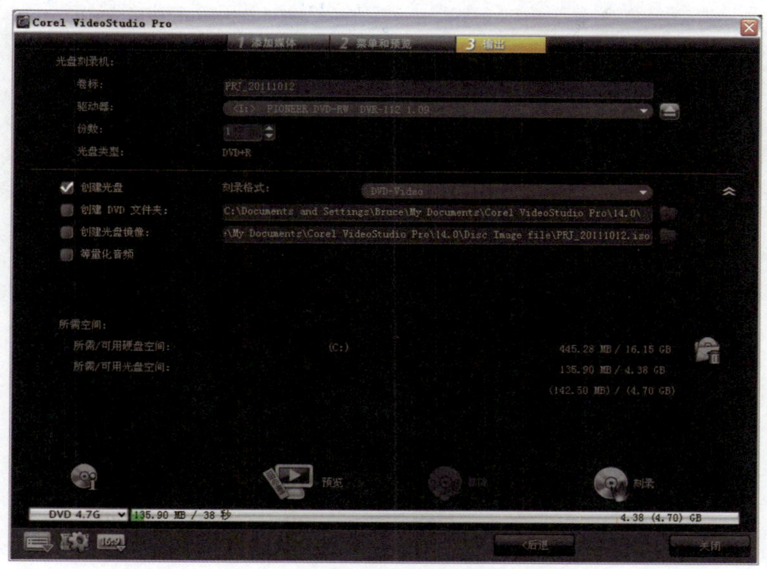


图 11-45　刻录输出步骤

| | |
|---|---|
| 卷标 | 输入刻录完成的光盘的名称，该名称将在 Windows 资源管理器中显示。 |
| 驱动器 | 如果计算机上安装了多台光盘刻录机，单击右侧的三角按钮，从下拉列表中可以选择要使用的刻录机的名称。 |
| 份数 | 指定需要复制的光盘份数。 |
| 光盘类型 | 显示当前空白光盘的类型。 |
| 创建光盘 | 选中该选项，将把影片直接刻录到光盘上。 |
| 刻录格式 | 单击右侧的三角按钮，从下拉列表中可以选择要使用的刻录格式。 |
| 创建 DVD 文件夹 | 选中该选项，将在硬盘上创建一个 DVD 标准文件结构的文件夹，这样您可以在计算机上播放 DVD 影片。 |
| 创建光盘镜像 | 选中该选项，将创建一个后缀为 iSO 的光盘镜像文件。这样，即使当前计算机上没有安装刻录机，也可以把这个 iSO 文件传输到其他计算机上直接刻录，而不需要再启动会声会影执行渲染和输出操作。 |
| 等量化音量 | 选中该选项，将把影片中所有来源的音量等量化，避免出现某些片断声音小，某些片断声音大的状况。 |
| 所需 / 可用硬盘空间 | 显示项目的工作文件夹所需要的空间以及硬盘上可供使用的空间。 |
| 所需 / 可用光盘空间 | 显示光盘中容纳视频文件所需要的空间以及可供使用的空间 |

单击按钮，在弹出的图 11-46 所示的对话框中设置刻录属性。各项参数的具体设置见下表。

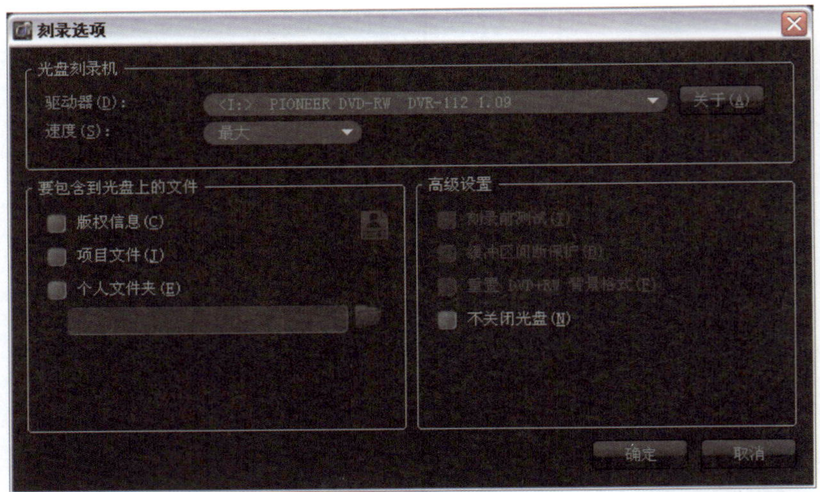


图 11-46 进一步设置刻录属性

| 驱动器 | 如果计算机上安装了多台光盘刻录机，单击右侧的三角按钮，从下拉列表中选择要使用的刻录机名称。 |
| --- | --- |
| 速度 | 设置光盘写入时的最高倍速。 |
| 版权信息 | 选中该选项，单击按钮，在弹出的窗口中为光盘输入版权信息。 |
| 项目文件 | 选中该选项，将在光盘中同时保存项目文件。 |
| 个人文件夹 | 选中【个人文件夹】选项，在对话框中指定一个文件夹，并将文件夹中的所有内容刻录到光盘上。这样，在刻录影片的同时还保留了相应的原始素材。 |
| 刻录前测试 | 选中【刻录前测试】，在正式刻录之前模拟刻录操作，以确保整个刻录过程正确无误。 |
| 缓冲区间断保护 | 选中该选项，在刻录过程中将数据存在缓冲区，避免数据中断造成刻录失败。 |
| 重置 DVD+RW 背景格式 | 选中该选项，将在刻录之前格式化 DVD+RW 光盘。 |
| 不关闭光盘 | 选中【不关闭光盘】选项，则不封闭光盘，以后再在光盘上第二次刻录新的内容。不过，选中【不关闭光盘】可能会影响光盘的兼容性。 |

## 11.10 快捷的影片分享

在会声会影中编辑影片后，还可以使用一些方式快捷地分享影片。包括制作视频网页、用电子邮件发送影片以及制作视频屏幕保护。

### 11.10.1 将视频嵌入到网页中

网络已经成为分享影片的绝佳方式，会声会影允许用户直接将视频文件保存到网页中。需要注意的是，在针对网络输出影片时，文件所占用的磁盘空间和传输速率非常重要。如果希望在 Internet 上有效地使用视频，需要使用相当高的压缩率。这表示必须使用较小的窗口（320×240 或更小）、较小的帧速率（15 帧 / 秒）以及低质量的音频（收音机质量的 8 位单声道）。

另外，为了减少浏览者在下载视频时的等候时间，建议在保存视频时选择流视频格式 WMV。使用流媒体格式，可以让用户一边下载一边播放。

## 操作步骤

**01** 单击步骤面板上的 3 分享 按钮，进入【分享】步骤。

**02** 单击选项面板上的【创建视频文件】按钮，从下拉菜单中将影片输出为使用 WMV 菜单中的视频格式，如图 11–47 所示。

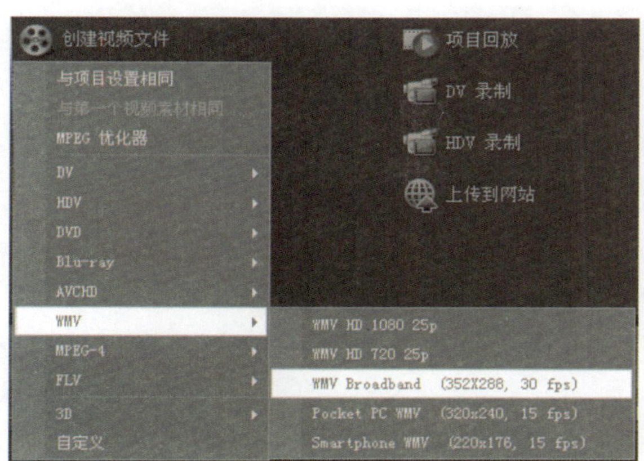

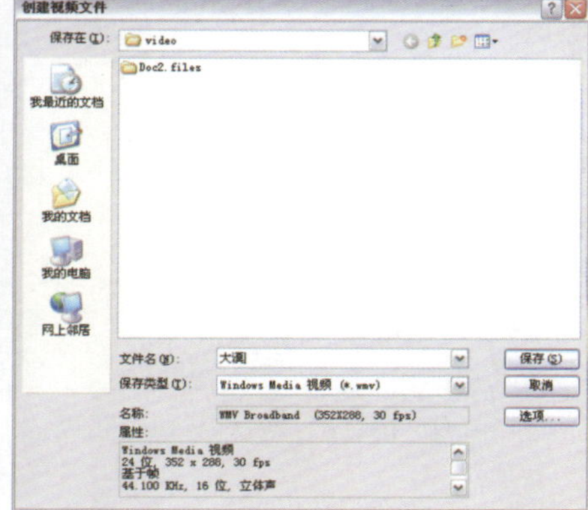

图 11–47　输出 WMV 格式的影片

**03** 单击 保存(S) 按钮，保存影片。然后在素材库中选中先前保存的需要嵌入到网页中的素材略图，选择【文件】/【导出】/【网页】命令，如图 11–48 所示。

图 11–48　选择视频的输出方式

**04** 在弹出的图 11–49 所示的对话框中单击 是(Y) 按钮，在网页中使用 Microsoft’s ActiveMovie 控制设备。否则，影片将作为一个文字链接插入网页中。

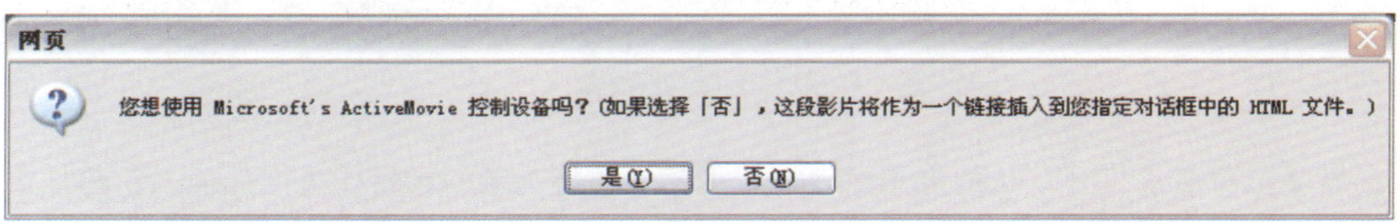


图 11–49　在对话框中选择是否使用 Microsoft’s ActiveMovie 控制设备

**05** 在弹出的图 11-50 所示的对话框中指定网页的名称和需要保存的路径。

**06** 单击 确定 按钮，程序将自动把视频嵌入网页并启动默认的浏览器展示视频网页的效果，如图 11-51 所示。

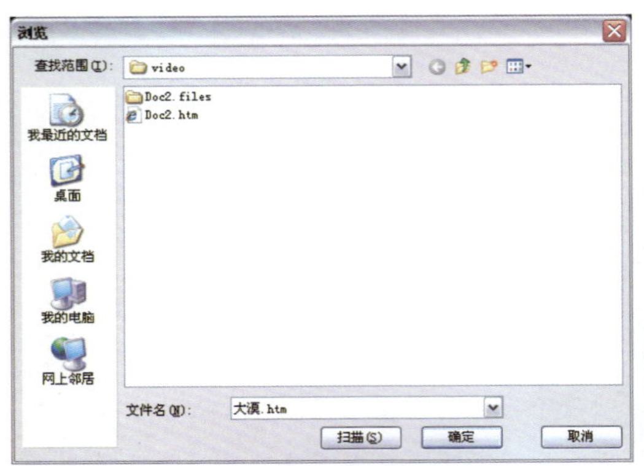


图 11-50　指定网页名称和保存路径

图 11-51　启动默认的浏览器展示视频网页的效果

## 11.10.2　用电子邮件发送影片

在会声会影中，也可以将影片以电子邮件形式发送。会声会影将自动打开默认的电子邮件客户程序，并将选定的素材作为附件插入到新邮件中。

### 操作步骤

**01** 在【分享】步骤中将影片输出并保存到素材库中，然后在素材库中选中需要以电子邮件发送的视频素材。

**02** 选中【文件】/【导出】/【电子邮件】命令，如图 11-52 所示。

图 11-52　选择视频的输出方式

**03** 会声会影将自动打开默认的电子邮件客户程序，并将选定的素材作为附件插入新邮件中。在打开的图 11-53 所示的电子邮件客户程序界面中输入收件人的电子邮件地址、主题和邮件内容。

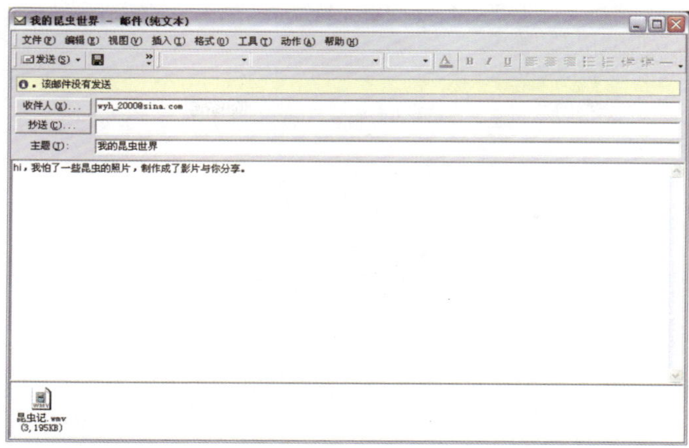


图 11-53 输入邮件内容

**04** 单击 发送(S) 按钮，程序将连接网络并发送电子邮件。

## 11.10.3 制作视频屏幕保护

在会声会影中，可以用制作完成的影片，制作 Windows 屏幕保护程序，定制个性化的电脑桌面。需要注意的是，想要将视频用作屏幕保护，必须将它输出为 WMV 格式的视频文件，否则，将弹出图 11-54 所示的信息提示窗口。

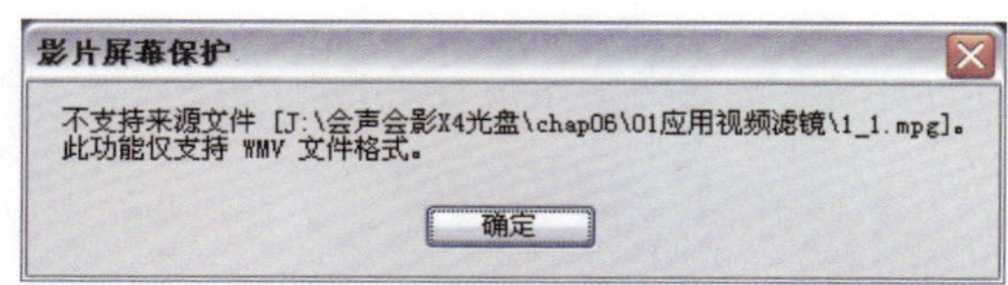


图 11-54 提示只有 WMV 格式的视频符合要求

### 操作步骤

**01** 在【分享】步骤中将影片输出并保存到素材库中，然后在素材库中选中需要制作屏幕保护的视频素材。

**02** 选择【文件】/【导出】/【影片屏幕保护】命令，如图 11-55 所示。

图 11-55 选择【影片屏幕保护】命令

03 在图 11–56 所示的【显示属性】对话框中设置屏幕保护属性，将视频用作屏幕保护。

图 11–56　设置屏幕保护属性

04 单击 确定 按钮，应用影片屏幕保护。这样，在计算机在超出用户所指定的【等待】时间后，如果没有任何操作，将启动影片屏幕保护，如图 11–57 所示。

图 11–57　系统启动视频屏幕保护

# 光盘使用说明

本书的配套光盘包括了全书的所有案例、视频素材、声音素材、动画素材、项目文件、最终的制作效果以及多媒体教学视频。读者在学习时可以书盘结合，获得良好的学习效果。在使用本书的配套光盘之前，请注意以下事项：

- 请将显示器的分辨率设置为1024×768以上，否则，有可能不能正常播放；
- 用于演示的计算机必须配有声卡和音箱，否则，不能播放教学解说中的音频；
- 建议读者将光盘中的所有文件拷贝到计算机本地硬盘上，这样可以更流畅地观看教学录像。

## 光盘的内容如下：

**Chap03 ~ Chap10 文件夹：**存放的是各章的练习素材，包括视频素材、声音素材、动画素材、项目文件以及最终的制作效果，方便读者按照书中的步骤进行操作练习。

**视频教学文件夹：**存放的是各章节的多媒体视频教学，以录屏幕的方式，一步一步讲解了各章的案例。

**解码器文件夹：**存放的是视频编码解码器。如果视频教学文件在您的计算机上不能正常播放，请按照以下的方法操作。

- 在解码器文件夹中的DIVX50.INF文件上单击鼠标右键，从弹出菜单选择“安装”命令，安装视频编码。
- 在解码器文件夹中双击文件TSCC.exe，安装TSCC解码器。